U0299178

"信息化与工业化两化融合研究与应用"丛书编委会

国家出版基金项目
NATIONAL PUBLICATION FOUNDATION

信息化与工业化两化融合研究与应用

可靠性原理与方法

（上册）

孙有朝　张永进　李龙彪　编著

科学出版社

北京

内 容 简 介

本书在跟踪可靠性研究前沿的基础上,以航空、航天与民航为背景,结合数理统计与工程设计原理,系统地阐述了可靠性理论与工程应用方法。全书包括可靠性基本概念、可靠性统计基础、可靠性建模方法、复杂系统可靠性分析方法、关联系统可靠性原理、面向过程的系统可靠性、可靠性预计与分配、机械可靠性设计、可靠性试验与评定、可靠性物理与失效分析、安全风险评估与管理等,给出了近年来在航空、航天与民航领域成功应用的典型可靠性工程案例。

本书可供从事机械和电子产品可靠性设计、制造、实验和管理的工程技术人员使用和参考,也可作为高等工科院校机械、电子、自动化、航空、航天、民航、船舶等相关专业高年级本科生、硕士和博士研究生的教材和教学参考书。

图书在版编目(CIP)数据

可靠性原理与方法. 上册/孙有朝,张永进,李龙彪编著 . —北京:科学出版社,2016

(信息化与工业化两化融合研究与应用)

ISBN 978-7-03-048420-8

Ⅰ. ①可⋯ Ⅱ. ①孙⋯②张⋯③李⋯ Ⅲ. 可靠性理论 Ⅳ. ①O213.2

中国版本图书馆 CIP 数据核字(2016)第 119783 号

责任编辑:魏英杰 / 责任校对:桂伟利
责任印制:张　倩 / 封面设计:陈　敬

科 学 出 版 社出版

北京东黄城根北街 16 号
邮政编码:100717
http://www.sciencep.com

新科印刷有限公司 印刷

科学出版社发行　各地新华书店经销

*

2016 年 5 月第　一　版　开本:720×1000 1/16
2016 年 5 月第一次印刷　印张:16 1/4
字数:324 000

定价:120.00 元

(如有印装质量问题,我社负责调换)

"信息化与工业化两化融合研究与应用"丛书序

传统的工业化道路,在发展生产力的同时付出了过量消耗资源的代价:产业革命200多年以来,占全球人口不到15%的英国、德国、美国等40多个国家相继完成了工业化,在此进程中消耗了全球已探明能源的70%和其他矿产资源的60%。

发达国家是在完成工业化以后实行信息化的,而我国则是在工业化过程中就出现了信息化问题。回顾我国工业化和信息化的发展历程,从中国共产党的十五大提出"改造和提高传统产业,发展新兴产业和高技术产业,推进国民经济信息化",到党的十六大提出"以信息化带动工业化,以工业化促进信息化",再到党的十七大明确提出"坚持走中国特色新型工业化道路,大力推进信息化与工业化融合",充分体现了我国对信息化与工业化关系的认识在不断深化。

工业信息化是"两化融合"的主要内容,它主要包括生产设备、过程、装置、企业的信息化,产品的信息化和产品设计、制造、管理、销售等过程的信息化。其目的是建立起资源节约型产业技术和生产体系,大幅度降低资源消耗;在保持经济高速增长和社会发展过程中,有效地解决发展与生态环境之间的矛盾,积极发展循环经济。这对我国科学技术的发展提出了十分迫切的战略需求,特别是对控制科学与工程学科提出了十分急需的殷切期望。

"两化融合"将是今后一个历史时期里,实现经济发展方式转变和产业结构优化升级的必由之路,也是中国特色新型工业化道路的一个基本特征。为此,中国自动化学会与科学出版社共同策划出版"信息化与工业化两化融合研究与应用"丛书,旨在展示两化融合领域的最新研究成果,促进多学科多领域的交叉融合,推动国际间的学术交流与合作,提升控制科学与工程学科的学术水平。丛书内容既可以是新的研究方向,也可以是至今仍然活跃的传统方向;既注意横向的共性技术的应用研究,又注意纵向的行业技术的应用研究;既重视"两化融合"的软件技术,也关注相关的硬件技术;特别强调那些有助于将科学技术转化为生产力以及对国民经济建设有重大作用和应用前景的著作。

我们相信，有广大专家、学者的积极参与和大力支持，以及丛书编委会的共同努力，本丛书将为繁荣我国"两化融合"的科学技术事业、增强自主创新能力、建设创新型国家做出应有的贡献。

最后，衷心感谢所有关心本丛书并为其出版提供帮助的专家，感谢科学出版社及有关学术机构的大力支持和资助，感谢广大读者对本丛书的厚爱。

中国工程院院士

2010 年 11 月

前　言

可靠性理论与方法是一门多学科交叉的新兴边缘性学科,涉及基础科学、技术科学、信息科学和管理科学诸多领域。

由于任何产品和技术,尤其是高科技产品、大型复杂系统设备,以及尖端技术的发展,都要以可靠性技术为基础,可靠性已经成为衡量产品质量和技术措施的重要指标之一。20 世纪 40 年代初期到 60 年代末期,是可靠性理论与工程发展的重要时期,1952 年,由美国军方、工业领域和学术领域三方共同组成了电子设备可靠性咨询小组(AGREE),并于 1957 年发表《军用电子设备可靠性》的研究报告,成为可靠性学科发展的奠基性文件和重要里程碑。20 世纪 60 年代到 80 年代,可靠性理论与实践进入全面发展阶段,拓展到与工程应用有密切关系的多学科领域。进入 20 世纪 80 年代,在机械可靠性、软件可靠性和微电子可靠性等领域进行了深入的研究,全面推广计算机辅助设计技术在可靠性中的应用,我国也从这一时期开始,逐步颁布了一系列可靠性工程技术标准和管理规定,在现代武器装备等大型系统研制中全面推行可靠性工程技术,使工程型号的可靠性工作进入规范化轨道,并得到迅速发展。自 20 世纪 90 年代以来,可靠性向着模块化、综合化、自动化、系统化、智能化的方向发展,形成了多学科交叉、渗透和融合的学科发展趋势。

近年来,国内出版了不少关于可靠性工程技术方面的论著,然而缺少对可靠性理论问题的论述及研究前沿的跟踪,本书全面阐述可靠性理论、方法、工程与应用,涵盖可靠性数学、可靠性工程、可靠性物理等内容,强调基本理论与技术的系统性、融合性和前瞻性,反映了可靠性研究前沿的最新理论与方法。

本书是作者在多年从事可靠性理论、方法、工程和技术应用的教学与科学研究工作基础上,经过凝练与整理完成的。全书内容涵盖可靠性统计,包括可靠性参数估计、可靠性数据统计分析、可靠性计数过程等;可靠性工程,包括系统可靠性建模、复杂系统可靠性分析、关联系统可靠性、面向过程的系统可靠性、可靠性预计与分配、可靠性实验与评定、机械可靠性设计、安全风险评估与可靠性管理等;可靠性物理,包括材料/器件的性能退化、机械与电子的失效机理与失效模型,以及基于失效机理的元器件可靠性设计改进技术等。给出了近年来在航空、航天与民航领域成功应用的典型可靠性工程案例。

感谢国家自然科学基金、工信部民机专项、国防基础科研计划、国防技术基础、民航局科技计划等对课题组可靠性领域相关项目给予的资助。在写作过程中,参阅了国内外同行专家、学者的大量科技文献、著作、手册和教材等,在此一并致以诚挚的感谢。

由于作者水平有限,疏漏及不妥之处在所难免,敬请广大读者批评指正!

2015 年 6 月

目　　录

第1章 可靠性概论

1.1 可靠性工程发展简史

可靠性理论源于电子技术,是第一次世界大战后出现的,首先被用于军用单缸飞机、双缸飞机及四缸飞机的安全性分析方面,近年来发展到机械技术与现代工程管理领域,成为一门新兴的边缘学科[1]。

20世纪30年代初,Shewhart等成功地采用统计方法代替理论分析,对工业产品的质量进行评估,但是这种方法直到第二次世界大战后才得到大力推广。这时工业产品的复杂程度大大提高,出现了以电视机、电子计算机等为代表的复杂电子产品。随着汽车工业的发展,复杂系统的可靠性和安全性已经提到了研究日程[2]。

20世纪50年代末到60年代初,美国洲际弹道导弹和太空开发计划的发展,尤其是墨丘利计划和双子星计划的推进,使得人类首次登上了月球,并给可靠性的发展提供了良好的契机,国际上首个可靠性专业学术杂志 IEEE Transaction on Reliability 在1963年问世[3]。

20世纪70年代,美国和其他一些国家开始大力发展原子能,美国专门成立了以 Rasmussen 教授为首的研究小组开展对原子能安全风险评估方面的工作,数百万美元研究经费的投入造就了世界上第一份原子能安全风险评估报告,即著名的 Rasmussen 报告[4]。

近年来,欧洲和亚洲各国在工业系统的可靠性和安全性领域也开展了大量有意义的工作,例如挪威海洋石油天然气及北海石油天然气开发等,使得深海设备的可靠性问题成为和太空飞船等航空航天设备等一样的研究热点[5]。

1.2 五性及与其相关概念

可靠性、维修性、安全性、保障性、测试性统称为五性,下面从各个特性角度介绍其相关概念。

1. 可靠性

可靠性的理论基础是概率论和数理统计,其任务是研究系统或产品的可靠程度,提高质量和经济效益,提高生产的安全性。国际标准化组织(ISO 8402)将可靠性定义为单元在给定的环境和运行条件下,在给定的时间内完成规定功能的能力。

单元既可以是一个元件、设备或者一个子系统,也可以是一个系统;给定的环境和运行条件包括使用条件、应力条件、环境条件和贮存条件等;时间一词也应从广义的角度去理解,可以是时间、次数、里程,如车辆的行驶里程、零件受到的应力循环次数等。

可靠性分析方法大致可以分为硬件可靠性、软件可靠性、人因可靠性[6]。许多系统同时包括硬件、软件和人的因素(如设计者、操作者和维修者),本书主要涉及硬件可靠性中的部件与系统的可靠性。目前,硬件可靠性分析主要包括机理模型法和统计分析法。

机理模型法主要用于结构产品单元(如梁、桥、机械构件等)的可靠性分析,也被称为结构可靠性分析法(Melchers,1999)。在机理模型法中,涉及应力与强度两个基本概念。应力通常指引起系统或产品失效的外载荷。强度通常指产品抵抗失效的能力。产品的失效通常是由于其承受的载荷超过了产品在当前状态下极限承载能力[7]。

定义强度与载荷分别为随机变量 S 和 s。在时刻 t,应力的大小是一个不确定值,一个产品或系统的应力由若干构成,可抽象为随机变量组成的多元随机函数,它们都具有一定的分布规律,如图 1-1 所示。

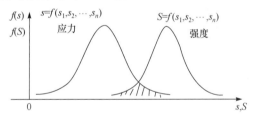

图 1-1　应力-强度分布规律

当应力大于强度时则失效,可靠度 R 定义为强度大于应力的概率,即

$$R = P\{S > s\}$$

应力和强度通常随时间变化,因此可以看作是时间的函数,分别记为 $s(t)$ 和 $S(t)$,其概率密度函数分别记为 $f(s)$ 和 $f(S)$。应力与强度的分布情况如图 1-2 所示,表示应力 s 与强度 S 分布与时间之间的关系。

失效时间 T 定义为到 $S(t) < s(t)$ 为止的(最短)时间,即

$$T = \min\{t: S(t) < s(t)\}$$

可靠度 $R(t)$ 定义为

$$R(t) = P(T > t)$$

统计分析法通过分析在失效时间 T 内荷载和强度的概率分布函数 $F(t)$ 获得

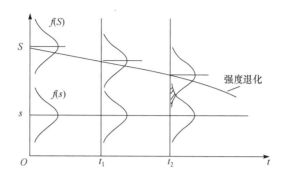

图 1-2　应力-强度分布与时间之间的关系

可靠性。评价可靠性的指标包括失效率(failure rate)、平均故障发生时间(mean time to failure,MTTF)和平均剩余寿命(mean residual life,MRL)等。

随着可靠性相关领域的发展,逐渐形成可靠性领域的四个相关研究方向。

① 可靠性数学,是研究与解决各种可靠性问题的数学方法与模型,涉及概率论、测度论、数理统计、随机过程和运筹学等相关学科知识[8]。

② 可靠性物理,也称失效物理(physics of pailure),主要是从失效的物理机理与原因等角度研究结构器件等的可靠性。

③ 可靠性工程,是对产品(元件、设备、系统、整机等)的失效及其发生的概率进行统计分析,是可靠性设计与实验评估、检验、控制、维修等行为,包含工程技术的应用型工程学科。

④ 可靠性管理,是指为确定和满足产品可靠性要求而必须进行的一系列计划、组织、协调、监督等工作,从制定设计方案、分配、优化等对产品或系统进行管理,对管理成功性提出概率和行为要求的软科学。

1980 年美国军用标准将可靠性定义为任务可靠性与基本可靠性两类。把产品在规定的任务剖面内完成规定功能的能力,即执行任务时成功的概率定义为任务可靠性,而把在规定的条件下,无故障的持续时间与概率定义为基本可靠性。此外,也常见到如下一些其他的专门定义。

① 工作可靠性(operational reliability),产品运行时的可靠性,包含产品制造与使用两方面的因素。针对制造生产确定的可靠性,称为固有可靠性或潜在可靠性(inherent reliability),是厂商在模拟实际工作的标准条件下,对产品检测并给予保证的可靠性。与产品使用密切相关,在真实环境中表现出来的可靠性称为使用可靠性(use reliability)。

② 贮存可靠性,也称储存可靠性(storage reliability),通常针对长期贮存、一次使用的产品,如火药、导弹等产品,也有关于一些重要系统备件的可靠性问题,指在规定的贮存条件和时间内,保存其使用规定功能部件的能力。

③ 动态可靠性(dynamic reliability),描述系统或产品随时间变迁时表现出的可靠性,通常可用随机过程、随机 Petri 网等来描述和建模。

2. 维修性

维修性(maintainability)是指产品在规定的条件下和时间内,按照规定的程序和方法进行维修时,保持或修复到完成规定状态的能力,是一个重要的产品属性。在工程实践中,对维修性的任何定量度量一般都应该从概率统计的意义上去理解[9]。

① 规定的条件是指进行维修的不同的处所(即维修级别)、不同素质的维修人员、不同水平的维修设施与设备等所构成的实施维修的条件,也涉及与之关联的环境条件。

② 规定的时间是指直接完成维修工作需用时间所规定的限度,是衡量产品维修性好坏的主要度量尺度。

③ 规定的程序和方法是指针对同一故障,以不同的程序和方法进行维修,完成维修工作所需时间会有所不同,规定的程序和方法通常是经过优化的维修操作过程。

④ 规定的状态是指通过维修应保持或恢复的功能状态。

维修性作为产品性能的一种度量,既影响任务的完成,也影响维修费用的高低。因为维修的目的是使设计和制造出来的产品能够方便而经济地保持在或恢复到规定的状态,如果需要以过量的时间或过量的资源才能完成产品的维修工作,产品的维修性差,通过虚拟维修可以评估维修性的优劣,虚拟维修示例如图 1-3 所示。维修性的定性要求一般体现在以下几个方面。

图 1-3　虚拟维修示例

① 可达性,即应易于接近需要进行维修的产品或部位,并具有进行检查、修理或更换等操作所需的活动空间。

② 标准化、互换性和通用性。

③ 防差错措施和识别标志,即从设计上采取措施,防止在维修过程中出现装错、装反或装漏等差错,在产品的适当部位加上明显的识别标志。

④ 维修安全性,保障维修工作人员的生命财产安全。

⑤ 检测诊断,即维修人员能对产品故障进行准确快速和简便的检测和诊断。

⑥ 零部件可修复性,即对于可修器件,在设计上可通过调整、局部更换零部件等措施使得零部件发生故障后易于修理。

⑦ 维修时可以减少维修内容,对维修工的技能要求不能太高。

定量的维修要求是与设计人员可控的设计特性相关联的,可以用不同的维修性参数表述定量的维修性要求,如维修时间、费用、故障的检测与隔离等相关参数。工程上通常用指数分布、正态分布和对数正态分布等描述不同维修情况的随机维修时间。

维修度是指可修产品发生故障或失效后,在规定的条件和时间$(0,\tau)$内完成修复的概率,可用下式表示,即

$$M(\tau)=P, \quad T \leqslant \tau$$

其中,T 是在规定的约束条件下完成维修的时间;τ 是规定的维修时间;维修度 $M(\tau)$ 是对时间 τ 的累积概率,是 τ 的非降函数,如图 1-4 所示。

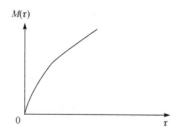

图 1-4　维修度函数曲线

记 $m(\tau)$ 为单位时间内产品被修复的概率,则有

$$m(\tau)=\frac{\mathrm{d}M(\tau)}{\mathrm{d}\tau}$$

维修的修复率 $\mu(t)$ 为

$$\mu(\tau)=\frac{1}{1-M(\tau)} \cdot \frac{\mathrm{d}M(\tau)}{\mathrm{d}\tau}=\frac{m(\tau)}{1-M(\tau)}$$

其中,$1-M(\tau)$ 表示 τ 时刻未完成修复的概率。

维修度与修复率之间的关系为

$$M(\tau) = 1 - \exp\left[-\int_0^\tau u(\tau)\mathrm{d}\tau\right]$$

当维修时间 T 服从指数分布时,修复率为常数,即 $\mu(\tau) = \mu$,从而有

$$M(\tau) = 1 - \exp(-\mu\tau)$$

平均修复时间是表示产品维修性的基本参数,是在规定的条件下和时间内,系统修复性维修的总时间与被修复产品的故障总数之比,即维修排除故障所需实际时间的平均值,包括准备、拆卸、更换、安装、调校、检测等维修作业的时间。对于一系列离散维修时间 $t_1, t_2, \cdots, t_n$,其平均维修时间为

$$\mathrm{MTTR} = \frac{1}{n}\sum_{i=0}^n t_i$$

若为连续型维修时间,平均修复时间可以表示为

$$\mathrm{MTTR} = \int_0^\infty \tau \cdot m(\tau)\mathrm{d}\tau = \int_0^{+\infty} \tau\mathrm{d}M(\tau)$$

其中,$m(\tau)$ 表示维修时间密度函数。

若修复率为 μ,则维修度为

$$M(\tau) = 1 - \exp(-\mu\tau)$$

平均维修时间为

$$\mathrm{MTTR} = \frac{1}{\mu}$$

平均预防性维修时间(mean preventive maintenance time,MPMT),是系统在维修级别上每项预防性维修所需时间的平均值,可以表示为

$$\mathrm{MPMT} = \frac{\displaystyle\sum_{i=1}^m f_{pi}\mathrm{MPMT}_i}{\displaystyle\sum_{i=1}^m f_{pi}}$$

其中,f_{pi} 表示第 i 个预防性维修事件的频率;MPMT_i 表示第 i 项预防性维修事件平均时间。

平均维修时间是将修复性维修与预防性维修综合起来考虑的维修性参数,是指在规定条件下和规定期间内,系统预防性维修和修复性维修总的时间与该产品计划维修和非计划维修时间总数之比,即

$$\mathrm{MTTR} = \frac{\lambda \cdot \mathrm{MPMT} + f_p \cdot \mathrm{MTTR}}{\lambda + f_p}$$

其中,λ 表示系统故障率;f_p 表示系统的预防性维修频率。

3. 安全性

安全性(safety)是指在规定的时间与条件下,产品不导致人员伤亡、不危害健康和环境、不造成设备损坏和财产损失的意外事件的能力,这些意外事件通常称为事故,而导致事故发生的状态称为危险,要保证安全,最根本的问题是消除或控制这些潜在的危险。安全性是通过设计赋予产品的一种产品特性,是武器装备设计必须满足的首要特性,包括定性要求和定量要求,定量要求采用安全性参数、指标来规定对产品安全性的要求。定性的安全性要求包括对危险(事故)影响的严重性、危险(事故)发生的可能性和危险风险评估指数的要求。

① 危险(hazard),是指可能导致事故的状态,是发生事故的先决条件,这种状态有物质状态、环境状态和人员活动状态,以及它们的组合。

② 危险事件(hazard incident),是指产生危险的事态,即可能导致发生事故或在事故前所产生的一些事件。危险事件概率用于定量描述危险事件发生的可能性,在风险分析中经常应用。

③ 事故(mishap,accident),是指使一项正常进行的活动中断,并导致人身伤亡、职业病、设备损坏或财产损失的一个或一系列意外事件,这些事件无例外地都是由不安全状态、不安全动作或它们的组合为先导的。

④ 危险可能性(hazard probability),是指危险事件发生的可能程度,是危险的风险评估的一个重要参数,有定性和定量两种量度。危险可能性的定性量度是用危险事件出现的频繁程度等级来量度,如经常发生、偶尔发生或很少发生等。

⑤ 危险严重性(hazard severity),是指描述某种危险可能引起的事故的严重程度,也是危险风险评估的一个重要参数,通常有定性和定量两种估计值。危险严重性等级是一种定性的严重程度量度,一般分为四级,即灾难的、严重的、轻度的和轻微的,按由危险事件将会造成事故的人身伤亡和设备损伤程度而具体拟定。

安全性要求是进行安全性设计、分析、实验和验收的依据,包括定性和定量两种要求。我国国家军用标准 GJB 900-90《系统安全性通用大纲》和美国军用标准 MIL-STD-882D《系统安全标准实践》等都对系统规定了定性安全性要求,包括对事故影响的严重性、事故发生的可能性及危险风险评价指数的要求,如危险(事故)影响的严重性通常分为灾难、严重、轻度和轻微四个等级,危险发生的可能性通常分为频繁、很可能、有时、极少和不可能五个等级。

安全性主要针对一些交通运输、战略武器、核设施等,其中适航性(airworthiness)是针对飞机按照批准的使用条件和限制,安全地实现、持续保持和结束飞行的特性,即飞机固有的安全性。民用飞机的设计首先必须严格开展安全性设计,满足适航条例规定的安全性要求。例如,在飞机系统设计与分析中,美国联邦航空局

FAA 咨询通报 AC 25.1309-1A 对民用飞机的定性安全性分为灾难(catastroph-ic)、较大(major)、较小(minor)三个等级;欧洲联合航空局 EASA 咨询材料 AMJ 25.1309 对民用飞机规定安全性定性等级分为灾难(catastrophic)、危险(hazard-ous)、较大(major)、较小(minor)。

系统或设备定量的安全性要求,通常是采用各种安全性参数和指标进行度量,常用的安全性参数有事故率或事故概率、损失率或损失概率、安全可靠度、故障状态发生概率和风险频率等,相关度量方法通常有以下形式。

① 事故概率是指在规定的条件下和时间内,系统的事故总次数与寿命单位总数之比,即

$$P_A = N_A / N_T$$

其中,P_A 表示事故率(次/单位时间)或事故概率(百分数%);N_A 表示事故总数;N_T 表示寿命单位总数。

② 损失率或损失概率(lose rate,loss probability,P_L)是指在规定的条件下和时间内,系统的灾难事故总次数与寿命单位总数之比,即

$$P_L = N_L / N_T$$

系统的损失概率也可以表示为

$$P_L = 1 - R_S$$

其中,R_S 表示安全可靠度(%)。

③ 安全可靠度(safety reliability,R_S)是与故障有关的安全性参数,是指在规定的条件下和时间内,系统执行任务过程不发生由于设备或部件故障造成的灾难事故的概率,即

$$R_S = N_W / N_T$$

其中,N_W 表示不发生由于系统或设备故障造成灾难事故的任务次数。

4. 保障性

保障性(indemnificatory)是系统(装备)的固有属性,指系统的设计特性和计划的保障资源满足平时战备完好性和战时使用要求的能力,包含两个方面的含义,即与装备保障性有关的设计特性,保障资源的充足和适用程度,下面给出相关概念解释[10]。

(1) 与定义相关概念

① 设计特性,是指与装备保障有关的设计特性,如可靠性、维修性、运输性等,以及使装备便于操作、检测、维修、装卸、消耗品等方面的设计特性,这些设计特性都是通过设计途径赋予装备的硬件和软件。

② 计划的保障资源，是指为保证装备实现平时战备完好性和战时使用要求所规划的人力、物资和信息资源。保障资源的满足有两个方面的含义：一是指数量与品种上的满足，二是保障资源要与装备相互匹配，这二者需要通过保障性分析和保障资源的设计与研制来实现。

③ 战备完好性，是指装备在平时和战时使用条件下，能随时开始执行预定任务的能力。

④ 战时使用率，是指装备在规定的日历期间内所使用的平均寿命单位数或执行的平均任务次数，如坦克的年度使用小时数、飞机的出动架次率等。

（2）保障系统作为工程系统的特性

保障系统作为一类特殊的工程系统，拥有自身的系统特性，主要有及时性、有效性、部署性、经济性、可用性和通用性，如图 1-5 所示。

① 及时性，是指保障系统在装备需要保障时，能否马上提供服务，以及系统一旦开始执行任务，能否快速完成。

② 有效性，主要用各类资源的利用率来度量。

③ 部署性，是指保障系统满足部署机动性要求的能力。

④ 可用性，是指由于保障物质资源自身的可靠性、维修性对保障系统运行状态的影响程度。

⑤ 通用性，是指保障系统沿用现有保障资源、保障组织与保障功能的程度。

⑥ 经济性，是指用尽可能少的经费保证实施保障功能的特性。

图 1-5　保障系统的特性

（3）保障性综合表述

保障性综合要求描述了装备系统保障性的总体目标，是对装备系统战备完好能力和持续能力的度量。战备完好能力一般用战备完好率和可用度进行度量，持续能力一般用满足出动强度和持续时间要求的持续概率进行度量[11]。

① 战备完好率，是指当要求装备投入作战或使用时，装备准备好能够执行任务的概率，通常可以表示为

$$P_{OR} = P_{op}\{t_{op} < t_c\} \cdot [R(t) + Q(t) \cdot P(t_m < t_d)]$$

其中,P_{OR} 为战备完好率;t_{op} 为装备完成使用准备工作的总时间;t_c 为从接到任务命令到任务开始时间;$P_{op}\{t_{op}<t_c\}$ 为完成使用准备工作的概率;$R(t)$ 为装备在执行任务前不发生故障的概率;$Q(t)$ 为装备在执行任务前发生故障的概率;t 为接到任务到任务开始时间;t_m 为装备的修理时间;t_d 为从发现故障到任务开始时间;$P(t_m<t_d)$ 为维修概率。

② 使用可靠度,是指表征装备当需要时能够正常工作的程度,其常用的参数为

$$A_0=\mathrm{UT}/(\mathrm{UT}+\mathrm{DT})$$

其中,A_0 为使用可用度;UT 为能工作时间,包括工作时间、不工作时间(能工作)、待命时间等;DT 为不能工作时间,包括预防性和修复性维修时间、管理和保障资源延误时间。

将上式右端各项均除以故障次数可以得到下式,即

$$A_0=\frac{T_{\mathrm{BF}}}{T_{\mathrm{BF}}+T_{\mathrm{MF}}+T_{\mathrm{MLD}}}$$

其中,T_{BF} 为平均故障间隔时间;T_{MT} 为平均维修时间;T_{MLD} 为平均保障延误时间,是指除平均维修时间以外的所有为维修而等待的平均延误时间。

③ 持续概率,基于任务强度要求采用如下模型表达,即

$$
\begin{aligned}
R &= P(t\geqslant T)\\
&= P(O_1\cdots O_i\cdots O_n)\\
&= P(O_n|O_{n-1},\cdots,O_2,O_1)\cdots P(O_{n-i}|O_{n-i-1},\cdots,O_2,O_1)\cdots P(O_2|O_1)P(O_1)
\end{aligned}
$$

其中,t 为装备任务中断前的时间;T 为规定的装备任务持续时间;O_i 为装备任务持续时间内第 i 个单位时间装备的任务强度 S_{GRi} 或能执行任务率 R_{MCi} 满足装备任务要求的事件,即

$$P(O_i)=P(S_{\mathrm{SGi}}\geqslant S_{\mathrm{GRi}}^0)\text{ 或 }P(O_i)=P(R_{\mathrm{MCi}}\geqslant R_{\mathrm{MCi}}^0)$$

其中,S_{GRi}^0 为持续任务要求的第 i 个单位时间装备的任务强度;R_{MCi}^0 为持续任务要求的第 i 个单位时间装备的能执行任务率。

5. 测试性

测试性(testability)是系统及设备的一种设计特性,是指产品(系统、子系统、设备或组件)能够及时而准确地确定其状态(可工作、不可工作或性能下降程度),是描述和确定系统检测和隔离故障的能力。因此,测试性参数首先要反映对装备故障或异常的可测性和易测试性能力,主要包括故障检测能力和故障隔离能力。

测试性是产品为故障诊断提供方便的特性,如机内测试、性能测试或状态监测、与外部测试设备兼容、便于用自动测试设备进行测试或人工测试等。

测试性参数(testability parameters)是指可以用于度量产品测试性定量要求的一些参数,可用的测试性参数有多个,常用的参数包括故障检测率(fault detect rate,FDR)、故障隔离率(fault isolation rate,FIR)、虚警率(false alarm rate,FAR)等。

① 故障检测率(FDR),是指在规定的时间内,用规定的方法正确检测到的故障数与被测单元发生的故障数之比,即

$$FDR = \frac{N_D}{N_T} \times 100\%$$

其中,N_T 为故障总数;N_D 为正确检测到的故障数。

② 故障隔离率(FIR),是指在规定的时间内,用规定的方法将检测到的故障正确隔离到不大于规定的可更换单元的故障数与同一时间内检测到的故障数之比,即

$$FIR = \frac{N_L}{N_D} \times 100\%$$

其中,N_L 为在规定条件下能够正确隔离到小于等于 L 个可更换单元的故障数;N_D 为在规定条件下能够正确检测到的故障数。

③ 虚警率(FAR),是指在规定的时间内发生的虚警数和同一时间内的故障总数之比。虚警是指当机内测试(built-in test,BIT)的被测单元有故障,而实际上该单元不存在故障的情况。FAR 可以表示为

$$FAR = \frac{N_{FA}}{N} = \frac{N_{FA}}{N_F + N_{FA}} \times 100\%$$

其中,N_{FA} 为虚警次数;N_F 为真实故障指示次数;N 为指示(报警)总次数。

④ 关键故障检测率(critical fault detect rate,CFDR),是指在规定的时间内,用规定的方法,正确检测到的关键故障数与被测单元发生的关键故障总数之比。CFDR 可以表示为

$$CFDR = \frac{N_{CD}}{N_{CT}} \times 100\%$$

其中,N_{CD} 为在规定的工作时间 T 内,用规定的方法正确的检测出的关键故障数;N_{CT} 为在规定的工作时间 T 内,发生关键故障的总数。

⑤ 平均虚警间隔时间（mean time between false alarm，MTBFA），是指在规定工作时间内产品运行总时间与虚警总次数之比，即

$$MTBFA = \frac{T}{N_{FA}}$$

其中，T 为产品运行总时间；N_{FA} 为虚警总次数。

⑥ 故障检测时间（fault detection time，FDT），是指从开始故障检测到给出故障指示所经历的时间，FDT 是系统故障潜伏时间的一部分，FDT 越短，潜伏故障发现的越早，其可能造成的危害就越小。FDT 还可以用平均故障检测时间（mean fault detection time，MFDT）表示，平均故障检测时间是指开始执行检测到给出故障指示所需时间的平均值，即

$$MFDT = \frac{\sum t_{Di}}{N_D} \times 100\%$$

其中，t_{Di} 为检测并指示第 i 个故障所需时间；N_D 为检测出的故障数。

⑦ 平均故障隔离时间（mean fault isolated time，MFIT），是指从检测出故障到完成故障隔离所经历时间的平均值，或者测试设备完成故障隔离过程所需的平均时间，即

$$MFIT = \frac{\sum t_{ii}}{N_D} \times 100\%$$

其中，t_{ii} 为隔离第 i 个故障所需的时间。

6. 与五性有关的特性和综合参数

有效性也称可用性（availability），是指装备在任一随机时刻需要和开始执行的任务，是处于可工作或可使用状态的能力，是综合反映可靠性与维修性的一个重要特征量，是一个反映可维修产品使用效率的广义可靠性尺度，包括可靠性及维修性等，在 t 时刻的有效度定义为维修产品在某时刻 t 具有或维持其功能的概率，可以用 $A(t)$ 表示，即

$A(t)=$平均失效前时间/（平均失效前时间＋平均故障修复时间）

瞬时有效度表示产品在某一特定瞬时，可能维修的产品保持正常使用状态或功能的概率，记平均有效度为 $\overline{A(t)}$，则产品在时间 (t_1, t_2) 内的平均有效度为

$$\overline{A(t)} = A(t_1, t_2) = \frac{1}{t_2 - t_1} \int_{t_1}^{t_2} A(t) \mathrm{d}t$$

系统效能是指系统在规定的条件下和时间内，满足一组特定任务要求的程度，

是装备系统的综合特性,综合了系统可用度 A、可信度 D(描述可用性及其影响因素,即可靠性、维修性和保障性的集合术语)、完成功能的固有能力 C 等的一个综合尺度,是系统开始使用时的可用度、使用期间的可信度和固有能力的乘积,通常用概率进行度量,其表达式为

$$E = ADC$$

因此,系统效能是包括装备可靠性、维修性、保障性和固有能力等指标的一个综合参数。

1.3　可靠性与维修性基本特征量

1. 可靠性与失效率函数

设 T 是单元到失效的时间,是一个随机变量。根据可靠性的定义,事件$\{T > t\}$的概率是单元在时刻 t 时的可靠性,即单元在$(0, t)$不发生失效的概率。设$R(t)$为可靠性函数,则有

$$R(t) = P\{T > t\} \tag{1-1}$$

事件$\{T \leqslant t\}$是事件$\{T > t\}$的对立事件,概率称为累积分布函数,用 $F(t)$ 来表示,那么我们有

$$F(t) = P\{T \leqslant t\} = 1 - R(t) \tag{1-2}$$

是指单元在时间间隔$(0, t)$失效的概率。另一个可靠性基本函数是概率密度函数,常用 $f(t)$ 表示,定义为

$$f(t) = \frac{\mathrm{d}F(t)}{\mathrm{d}t} = -\frac{\mathrm{d}R(t)}{\mathrm{d}t} \tag{1-3}$$

其物理意义是在时间间隔$(t, t + \mathrm{d}t)$的单位时间内发生失效的概率。若已知一个单元在时刻 t 是工作的,称它在时间间隔$(t, t + \mathrm{d}t)$的单位时间内发生失效的概率为单元在时刻 t 的失效率,常记作 $\lambda(t)$,即

$$\lambda(t) = \frac{P\{t < T \leqslant t + \mathrm{d}t \mid T > t\}}{\mathrm{d}t} = \frac{f(t)}{R(t)} \tag{1-4}$$

例题 1.1　设某机械系统失效时间 T 的分布函数为 $F(t) = 1 - \exp(-0.5t^{2.5})$,则有

$$R(t) = \exp(-0.5t^{2.5}), \quad f(t) = 1.25t^{1.5}\exp(-0.5t^{2.5}), \quad \lambda(t) = 1.25t^{1.5}$$

这四个可靠性基本函数曲线如图 1-6 所示。

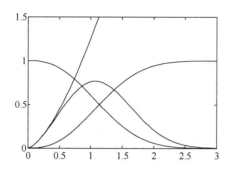

图 1-6　四个可靠性基本函数曲线

若已知密度函数 $f(t)$，由式(1-3)可得下式，即

$$F(t) = \int_0^t f(t)\,\mathrm{d}t \tag{1-5}$$

$$R(t) = \int_t^\infty f(t)\,\mathrm{d}t \tag{1-6}$$

由式(1-4)可得下式，即

$$\lambda(t) = \frac{f(t)}{\int_t^\infty f(t)\,\mathrm{d}t} \tag{1-7}$$

若已知失效率函数 $\lambda(t)$，则由式(1-3)和式(1-4)可得下式，即

$$\lambda(t) = \frac{f(t)}{R(t)} = -\frac{1}{R(t)}\frac{\mathrm{d}R(t)}{\mathrm{d}t} \tag{1-8}$$

对上式求积分并整理可得下式，即

$$R(t) = \exp\left[-\int_0^t \lambda(t)\,\mathrm{d}t\right] \tag{1-9}$$

由此求得其余两个函数的表达式为

$$F(t) = 1 - \exp\left[-\int_0^t r(t)\,\mathrm{d}t\right] \tag{1-10}$$

$$f(t) = \lambda(t)\exp\left[-\int_0^t r(t)\,\mathrm{d}t\right] \tag{1-11}$$

2. 失效率函数图形

产品的失效率遵循如图 1-7 所示的浴盆曲线，它是不可修复产品的失效率的变化曲线。在系统或产品使用的早期，由于加工或装配过程中存在内部缺陷，失效

率往往较高。通常在产品出厂前，要进行老化筛选实验，将早期失效消除。当产品系统或经历了早期失效期之后，失效率在一个较低的稳定水平，系统或产品的失效往往是由随机的原因引起，称之为偶然失效。对应于这个时期的使用时间称为使用寿命。产品在经历了一个比较稳定的失效率的时期之后，由于零部件老化、耗损等原因，失效率开始增加。若此时对产品进行维修，则可以遏制失效率上升的趋势，延长产品的使用寿命。

图 1-7　浴盆曲线

3. 平均寿命

不可修复产品的平均寿命指的是产品失效前工作时间的平均值，即寿命均值（mean time to failure，MTTF），单元平均故障发生时间，即

$$\mathrm{MTTF} = ET = \int_0^\infty t f(t)\,\mathrm{d}t \tag{1-12}$$

由于 $f(t) = -R'(t)$，则有

$$\mathrm{MTTF} = -\int_0^\infty t R'(t)\,\mathrm{d}t = -\left[t R(t) \right]_0^\infty + \int_0^\infty R(t)\,\mathrm{d}t$$

当 MTTF$<\infty$ 时，可以得到 $\left[t R(t) \right]_0^\infty = 0$，此时有

$$\mathrm{MTTF} = \int_0^\infty R(t)\,\mathrm{d}t \tag{1-13}$$

MTTF 还可以用拉普拉斯变换来推导，可靠性函数 $R(t)$ 的拉普拉斯变换为

$$R^*(t) = \int_0^\infty R(t) \mathrm{e}^{-st}\,\mathrm{d}t \tag{1-14}$$

可以看出，MTTF 等于拉普拉斯变换形式 $s=0$ 时的可靠度函数。

当故障产品单元的修理时间相对于 MTTF 非常短，甚至可以忽略时，MTTF 约等于平均故障间隔时间（mean time between failure，MTBF），即可修复产品两次相邻故障之间的平均时间。当故障产品单元的修理时间不能忽略时，MTBF 还包含平均维修时间（mean time to repair，MTTR）。

4. 剩余寿命

平均剩余寿命(mean residual life,MRL)。当一个产品到时刻 t 时尚未失效,剩余的寿命($T-t$)是一个随机变量,数学期望为平均剩余寿命,则

$$
\begin{aligned}
\mathrm{MRL}(t) &= E\{T-t \mid T \geqslant t\} \\
&= \frac{P\{T-t, T \geqslant t\}}{P\{T \geqslant t\}} \\
&= \frac{\displaystyle\int_t^{+\infty}(x-t)f(x)\mathrm{d}x}{R(t)} \\
&= \frac{\displaystyle\int_t^{+\infty}xf(x)\mathrm{d}x}{R(t)} - t
\end{aligned}
\tag{1-15}
$$

由于 $R'(t)=-f(t)$,从而有

$$
\int_t^{+\infty}(x-t)f(x)\mathrm{d}x = -(x-t)R(x)\Big|_{x=t}^{\infty} + \int_t^{+\infty}R(x)\mathrm{d}x = \int_t^{+\infty}R(x)\mathrm{d}x
$$

其中,$R(\infty)=0$。

从而,式(1-15)可以表示为

$$
\mathrm{MRL}(x) =
\begin{cases}
\dfrac{\displaystyle\int_t^{+\infty}R(x)\mathrm{d}x}{R(t)}, & R(t) > 0 \\
0, & R(t) = 0
\end{cases}
\tag{1-16}
$$

5. 可靠寿命

在工程上,通常需要知道给定可靠度情况下与其相对应的工作时间,即可靠寿命。

设产品的可靠度函数为 $R(t)$,使其等于给定值 $R(0<R<1)$ 的时间 t_R 称为可靠度为 R 的可靠寿命,简称可靠寿命 t_R,其中 R 称为可靠水平。可靠水平为 0.5 的可靠寿命 $t_{0.5}$ 称为中位寿命,可靠水平 $R=\mathrm{e}^{-1}=0.368$ 的可靠寿命 $t_{0.368}$ 称为特征寿命(图 1-8)。

从分布的角度看,可靠寿命 t_R 满足下式,即

$$
R(t_R)=R \text{ 或 } P(T \geqslant t_R)=R
$$

可见,可靠寿命 t_R 就是失效分布的上侧 R 分位数。中位寿命 $t_{0.5}$ 就是失效分布的中位数。例如,某产品的中位寿命 $t_{0.5}=5000\mathrm{h}$,表示该产品中约有一半产品寿命

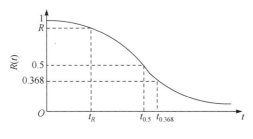

图 1-8 特征寿命

低于 5000h,另一半产品寿命高于 5000h。

可靠寿命 t_R 在实际中常有应用。

① 作为产品的可靠性指标使用。例如,轴承的可靠性指标就是 $R=0.9$ 的可靠寿命 $t_{0.9}$,比较两种轴承可靠性的高低就看其 $t_{0.9}$ 的大小,$t_{0.9}^{(1)}=1500h$ 与 $t_{0.9}^{(2)}=2000h$ 相比,后者可靠性比前者高。

② 对可靠度有一定要求的产品,工作到了可靠寿命 t_R 时就要替换,否则就不能保证其可靠度。例如,飞机的操纵杆要求可靠度 $R=99.9\%$,若其可靠寿命 $t_{0.999}=100h$,则其飞行 100h 后,无论失效与否均应更换新的。

例题 1.2 指数分布的可靠寿命可由下式给出:$t_R=-\theta\ln R$,其中 θ 为平均寿命。如果保证有 90% 的可靠度,在产品寿命服从指数分布的条件下,产品的可靠寿命 $t_R=-\theta\ln0.9\approx\theta/10$,即其工作时间不应超过平均寿命 1/10。

1.4 可靠性中常用统计量及其分布

系统可靠性大都服从指数分布、正态分布、伽马分布、对数正态分布、威布尔分布和极值分布。其中,最基本的分布模型是指数分布、正态分布和伽马分布。威布尔分布和极值分布可以看成是由指数分布派生而来的,而对数正态分布可以看作是由正态分布派生而来的。

1. 指数分布(exponential distribution)模型

指数分布是一种单参数分布函数,主要用于机械系统、电子元件及承受一定载荷而磨损量又小的机械零部件寿命、复杂大系统故障间隔时间与维修时间的描述。

(1) 概率密度与分布函数

设连续型随机变量 T 的概率密度函数为

$$f(t)=\frac{1}{\theta}\exp\left(-\frac{t}{\theta}\right),\quad t\geqslant0$$

其中,$\theta > 0$ 为常数,则称 T 服从参数为 θ 的指数分布,从而该随机变量 T 的分布函数为

$$F(t) = \int_{-\infty}^{t} f(t)\mathrm{d}t = 1 - \exp\left(-\frac{t}{\theta}\right), \quad t \geq 0$$

(2) 相关性质

设随机变量 T 服从参数为 θ 的指数分布。

① 寿命均值,$\mathrm{E}T = \theta$,可见分布参数 θ 为指数分布的均值,通常称 θ 为指数分布的平均故障间隔时间。

② 寿命方差,$\mathrm{D}T = \theta^2$。

③ 可靠度函数,$R(t) = 1 - F(t) = \exp\left(-\frac{t}{\theta}\right)$,$t \geq 0$。

④ 故障率函数,$\lambda(t) = \dfrac{f(t)}{R(t)} = \dfrac{1}{\theta} \triangleq \lambda$（常数）,$t \geq 0$。

由可靠度表达式可知,只要确定其单一参数 λ（故障率）,可靠度函数就可以完全确定。可知,曲线在形状上相似,但是 λ 的大小直接影响可靠度下降的快慢。

⑤ 无记忆性,对于任意时间 $t_1, t_2 > 0$,有 $P\{X > t_1 + t_2 \mid X > t_1\} = P\{X > t_2\}$,称为无记忆性。

⑥ 维修性相关特征量,当维修时间服从指数分布时,系统的维修性评价指标如下。

第一,修复率,$\mu(t) = \mu$。

第二,维修度函数（维修概率）,$M(t) = 1 - \exp(-\mu t)$。

第三,平均维修时间,$\mathrm{MTTR} = \dfrac{1}{\mu}$。

第四,中位维修时间,$t_M = -\dfrac{\ln 0.5}{\mu}$。

由于指数分布在数学运算上最为简单,因此在很多随机问题中,常假定随机变量服从指数分布。

2. 正态分布(normal distribution)模型

正态分布又称高斯(Gauss)分布,是概率分布中最普通和最常用的一种统计分布,很多自然现象都可以用它来描述,如工艺(测量、尺寸等)误差、机械装置的磨损、老化与腐蚀而发生的产品失效、材料特性、应力分布、机械系统的维修时间,也可以用于产品的质量控制等。

(1) 概率密度与分布函数

设连续型随机变量 X 的概率密度函数为

$$f(x) = \frac{1}{\sqrt{2\pi}\sigma} \exp\left[-\frac{1}{2}\left(\frac{x-\mu}{\sigma}\right)^2\right], \quad -\infty < x < \infty$$

其中,μ 是均值,是抽样总体的集中趋势尺度,即总体的数学期望;σ 是方差,反映随机变量的离散程度,是总体的均方差。

μ 和 σ 是正态分布的两个参数,其概率密度函数曲线如图 1-9 所示。

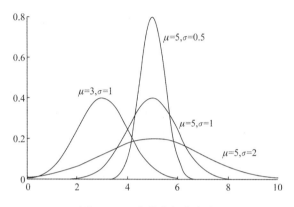

图 1-9　正态分布概率密度

相应地,其累积概率分布函数为

$$F(x) = \frac{1}{\sqrt{2\pi}\sigma} \int_{-\infty}^{x} \exp\left[-\frac{1}{2}\left(\frac{x-\mu}{\sigma}\right)^2\right]\mathrm{d}x, \quad -\infty < x < \infty \quad (1\text{-}17)$$

正态分布概率密度函数具有以下性质。

① $f(x)$ 关于 $x = \mu$ 对称。

② 当 $x = \mu$ 时,$f(x)$ 取得最大值,即 $f(\mu) = \dfrac{1}{\sqrt{2\pi}\sigma}$。

③ 在 $x = \mu \pm \sigma$ 处,$f(x)$ 有拐点,且曲线以 x 轴为渐近线。

④ 如果固定 σ,改变 μ 值时,则曲线沿着 x 轴平移,但形状不发生改变;如果固定 μ 不变 σ 改变时,分布曲线的位置不变但是离散程度有所改变,反映在曲线上就是"肥""瘦"的不同,如图 1-9 所示。

（2）标准正态分布函数

当 $\mu = 0, \sigma = 1$ 时,称随机变量 X 服从标准正态分布,其概率密度和分布函数分别用 $\varphi(x)$ 和 $\Phi(x)$ 表示,对应地,有

$$\varphi(x) = \frac{1}{\sqrt{2\pi}} \exp\left(-\frac{1}{2}x^2\right), \quad -\infty < x < \infty$$

$$\Phi(x) = \frac{1}{\sqrt{2\pi}} \int_{-\infty}^{x} \exp\left(-\frac{1}{2}x^2\right)\mathrm{d}x, \quad -\infty < x < \infty$$

显然,有 $\Phi(-x)=-\Phi(x)$。一般地,按式(1-17)计算时很复杂,将其表达式进行变换,令 $z=\dfrac{x-\mu}{\sigma}$,则有 $\mathrm{d}t=\sigma\mathrm{d}z$,从而有

$$
\begin{aligned}
F(t) &= \frac{1}{\sqrt{2\pi}}\int_{-\infty}^{\frac{t-\mu}{\sigma}}\exp\left(-\frac{1}{2}z^2\right)\mathrm{d}z \\
&= \int_{-\infty}^{z}\varphi(z)\mathrm{d}z \\
&= \Phi(z)
\end{aligned}
$$

其中,$\varphi(z)$ 和 $\Phi(z)$ 分别是标准正态分布的密度函数和累积概率分布函数。

因此,当随机变量 X 服从正态分布,且均值 μ 和标准差 σ 已知时,可以将它的分布函数转换为标准正态分布函数,其函数特性保持不变,即 $F(t)=\Phi(z)$,有关标准正态变量 z 对应的累积概率值可以查标准正态概率表。

(3) 可靠性与质量控制的 σ 法则

假设寿命时间 T 服从均值为 μ,标准差为 σ 的正态分布,正态分布在数值上有如下特征。

① 正态分布曲线与 T 轴所围面积等于 1。

② $\mu\pm\sigma$ 区间的面积占全部总面积的 68.3%;$\mu\pm2\sigma$ 区间的面积占全部总面积的 95.4%;$\mu\pm3\sigma$ 区间的面积占全部总面积的 99.87%,因此随机变量的值落在 $\mu\pm3\sigma$ 中几乎是一必然事件,通常将正态分布的这种概率法则称为"3σ"法则。目前的热点问题是对"6σ"法则的讨论。

(4) 相关性质

若寿命随机变量 $X\sim N(\mu,\sigma^2)$,则有如下性质。

① X 的均值为 $\mathrm{E}X=\mu$,方差为 $\mathrm{D}X=\sigma^2$。

② 可靠度函数 $R(x)$ 为

$$
R(x)=1-F(x)=1-\Phi\left(\frac{x-\mu}{\sigma}\right)
$$

3. 对数正态分布(log-normal distribution)模型

正态分布虽然应用较广,但是由于分布规律的对称性,往往使其在使用中受到一定的限制,例如常应力下材料的疲劳寿命及维修时间均不服从正态分布,即分布曲线不对称。对数正态分布是描述此类寿命与耐久性的一种较好的分布,解决了对称正态分布在描述试样或维修工作在未经实验及维修,即在 $t=0$ 时出现故障的不合理性,使之更符合实际。机械零部件的疲劳寿命和维修时间、半导体寿命和加速寿命实验数据等,一般选择对数正态分布来描述。

（1）概率密度与分布函数

假设随机变量 x 服从正态分布 $N(\mu_x,\sigma_x)$，则 $t=\mathrm{e}^x$ 随机变量服从对数正态分布，其概率密度函数为

$$f(t)=\frac{1}{\sqrt{2\pi}\sigma_x t}\exp\left[-\frac{1}{2}\left(\frac{\ln t-u_x}{\sigma_x}\right)^2\right],\quad t>0$$

因此，概率分布函数为

$$F(t)=\frac{1}{\sqrt{2\pi}\sigma_x t}\exp\left[-\frac{1}{2}\left(\frac{\ln t-u_x}{\sigma_x}\right)^2\right]\mathrm{d}t,\quad t>0$$

或者写成标准正态分布形式，即

$$F(t)=\int_0^{u_p}\frac{1}{\sqrt{2\pi}}\exp\left[-\frac{1}{2}x^2\right]\mathrm{d}t,\quad t>0$$

其中，$u_p=(\ln p-u_x)/\sigma_x$。

事实上，对数正态分布是一个单峰的偏态分布。

（2）相关性质

设随机变量 T 服从参数为 μ 和 σ^2 的对数正态分布，即 $T\sim LN(\mu,\sigma^2)$，则有如下性质。

① T 的均值为 $\mathrm{ET}=\exp\left(\mu+\frac{1}{2}\sigma^2\right)$，可见对数均值 μ 并不是对数正态分布的均值。

② T 的方差为 $\mathrm{DT}=(\mathrm{EX})^2(\exp(\sigma^2)-1)$。

③ 可靠度函数为 $R(x)=1-F(x)=1-\Phi\left(\dfrac{\ln x-\mu}{\sigma}\right)$。

④ 失效率函数为 $\lambda(t)=\dfrac{f(t)}{R(t)}=\dfrac{\dfrac{1}{t\sigma_x}\exp\left[-\dfrac{1}{2}\left(\dfrac{\ln t-\mu_x}{\sigma_x}\right)^2\right]}{\displaystyle\int_{u_p}^{\infty}\exp\left(-\dfrac{x^2}{2}\right)\mathrm{d}x}，t<0$。

对数正态分布的两个参数 u_x 和 σ_x，分别称为对数均值和对数标准差，通常 μ_x 和 σ_x 确定后，分布曲线形状也就确定下来了。当 $\mu_x=0$ 时，对应概率密度曲线如图 1-10 所示。

4. 威布尔分布（Weibull distribution）模型

威布尔分布是近年来在可靠性分析中使用最为广泛的分布模型。一方面，它能合理描述大多数元器件的寿命，如真空管、球轴承、复合材料等。另一方面，这个

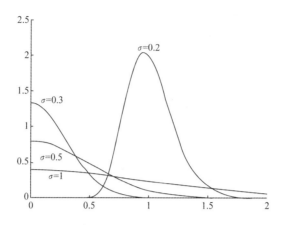

图 1-10　对数正态分布概率密度函数

分布模型包含形状参数,使得它在数据拟合上极其富有弹性。最后,它的所有可靠性基本函数都具有封闭性的解析表达式,使得数学处理十分便利,尤其是经过双对数变换后能转化成线性形式,从而计算机图形处理及线性回归等技术能够很方便地应用于处理分布参数问题。

　　1951 年,瑞典科学家威布尔在研究链强度问题时,根据薄弱环节思想(图 1-11),发现该链寿命数据符合一特定概率分布模型,命名为威布尔分布。在机械强度的可靠性计算中,威布尔分布是除正态分布外经常用于强度及寿命的一种分布形式。

图 1-11　薄弱链图示

（1）概率密度与分布函数

若连续型随机变量 T 的概率密度函数为

$$f(t)=\frac{\beta}{\alpha^{\beta}}(t-t_0)^{\beta-1}\exp\left[-\left(\frac{t-t_0}{\alpha}\right)^{\beta}\right],\quad t_0\leqslant t<\infty$$

其中,$t\geqslant t_0$,$\alpha,\beta>0$,β 为形状参数,α 为尺度参数,t_0 为位置参数,则称寿命随机变量 T 服从参数为 β,η,t_0 的威布尔分布,记为 $T\sim W(\beta,\alpha,t_0)$。

　　随机变量 T 的分布函数为

$$F(t)=1-\exp\left[-\left(\frac{t-t_0}{\alpha}\right)^{\beta}\right],\quad t_0\leqslant t<\infty$$

当 $t_0\neq0$ 时,称为三参数威布尔分布,而通常所说的威布尔分布是指 $t_0=0$ 时的两参数威布尔分布,其函数曲线如图 1-12 和图 1-13 所示。

图 1-12　威布尔累积分布函数

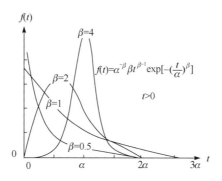

图 1-13　威布尔概率密度函数

（2）相关函数与性质

① 若数据描述系统或产品的可靠性，则根据分布函数得到随机变量 T 的可靠度函数为

$$R(t)=\exp\left[-\left(\frac{t-t_0}{\alpha}\right)^{\beta}\right],\quad t_0\leqslant t<\infty$$

因此，故障率函数 $\lambda(t)=\dfrac{\beta}{\alpha^{\beta}}(t-t_0)^{\beta-1}$，$t_0=0$ 时的失效率函数曲线如图 1-14 所示。

随机变量 T 的数学期望（均值）为

$$E(T)=t_0+\alpha\Gamma\left(1+\frac{1}{\beta}\right)$$

方差为

$$D(T)=\alpha^2\left[\Gamma\left(1+\frac{2}{\beta}\right)-\Gamma^2\left(1+\frac{1}{\beta}\right)\right]$$

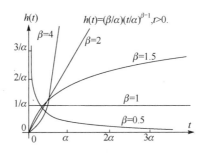

图 1-14　威布尔故障率函数

② 当维修时间服从威布尔分布时,下面给出维修性相关评价指标函数。随机变量 T 的维修密度函数为

$$m(t)=\frac{\beta}{\alpha^{\beta}}(t-t_0)^{\beta-1}\exp\left[-\left(\frac{t-t_0}{\alpha}\right)^{\beta}\right],\quad t_0\leqslant t<\infty$$

从而维修度函数(即维修概率)为

$$M(t)=1-\exp\left[-\left(\frac{t-t_0}{\alpha}\right)^{\beta}\right],\quad t_0\leqslant t<\infty$$

瞬时修复率为

$$\mu(t)=\frac{\beta}{\alpha^{\beta}}(t-t_0)^{\beta-1}$$

平均维修时间为

$$\mathrm{MTTR}=\mathrm{E}T=\alpha\Gamma\left(1+\frac{1}{\beta}\right)$$

其中,$\Gamma(\cdot)$ 代表伽马函数。

③ 选用不同的形状参数 β,威布尔可以用于描述早期失效、偶然失效和耗损失效三种失效类型。当 $m>1$ 时,失效率呈现上升趋势,可以用于描述耗损失效类型,尤其是当 $m\approx3$ 时,威布尔分布与正态分布接近;当 $m=1$ 时,威布尔分布退化为指数分布,失效率恒定,可以用于偶然失效类型;当 $m<1$ 时,失效率呈现下降趋势,可以用于描述早期失效类型。这些性质说明,威布尔分布对各种失效类型数据的拟合能力很强。

5. 极值分布模型

极值分布是与威布尔分布和指数分布具有密切关系的一种分布形式,由 Gumbel 于 1958 年最先使用,因此也称 Gumbel 分布,虽然极值分布适合描述低温度、干旱期间的降雨量、材料的电强度等极端现象,同时也适合由于连续的化学腐蚀引起的失效建模,也适合于串、并联系统的失效建模。

(1) 概率密度与分布函数

若随机变量 X 的概率密度函数为

$$f(x) = \frac{1}{b} \exp\left[\frac{x-\mu}{b} - \exp\left(\frac{x-\mu}{b} \right) \right], \quad -\infty < x < \infty$$

其中,$b>0$ 和 $-\infty < \mu < \infty$ 均为参数,则称 X 服从极值分布。

极值概率分布函数为

$$F(x) = 1 - \exp\left[-\exp\left(\frac{x-\mu}{b} \right) \right], \quad -\infty < x < \infty$$

当 $\mu=0, b=1$ 时,极值分布又称为标准极值分布。由于 μ 是一个位置参数,而 b 是一个尺度参数,从而在极值分布的概率密度函数中 μ 和 b 不是 0 和 1 时,$f(x)$ 的形状并不改变,只是改变了其位置和刻度。

(2) 与威布尔分布关系

当随机变量 T 服从威布尔分布时,令 $x = \log T$,则 x 服从 $b = \beta^{-1}$ 和 $\mu = -\log\lambda$ 的极值分布。事实上,这个分布也可以看作是 $\exp[(x-\mu)/b]$ 服从指数分布得到的。在数据分析时使用对数寿命时间常常很方便,因此当寿命时间服从威布尔分布时,极值分布就产生了。

(3) 标准极值分布的均值与方差

对于标准极值分布,其矩母函数为

$$M(\theta) = E(e^{\theta x}) = \int_{-\infty}^{\infty} e^{\theta x} \exp(x - e^x) \, dx$$

令 $y = e^x$,有 $M(\theta) = \int_0^\infty y^\theta \exp(-y) \, dy = \Gamma(1+\theta)$,从而标准极值分布的均值为

$$ET = \Gamma'(1) = -\gamma$$

方差为

$$DT = \Gamma''(1) - \gamma^2 = \frac{\pi^2}{6}$$

其中,$\gamma = 0.5772\cdots$,即欧拉常数。

6. 伽马分布模型

伽马分布也可以作为寿命分布模型,但不及威布尔分布那样常用,在一定程度

上是由于伽马分布的可靠性函数与失效率函数不能以简单形式表达,因此用起来比威布尔分布困难。然而,伽马分布的确能够足以适合广泛的寿命数据,并且有一些失效过程模型还可以导出伽马分布。伽马分布也可以从数学上导出,一个很有名的结果是独立同分布(i.i.d)指数分布的随机变量之和服从伽马分布。

(1) 概率密度与分布函数

若随机变量 T 的概率密度函数为

$$f(t) = \frac{1}{\eta^{\alpha}\Gamma(\alpha)} t^{\alpha-1} \exp\left(-\frac{t}{\eta}\right), \quad t > 0$$

其中,$\Gamma(\cdot)$ 是伽马函数;η 是尺度参数;α 是形状参数。

伽马函数 $\Gamma(\cdot)$ 的定义为

$$\Gamma(x) = \int_0^{\infty} \mu^{x-1} \exp(-\mu) d\mu$$

则称 T 服从伽马分布(或 Γ 分布),从而伽马分布函数为

$$F(t) = \int_0^t f(t) dt = \int_0^t \frac{1}{\eta^{\alpha}\Gamma(\alpha)} t^{\alpha-1} \exp\left(-\frac{t}{\eta}\right) dt$$

其可靠度函数和故障率函数没有封闭形式的表达式。如同威布尔分布一样,指数分布也是伽马分布的特殊情形(取 $k=1$ 即可)。下面给出几个伽马分布的密度函数,如图 1-15 所示。

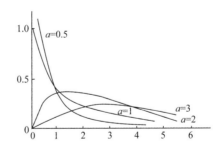

图 1-15　$\alpha = 0.5, 1, 2, 3$ 时的概率密度函数

(2) 相关特征值与性质

① 通过计算,伽马分布的均值和方差分别为

$$ET = \alpha\eta, \quad DT = \alpha\eta^2$$

② 伽马分布的概率密度函数、故障率函数和瞬时修复率取决于形状参数 α,如图 1-15 所示,不同 α 对应图像有所区别。

当 $\alpha < 1$ 时,$m(t)$ 和 $f(t)$ 均为递减函数,$\mu(t)$ 和 $\lambda(t)$ 也为递减函数。

当 $\alpha=1$ 时，$m(t)$ 和 $f(t)$ 均为递减函数，$\mu(t)$ 和 $\lambda(t)$ 均为常数。

当 $\alpha>1$ 时，$m(t)$ 和 $f(t)$ 均为单峰形状，$\mu(t)$ 和 $\lambda(t)$ 也均为递增函数。

7. 泊松分布模型

泊松分布可以描述机械系统在一定时间区间的故障数或缺陷一致性的分布。对于成败型实验，当 n 很大而 p 很小时，实际上当 $n\geqslant20$，$p\leqslant0.05$ 时，二项分布近似于泊松分布。泊松分布是只有一个参数的分布，此参数 $a>0$。

（1）概率密度与分布函数

若随机变量 X 服从泊松分布，其分布密度函数可以用 $f(x,a)$ 表示，即

$$f(x,a)=P(X=x)=\frac{a^x}{x!}\exp(-a),\quad x=0,1,\cdots$$

X 取值 $0\sim x$ 的概率称为泊松分布函数，记为 $P(x,a)$，即

$$P(x,a)=P(X\leqslant a)=\sum_{k=0}^{x}\frac{a^k}{k!}\mathrm{e}^{-a}$$

（2）相关性质

① 随机变量 X 的期望与方差均为 a。

② 泊松分布具有可加性，设 $X_1,X_2,\cdots,X_n$ 是独立同分布的随机变量，$X_i(i=1,2,\cdots,n)$ 服从参数为 a 的泊松分布，则有

$$X\stackrel{\text{def}}{=}\sum_{i=1}^{n}X_i\sim P(x,a)$$

其中，$a=\sum_{i=1}^{n}a_i$。

（3）恒定故障率情况

若已知机械系统的常量故障率 λ 时，在 $[0,t]$ 时间区间内平均故障数 $a=\lambda t$，这样机械系统在规定时间区间内的失效数 X 服从泊松分布，即

$$P(X=x)=\frac{(\lambda t)^x}{x!}\mathrm{e}^{-\lambda t}$$

故障数为 $0\sim x$ 的概率为

$$P(X\leqslant x)=\sum_{k=0}^{x}\frac{(\lambda t)^k}{k!}\mathrm{e}^{-\lambda t}$$

即故障时间服从指数分布的机械系统，规定时间内的故障数服从泊松分布。

第 2 章　可靠性统计原理

可靠性统计原理源于 20 世纪 30 年代,随着现代技术的不断进步,可靠性统计原理日趋完善。机器维修问题是最早研究的热点之一,而另一个重要的研究工作是将更新理论应用于零部件更换问题。Weibull、Gumbel 和 Epstein 等系统研究了材料的疲劳寿命问题和有关极值理论。自 50 年代至今,可靠性数学应用领域已从军事技术扩展到国民经济的诸多领域[12]。

要提高产品的可靠性,需要在材料、设计、工艺、使用维修等多方面去努力,从而可靠性的改善实质上是一个工程管理问题,然而可靠性问题是以产品的寿命特征作为主要研究对象,这就离不开对产品寿命的定量分析与比较,需要对可靠性的一些基本数学概念进行严格的定义与推理,为可靠性工程与管理问题提供理论基础[13]。一般来说,产品的寿命是一个非负随机变量,从而可靠性数学成为概率论与数理统计的一个重要分支。同时,可靠性通常与决策及最优化问题有紧密联系,这决定了可靠性数学又是运筹学的一个重要分支。在管理问题中,高可靠性的管理提升企业竞争力,把可靠性应用于工程管理问题,于是可靠性数学也是质量与工程管理的一个重要基础理论知识。由于现代信息技术的快速发展,信息的存储与传播,高度复杂系统集成可靠性,需要借助计算机来完成,可靠性数学成为信息科学应用的又一个重要研究领域[14]。

为可靠性工程应用提供数学基础,本章首先从可靠性实验的抽样原理出发,介绍相关重要统计量及其分布、可靠性参数估计的优良性、估计值的区间及上下限、常用的数据回归分析、截尾数据似然分析,以及可靠性中的计数过程等。

2.1　随机变量特征数

由于可靠性研究的前提是实验数据的收集,而试验数据通常被看成随机变量,对于产品寿命随机变量,期望 EX、方差 $\mathrm{Var}(X)$ 和标准差 $\sigma(X)$ 是随机变量(也是相应分布)的最重要的特征数。它们分别刻画了一个分布的两个重要侧面,即位置与散布。在实际应用中,它们的使用频率最高。这里将指出它们的几项应用和其他特征数。

1. Chebyshev 不等式

对方差存在的随机变量 X,有

$$P(|X-EX|\geqslant\varepsilon)\leqslant\frac{\text{Var}(X)}{\varepsilon^2} \tag{2-1}$$

其中,ε 为任一正数。

这个概率不等式表明,大偏差发生的概率被其方差所控制。

2. Benulli 大数定律

设事件 A 的概率 $P(A)=p$,在 n 次随机实验中 A 发生次数 X_n 服从二项分布 $B(n,p)$,对任意小的正数 ε,事件发生的频率 X_n/n 与其概率 p 之间的偏差超过 ε 的概率将随着 n 的无限增大而趋于零,即

$$\lim_{n\to\infty}P\left(\left|\frac{X_n}{n}-p\right|\geqslant\varepsilon\right)=0 \tag{2-2}$$

这个大数定律是"频率的稳定值是概率"这句话的确切含义。

3. 中心极限定理

n 个相互独立同分布的随机变量之和的分布在一定条件下近似于正态分布,并且 n 越大,近似程度越好。研究这类结果成立的条件就构成中心极限定理。

(1) Lindeberg-levi 中心极限定理

设 $\{X_n\}$ 是独立同分布随机变量序列,$E(X_1)=\mu$,$\text{Var}(X_1)=\sigma^2$,若方差有限,且不为零,则前 n 个随机变量之和的标准化变量为

$$Y_n^*=\frac{X_1+\cdots+X_n-n\mu}{\sqrt{n}\sigma} \tag{2-3}$$

的分布函数将随着 $n\to\infty$ 而收敛于标准正态分布 $\Phi(y)$,即对任意实数 y,有

$$\lim_{n\to\infty}P(Y_n^*\leqslant y)=\Phi(y) \tag{2-4}$$

这个定理表明不管 X_1 是离散分布还是连续分布,也不管是正态分布还是非正态分布,只要满足如下三个条件就可以用上述正态近似来计算有关事件的概率,即

① X_i 相互独立同分布。

② 其分布的方差有限,且不为零。

③ n 充分大,如 $n\geqslant30$。

例如,$P(X_1+X_2+\cdots+X_n)<a$,$P(\overline{X}<b)$等。

在概率论中,常把 n 充分大时才具有的性质称为渐近性质。于是 Lindeberg-levi 中心极限定理可以表述为在一定条件下,Y_n^* 渐近服从标准正态分布 $N(0,1)$,记为

$$Y_n^*=\frac{X_1+X_2+\cdots+X_n-n\mu}{\sqrt{n}\sigma}\sim AN(0,1)$$

(2) Demorve-laplace 中心极限定理

设随机变量 $Y_n\sim B(n,p)$,则其标准化随机变量,即

$$Y_n^*=\frac{Y_n-np}{\sqrt{np(1-p)}} \tag{2-5}$$

的分布函数将随着 $n\to\infty$ 而收敛于标准正态分布函数 $\Phi(y)$,即对任意实数 y,有

$$\lim_{n\to\infty}P(Y_n^*\leqslant y)=\Phi(y) \tag{2-6}$$

这是最早的中心极限定理。其实质是对二项分布用正态分布作近似计算,根据这个定理,当 $Y_n\sim B(n,p)$ 时,假如 n 充分大,则有

$$Y_n\overset{近似}{\sim}N(np,np(1-p)) \tag{2-7}$$

为了提高近似程度,统计学家提出两点建议。

① 要使二项分布中的 n 与 p 满足 $np\geqslant5$ 和 $n(1-p)\geqslant5$。

② 若要求二项变量 Y_n 在 $[a,b]$ 的概率,应把区间修改为 $(a-0.5,b+0.5)$,即

$$P(a\leqslant Y_n\leqslant b)=\Phi\left(\frac{b+0.5-np}{\sqrt{np(1-p)}}\right)-\Phi\left(\frac{a-0.5-np}{\sqrt{np(1-p)}}\right)$$

这里使用的不等号是"$\leqslant$"或"$\geqslant$",如要求 $P(Y_n<20)$ 要转化为 $P(Y_n\leqslant19)$。

例题 2.1 已知某产品的正品率为 0.515,求在 10 000 个产品中正品不多于不合格产品的概率是多少?

解 设 X 表示 10 000 个产品中的正品数,则 $X\sim B(10\ 000,0.515)$。依题意要求 $P(X\leqslant5000)$,由于 $np=5150>5$,$n(1-p)=4850>5$,因此可以用 Demorve-Laplace 定理求概率,即

$$P(X\leqslant5000)\approx\Phi\left(\frac{5000+0.5-5150}{\sqrt{10000\times0.515\times0.485}}\right)$$
$$=\Phi(-2.991)$$
$$=1-\Phi(2.991)$$
$$=1-0.9986$$

$$=0.0014$$

这个概率很小，只有 1.4‰，因此其对立事件"合格多于不合格"最有可能发生。

4. 随机变量函数的数学期望

设 $g(X)$ 是随机变量 X 的函数，假如它的数学期望存在，则

$$E[g(X)] = \begin{cases} \sum_i g(x_i)p(x_i), & \text{离散场合} \\ \int_{-\infty}^{+\infty} g(x)p(x)\mathrm{d}x, & \text{连续场合} \end{cases} \tag{2-8}$$

这个性质可以简化随机变量函数的期望计算，导出如下有用性质。

① 若 C 是常数，则有 $E(C)=C$，$Var(C)=0$。

② 若 $a \neq 0$，b 是常数，则有 $E(aX+b)=aE(X)+b$，$Var(aX+b)=a^2 Var(X)$。

5. (原点)矩和中心矩

以下涉及的期望都假设存在。

① X(或分布)的 k 阶(原点)矩，$\mu_k=E(X^k)$，数学期望是 X 的一阶矩。

② X(或分布)的 k 阶中心矩，$v_k=E(X-EX)^k$，方差 $Var(X)$ 是 X 的二阶中心矩。

6. X(或分布)的变异系数

$C_v = \dfrac{\sigma(X)}{E(X)}$ 是以数学期望为单位去度量随机变量 X 取值波动程度的特征数。

7. X(或分布)的偏度(系数)

$$\beta_s = \frac{v_3}{(v_2)^{3/2}} = \frac{E(X-EX)^3}{[\sigma(X)]^3} \tag{2-9}$$

偏度是描述分布偏离对称性(偏态)程度的特征数，可正可负，其正负反映的是偏态的方向，如图 2-1 所示。

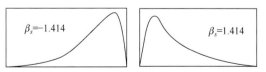

图 2-1　两个分布的偏度(负偏和正偏)

① $\beta_s > 0$，分布为正偏或右偏，重尾在右侧。

② $\beta_s<0$,分布为负偏或左偏,重尾在左侧。

③ $\beta_s=0$,分布关于其期望 $E(X)$ 对称,如正态分布。

8. X(或分布)的峰度(系数)

$$\beta_k=\frac{v_4}{v_2^2}-3=\frac{E(X-EX)^4}{[\sigma(X)]^4}-3$$

峰度是描述分布尖峭程度和(或)尾部粗细的一个特征数,可正可负,其正负反映的是峰态,与标准正态分布相比是更尖峭,还是更加平坦,如图 2-2 所示。

图 2-2　两个密度函数与标准正态分布密度函数的比较

① $\beta_k>0$,标准化后的分布比标准正态分布更尖峭和(或)尾部更粗。

② $\beta_k<0$,标准化后的分布比标准正态分布更平坦和(或)尾部更细。

③ $\beta_k=0$,标准化后的分布与标准正态分布相当。

偏度 β_s 与峰度 β_k 都是描述分布形状的特征数,当一分布的 β_s 与 β_k 皆为 0,或近似为零时,常认为该分布近似为正态分布。

9. 中位数与分位数

连续分布的 $\alpha(0<\alpha<1)$(下侧)分位数 x_α 是满足下式的解,即

$$P(X\leqslant x_\alpha)=\alpha \text{ 或 } F(x_\alpha)=\alpha \tag{2-10}$$

0.5 分位数为中位数。

α 分位数 x_α 是 x 轴上的一个点(实数),它把密度函数 $p(x)$ 下的面积(概率)分为两块,左侧的一块面积恰好为 α,中位数是把 $p(x)$ 下的面积分为相等的两块,各为 0.5,如图 2-3 所示。

图 2-3　α 分位数与中位数

α 分位数 x_α 是 α 的非减函数,即有 $x_{0.1}\leqslant x_{0.3}\leqslant x_{0.7}$ 等。标准正态分布 $N(0,1)$ 的 α 分位数 $\mu_\alpha=\Phi^{-1}(\alpha)$,其中 $\Phi^{-1}(\alpha)$ 是标准正态分布函数 $\Phi(u)$ 的反函数,对各种

α 编制了"标准正态分布的 α 分位数 u_α 表"。标准正态密度函数的对称性如图 2-4 所示。

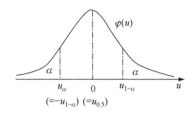

图 2-4　标准正态分布的分位数

① 当 $\alpha < 0.5$ 时，$u_\alpha < 0$；当 $\alpha > 0.5$ 时，$u_\alpha > 0$；当 $\alpha = 0.5$ 时，$u_\alpha = 0$。

② 对任意 $\alpha(0 < \alpha < 1)$，有 $u_\alpha = -u_{1-\alpha}$。

一般正态分布 $N(\mu,\sigma^2)$ 的 α 分位数 $x_\alpha = \mu + \alpha u_\alpha$，其中 u_α 为标准正态分布的 α 分位数。连续分布的 α 上侧分位数 x'_α 由等式 $P(X \geqslant x'_\alpha) = \alpha$ 确定，如图 2-5 所示。

图 2-5　上下侧分位数间关系

① α(下侧)分位数 x_α 与 α 上侧分位数 x'_α 是两个不同概念，即 $\alpha \neq 0.5$ 时，$x_\alpha \neq x'_\alpha$。

② 它们之间有如下转换关系，即 $x'_\alpha \neq x_{1-\alpha}$ 或 $x_\alpha = x'_{1-\alpha}$。

例题 2.2　某绝缘材料的使用寿命 T(单位:h)服从对数正态分布 $\mathrm{LN}(\mu,\sigma^2)$。

① 求对数正态分布的 α 分位数 t_α。

② 若 $\mu = 10$，$\sigma = 2$，求 $t_{0.1}$。

③ 若 $t_{0.2} = 5000h$，$t_{0.8} = 65\,000h$，求 μ 与 σ。

解　① 设对数正态分布函数为 $F(t)$，则其 α 分位数 t_α 满足方程 $F(t_\alpha) = \alpha$，其中

$$F(t_\alpha) = P(T \leqslant t_\alpha) = P(\ln T \leqslant \ln t_\alpha) = \Phi\left(\frac{\ln t_\alpha - \mu}{\sigma}\right)$$

若令 u_α 为标准正态分布的 α 分位数，则有 $\dfrac{\ln t_\alpha - \mu}{\sigma} = u_\alpha$，$t_\alpha = \exp\{\mu + \sigma u_\alpha\}$。

② 在 $\mu = 10$，$\sigma = 2$ 时，$t_{0.1} = \exp\{10 + 2u_{0.1}\} = \exp\{10 + 2 \times (-1.282)\} = 1662h$。这表明,该绝缘体材料在 1662h 内有 10% 会发生失效。若进行质量改进,把对数正态分布的标准差 σ 减少到 1.7,这时 0.1 的分位数为 $t_{0.1} = \exp$

$\{10+1.7\times(-1.282)\}=2491h$。这表明,该绝缘体材料的寿命被延长了,其 10%
失效会延迟到 2491h。

③ 由 $t_{0.2}=5000$ 和 $t_{0.8}=65\ 000$ 可列出如下联立方程组,即

$$\begin{cases} \ln 5000=\mu+\sigma u_{0.2} \\ \ln 65\ 000=\mu+\sigma u_{0.8} \end{cases}$$

查表知,$u_{0.8}=0.84,u_{0.2}=-u_{0.8}=-0.84$,代入上式,解之可得 $\mu=9.8,\sigma=1.527$。
该绝缘体材料的平均寿命 $E(T)$ 为

$$E(T)=\exp\left\{\mu+\frac{\sigma^2}{2}\right\}=\exp\left\{9.8+\frac{1.527^2}{2}\right\}=57\ 865h。$$

2.2　基本抽样分布

1. 总体与个体

在一个统计问题中,研究对象的全体称为总体,构成总体的每个成员称为
个体。

总体中的个体都是实在的人或物,每个人或物都有很多侧面。例如,研究厂家
生产的产品这个总体,每个产品就是一个个体,每个个体有很多侧面,如质量、长、
宽、高等。若只限于研究产品的质量,其他特性暂时不考虑,这样一来,一个个体
(产品)对应一个数。假如撇开实际背景,那么总体就是一堆数,这一堆数中有大有
小,有的出现机会多,有的出现机会少,因此概率分布 $F(x)$ 去归纳它是恰当的,服
从 $F(x)$ 的随机变量 X 就是相应的数量指标。总体可以用一个分布 $F(x)$ 表示,也
可以用一个随机变量 X 表示。

总体分为有限总体与无限总体,当一个总体很大,或用不返回抽样与返回抽样
的效果很接近时,该总体就可看作无限总体。

2. 样本

从总体中抽出的部分个体组成的集合称为样本,其中个体称为样品,样本中样
品个数称为样本量或样本容量。为了能从样本正确地推导总体,对抽样提出两点
要求。

① 代表性,总体中每个个体有同等机会被选入样本。

② 独立性,样本中每个样品的抽取不影响其他样品的抽取。

由此获得的样本称为简单随机样本,简称样本。

若 $X_1,X_2,\cdots,X_n$ 是从某总体抽取的样本,则 $X_1,X_2,\cdots,X_n$ 可以看作相互独
立同总体分布的随机变量,它的观察值用小写字母 $x_1,x_2,\cdots,x_n$ 表示。

例题 2.3　对 363 个零售商店调查月零售额的结果如表 2-1 所示。

表 2-1　363 个零售商店的月零售额(单位:万元)

零售额	≤10	(10,15]	(15,20]	(20,25]	(25,50]
商店数	61	135	110	42	15

这是一个容量为 363 的样本的观察值,对应的总体是所有零售店的月零售额。但是这里没有给出每一个样品的具体观察值,而是给出了样本观察值所在的区间,称为分组样本的观察值。分组样本的优点是简明地概括出总体一些有用的信息,实际中常用;缺点是失去了样品的部分信息。

3. 统计量

设 $X_1, X_2, \cdots, X_n$ 是来自总体的一个样本,则不含未知参数的样本函数 $T = T(X_1, X_2, \cdots, X_n)$ 称为统计量,其分布称为抽样分布。

最常用的统计量是样本均值 $\overline{X}$、样本方差 S^2 和样本标准差 S,即 $\overline{X} = \frac{1}{n} \sum_{i=1}^{n} X_i$,$S^2 = \frac{1}{n-1} \sum_{i=1}^{n} (X_i - \overline{X})^2$ 和 $S = \sqrt{S^2}$。

下面对这三个基本统计量作一些说明。

① 样本均值 $\overline{X}$ 总位于样本中间位置,常用来估计总体均值 μ,记为 $\hat{\mu} = \overline{X}$。

② 样本的偏差偏差平方和 $Q = \sum_{i=1}^{n} (X_i - \overline{X})^2$ 表征样本分散程度,它还有两个简便公式,即

$$Q = \sum_{i=1}^{n} X_i^2 - \frac{1}{n} \left(\sum_{i=1}^{n} X_i \right)^2 = \sum_{i=1}^{n} X_i^2 - n\overline{X}^2$$

③ 偏差平方和 Q 的自由度 f 是指独立偏差的个数。Q 含有 n 个偏差 $X_1 - \overline{X}, X_2 - \overline{X}, \cdots, X_n - \overline{X}$,由于其和恒为零,因此自由度 $f = n-1$。

④ 样本方差 $S^2 =$ 样本的偏差平方和除以自由度 $= Q/(n-1)$,又称均方,是总体方差 σ^2 的最好估计,记为 $\hat{\sigma}^2 = S^2$。

⑤ 样本标准值差 $S = \sqrt{S^2}$ 常用来估计总体标准差 σ,记为 $\hat{\sigma} = S$。

除以上常用基本统计量外,还有一些统计量在实际中会用到。

① 分组样本的均值与方差,可分别用来估计总体均值与总体方差,即

$$\overline{X} = \frac{1}{n} \sum_{i=1}^{n} n_i X_i, \quad S^2 = \frac{1}{n-1} \sum_{i=1}^{k} n_i (X_i - \overline{X})^2$$

其中，k 为分组样本中的组数；X_i 与 n_i 分别为第 i 组的组中值与样品个数，$n = \sum_{i=1}^{k} n_i$。

② 样本 k 阶（原点）矩 $A_k = \frac{1}{n} \sum_{i=1}^{n} X_i^k$，反映总体 k 阶（原点）矩的信息，$k=1$，$2,\cdots$，样本一阶矩就是样本均值 $\overline{X}$。

③ 样本 k 阶中心矩 $B_k = \frac{1}{n} \sum_{i=1}^{n} (X_i - \overline{X})^k$ 反映总体 k 阶中心矩的信息，$k=1$，$2,\cdots$。

④ 样本变异系数 $CV = S \sqrt{X}$，反映总体变异系数的信息。

⑤ 样本偏度 $SK = B_3/B_2^{3/2}$，反映总体偏度的信息。

⑥ 样本峰度 $KU = B_4/B_2^2 - 3$，反映总体峰度的信息。

例题 2.4 某飞机制造商大批生产一种零件，从中随机抽取 500 个检测其长度，数据分组统计如表 2-2 所示。

表 2-2 分组的数据统计（单位：cm）

组号 i	区间	组中值 X_i	频数 n_i
1	$[9.6, 9.7)$	9.65	6
2	$[9.7, 9.8)$	9.75	25
3	$[9.8, 9.9)$	9.85	72
4	$[9.9, 10.0)$	9.95	133
5	$[10.0, 10.1)$	10.05	120
6	$[10.1, 10.2)$	10.15	88
7	$[10.2, 10.3)$	10.25	46
8	$[10.3, 10.4)$	10.35	10
合计			500

试计算其样本均值 $\overline{X}$、样本方差 S^2 与样本标准差 S 的近似值。

解 按照分组样本均值、方差的近似计算公式有

$$\overline{X} = \frac{1}{500} \sum_{i=1}^{8} n_i X_i = 10.0168$$

$$S^2 = \frac{1}{500-1} \sum_{i=1}^{8} n_i (X_i - \overline{X})^2 = 0.2102$$

$$S = \sqrt{0.2102} = 0.1450$$

4. 基本抽样分布

统计量的分布称为抽样分布。寻求抽样分布是统计推断的基础工作,有三条获得途径。

① 用严格的数学推理获得的精确抽样分布。

② 用大样本方法获得的渐近抽样分布。

③ 用随机模拟或其他拟合方法获得的近似抽样分布。

统计量作为样本的不含未知量的函数,也是一个随机变量。当总体分布确定时,统计量的分布也是确定的。抽样分布在数理统计的诸多方法及其应用中都有十分重要的作用,有些方法的核心内容就是构造一个恰当的统计量并确定其分布。一般说来,求出一个统计量的精确分布是较为困难的,但是对于最重要的正态总体的几个常用统计量的分布,已取得较为完整的结果。下面介绍几种常用的抽样分布。

(1) 样本均值 $\overline{X}$ 的分布

定理 2.1　设 $X_1, X_2, \cdots, X_n$ 是来自总体的一个样本。

① 若总体为正态分布,则样本均值 $\overline{X}$ 的精确分布为 $N(\mu, \sigma^2/n)$,即 $\overline{X} \sim N(\mu, \sigma^2/n)$。

② 若总体分布未知或是某个非正态分布,但其期望 μ 与方差 σ^2 存在,则在 n 较大时,样本均值 $\overline{X}$ 的渐近分布为 $N(\mu, \sigma^2/n)$,即 $\overline{X} \sim AN(\mu, \sigma^2/n)$。这表明无论总体分布是什么,只要其方差存在,则 $\overline{X}$ 的分布将随着样本量 n 的增加而接近正态分布,其均值不变,方差缩小 n 倍,$\overline{X}$ 的标准差 $\sigma_{\overline{X}} = \sigma/\sqrt{n}$。

(2) t 分布

定义 2.1　设随机变量 T 的概率密度函数为

$$f(x) = \frac{\Gamma\left(\dfrac{n+1}{2}\right)}{\sqrt{n\pi}\,\Gamma\left(\dfrac{n}{2}\right)} \left(1 + \frac{x^2}{n}\right)^{-\frac{n+1}{2}}, \quad -\infty < x < +\infty \tag{2-11}$$

则称随机变量 T 服从自由度为 n 的 t 分布,记为 $T \sim t(n)$。

定理 2.2　设 $X_1, X_2, \cdots, X_n$ 是来自正态总体 $N(\mu, \sigma^2)$ 的一个样本,$\overline{X}$ 与 S^2 是其样本均值与样本方差,则有

$$t = \frac{\sqrt{n}(\overline{X} - \mu)}{S} \sim t(n-1) \tag{2-12}$$

其中,$t(n-1)$ 表示自由度为 $n-1$ 的 t 分布,其自由度是由样本方差 S^2 带来的。

关于 t 分布有如下几点说明。

① 自由度为 n 的 t 分布 $t(n)$ 是对称分布,因此其 α 分位数 $t_{\alpha}(n)$ 与 $1-\alpha$ 分位数 $t_{1-\alpha}(n)$ 互为相反数,即 $t_{\alpha}(n)+t_{1-\alpha}(n)=0$。

② t 分布的概率密度函数与标准正态分布的密度函数很相似,其峰总比 $N(0,1)$ 的峰略低一些,而两侧的尾部概率总比 $N(0,1)$ 的尾部概率大一些(图 2-6),如表 2-3 所示。

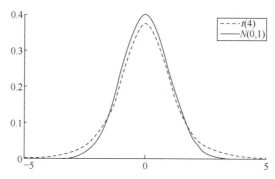

图 2-6 $t(4)$ 分布与 $N(0,1)$ 的概率密度函数

表 2-3 $N(0,1)$ 和 $t(4)$ 的尾部概率 $P(\mid X \mid \geqslant c)$

	$c=2$	$c=2.5$	$c=3$	$c=3.5$
$X \sim N(0,1)$	0.0455	0.0124	0.0027	0.000465
$X \sim t(4)$	0.1161	0.0668	0.0399	0.0249

③ 设 $T \sim t(n)$,$0<\alpha<1$,对于满足下列不等式的数 $t_{\alpha}(n)$,称为 $t(n)$ 分布的上侧分位数,即

$$P\{T > t_{\alpha}(n)\} = \int_{t_{\alpha}(n)}^{+\infty} f_T(x)\mathrm{d}x = \alpha \tag{2-13}$$

给定 n 及 $\alpha(0<\alpha<1)$,查表可得 $t_{\alpha}(n)$,如 $t_{0.025}(10)=2.2281$。

④ 若 $T \sim t(n)$,则对任意实数 x 有

$$\lim_{n\to\infty} f_T(x) = \varphi(x) = \frac{1}{\sqrt{2\pi}} \mathrm{e}^{-\frac{x^2}{2}} \tag{2-14}$$

因此,当 n 足够大时,T 近似服从 $N(0,1)$ 分布。于是对较大的 $n(n>45)$,可以标准正态分布的上侧分位数 u_{α} 作为 $t(n)$ 分布的上侧分位数,即 $t_{\alpha}(n) \approx u_{\alpha}$。

(3) χ^2 分布

定义 2.2   设随机变量 χ^2 的概率密度函数为

$$f(x)=\begin{cases}\dfrac{1}{2\Gamma\left(\dfrac{n}{2}\right)}\left(\dfrac{x}{2}\right)^{\frac{n}{2}-1}\mathrm{e}^{-\frac{x}{2}}, & x>0 \\ 0, & x\leqslant 0\end{cases} \tag{2-15}$$

则称随机变量 χ^2 服从自由度为 n 的 χ^2 分布,记为 $\chi^2 - \chi^2(n)$。

定理 2.3 设 n 个相互独立且服从正态分布 $N(0,1)$ 分布的随机变量 $X_1,\cdots,$ $X_2,\cdots,X_n$,记为 $\chi^2=\sum\limits_{i=1}^{n}X_i^2$,则随机变量 χ^2 服从自由度为 n 的 χ^2 分布。自由度为右端所包含的独立随机变量个数。

不同自由度 χ^2 分布的概率密度曲线如图 2-7 所示。事实上,χ^2 分布是右偏分布,是一种伽马分布,即

$$\chi^2(n-1)=\mathrm{Ga}\left(\dfrac{n-1}{2},\dfrac{1}{2}\right) \tag{2-16}$$

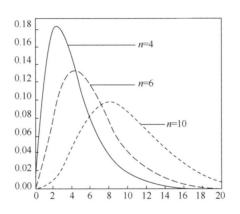

图 2-7 $\chi^2(n)$ 分布的密度函数

定理 2.4 设 $X_1,X_2,\cdots,X_n$ 是来自正态分布 $N(\mu_1,\sigma^2)$ 的一个样本,$\overline{X}$ 与 S^2 是其样本均值与样本方差,则有

$$\chi^2=\dfrac{(n-1)S^2}{\sigma^2}=\dfrac{1}{\sigma^2}\sum\limits_{i=1}^{n}(X_i-\overline{X})^2\sim\chi^2(n-1) \tag{2-17}$$

其中,$\chi^2(n-1)$ 是自由度为 $n-1$ 的 χ^2 分布。

设 $X\sim\chi^2(n)$,对于满足下列等式的数 $\chi_a^2(n)$,称为 $\chi^2(n)$ 分布的上侧临界值或上侧分位数,即

$$P\{\chi^2>\chi_a^2(n)\}=\int_{\chi_a^2(n)}^{+\infty}f_{\chi^2}(x)\mathrm{d}x=\alpha, \quad 0<\alpha<1 \tag{2-18}$$

χ^2 分布具有以下三个重要性质。

性质 2.1 设 $X \sim \chi^2(n)$，则有 $EX = n$，$DX = 2n$。

性质 2.2 设 Y_1，Y_2 相互独立且 $Y_1 \sim \chi^2(n_1)$，$Y_2 \sim \chi^2(n_2)$，则有 $Y_1 + Y_2 \sim \chi^2(n_1 + n_2)$。

该性质的直接证明可以利用相互独立随机变量之和的概率密度公式得到。Y_1 和 Y_2 可以表示成 $(n_1 + n_2)$ 个标准正态变量的平方和。性质 2.2 说明 χ^2 分布具有可加性，它还可以推广到任意有限个相互独立，且服从 χ^2 分布的随机变量之和的情况。

性质 2.3 当 n 足够大时，有

$$\chi_\alpha^2(n) \approx n + u_\alpha \sqrt{2n} \tag{2-19}$$

其中，u_α 是标准正态分布的上侧分位数，即 u_α 是满足等式 $\Phi(u_\alpha) = 1 - \alpha$ 的数。

当 $n > 45$ 时，一般附表均查不到 $\chi_\alpha^2(n)$ 的值，可以通过性质 2.3 做近似计算。

(4) F 分布

定义 2.3 设随机变量 F 的概率密度函数为

$$f_X(x; n_1, n_2) = \begin{cases} \dfrac{\Gamma\left(\dfrac{n_1 + n_2}{2}\right)}{\Gamma\left(\dfrac{n_1}{2}\right)\Gamma\left(\dfrac{n_2}{2}\right)} \cdot \left(\dfrac{n_1}{n_2}\right)^{\frac{n_1}{2}} x^{\frac{n_1}{2} - 1}\left(1 + \dfrac{n_1}{n_2}x\right)^{-\frac{n_1 + n_2}{2}}, & x > 0 \\ 0, & x \leqslant 0 \end{cases} \tag{2-20}$$

则称 X 服从自由度为 n_1 和 n_2 的 F 分布，记作 $X \sim F(n_1, n_2)$。

下面给出相关结论与性质。

定理 2.5 设 $X_1, X_2, \cdots, X_n$ 是来自正态分布 $N(\mu_1, \sigma^2)$ 的一个样本，$\overline{X}$ 与 S_X^2 是其样本均值与样本方差，$Y_1, Y_2, \cdots, Y_n$ 是来自正态分布 $N(\mu_2, \sigma^2)$ 的一个样本，$\overline{Y}$ 与 S_Y^2 是其样本均值与样本方差，并且两个样本相互独立，则其样本方差比为

$$F = \frac{S_X^2}{S_Y^2} \sim F(n-1, m-1) \tag{2-21}$$

其中，$F(n-1, m-1)$ 是分子自由度为 $n-1$，分母自由度为 $m-1$ 的 F 分布。

F 分布是右偏分布，分布密度函数如图 2-8 所示。

定理 2.6 设随机变量 X 和 Y 相互独立，$X \sim \chi^2(n_1)$，$Y \sim \chi^2(n_2)$，记为

$$F = \frac{X/n_1}{Y/n_2} \tag{2-22}$$

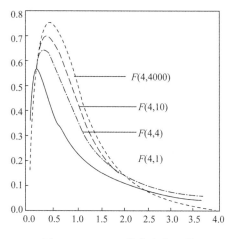

图 2-8　$F(n,m)$ 分布密度函数

则随机变量 F 服从自由度为 n_1 与 n_2 的 F 分布。

设 $F \sim F(n_1, n_2)$，$0 < \alpha < 1$，对于满足下列等式的数 $F_\alpha(n_1, n_2)$，称为 $F(n_1, n_2)$ 分布的上侧分位数，即

$$P\{F > F_\alpha(n_1, n_2)\} = \int_{F_\alpha(n_1, n_2)}^{+\infty} f_F(x) \mathrm{d}x = \alpha \tag{2-23}$$

给定 n_1、n_2 及 $\alpha(0 < \alpha < 1)$，查表可得 $F_\alpha(n_1, n_2)$。一般查表只能查到 α 较小时的值，当 α 较大（接近 1）时，可以利用下面性质。

① 若 $T \sim t(n)$，则 $T^2 \sim F(1, n)$。

② 若 $F \sim F(n_1, n_2)$，则 $\dfrac{1}{F} \sim F(n_2, n_1)$。

利用②，可计算 α 接近 1 的 $F_\alpha(n_1, n_2)$ 的值，如 $F_{0.95}(12, 9) = \dfrac{1}{F_{0.05}(9, 12)} = \dfrac{1}{2.80} = 0.3571$。

2.3　顺序统计量及其分布

1. 顺序统计量的定义

定义 2.4　设 $X_1, X_2, \cdots, X_n$ 是取自总体 X 的样本，$X_{(i)}$ 称为该样本的第 i 个顺序统计量，取值是将样本观测值由小到大排列后得到的第 i 个观测值。其中，$X_{(1)} = \min\{X_1, X_2, \cdots, X_n\}$ 称为该样本的最小顺序统计量；$X_{(n)} = \max\{X_1, X_2, \cdots, X_n\}$ 称为该样本的最大顺序统计量。

在一个(简单随机)样本中,$X_1,X_2,\cdots,X_n$ 是独立同分布的,而其顺序统计量 $X_{(1)},X_{(2)},\cdots,X_{(n)}$ 既不独立,分布也不相同。

2. 经验分布

经验分布主要是用来描述抽样总体不确定情况下的概率分布问题,下面给出经验分布的定义,并给出由样本推断总体的基本理论基础。

定义 2.5 设 $X_1,X_2,\cdots,X_n$ 是来自总体 X 的样本,$X_{(1)},X_{(2)},\cdots,X_{(n)}$ 为样本 $X_1,X_2,\cdots,X_n$ 的顺序统计量,则对 $\forall x\in\mathbf{R}$,记

$$F_n(x)=\begin{cases}0, & x\leqslant X_{(1)} \\ \dfrac{k}{n}, & X_{(k)}<x\leqslant X_{(k+1)}, \quad k=1,2,\cdots,n-1 \\ 1, & x>X_{(n)}\end{cases} \tag{2-24}$$

称 $F_n(x)$ 为总体 X 的经验分布函数。

事实上,当样本量较大时,任何一个总体经验分布近似收敛于正态分布,这使得使用经验分布去估计总体分布具有一定的科学依据,下面给出这个基本定理。

定理 2.7 设 $X_1,X_2,\cdots,X_n$ 是来自总体 X 的样本,$F(x)$ 为总体 X 的分布函数,$F_n(x)$ 为总体 X 的经验分布函数,则

$$F_n(x)\overset{a.s.}{\sim}N\Big(F(x),\frac{F(x)[1-F(x)]}{n}\Big),\quad n\to\infty \tag{2-25}$$

该定理的推导思路是首先证明 $F_n(x)$ 服从二项分布,其次求出该经验分布函数的期望与方差,然后证明该经验分布依概率收敛于总体 X 的分布函数 $F(x)$,最后验证近似服从正态分布。

定理 2.8(格列汶科定理) 设总体 X 的分布函数为 $F(x)$,经验分布函数为 $F_n(x)$,则

$$P\{\lim_{n\to\infty}\sup_{-\infty<x<+\infty}|F_n(x)-F(x)|=0\}=1,\quad n\to\infty \tag{2-26}$$

该定理说明,当 n 很大时,可用经验分布 $F_n(x)$ 去估计总体分布 $F(x)$,这正是数理统计中用样本进行估计和推断总体相关性质的理论依据。

3. 顺序统计量的分布

样本的顺序统计量常在连续总体上使用。下面对来自连续总体的容量为 n 的样本给出其顺序统计量的相关分布。

定理 2.9 设 $X_1,X_2,\cdots,X_n$ 为 n 个样品的寿命数据,其中 r 个最小的寿命时间为 $X_{(1)},X_{(2)},\cdots,X_{(r)}$,若 $X_1,X_2,\cdots,X_n$ 独立同分布,且密度函数为 $f(x)$,分布

函数为 $F(x)$,则有

① 第 k 个秩序统计量 $X_{(k)}$ 的概率密度函数为

$$f_{X_{(k)}}(x)=kC_n^k\left[F(x)\right]^{k-1}\left[1-F(x)\right]^{n-k}f(x),\quad k=1,2,\cdots,n$$

② 最小秩序统计量 $X_{(1)}$ 和最大秩序统计量 $X_{(n)}$ 的密度函数分别为

$$f_{X_{(1)}}(x)=n\left[1-F(x)\right]^{n-1}f(x),\quad f_{X_{(n)}}(x)=n\left[F(x)\right]^{n-1}f(x)$$

③ 秩序统计量 $X_{(k)}$ 与 $X_{(j)}$ 的联合密度函数为

$$f(X_{(k)},X_{(j)})=\frac{n!}{(k-1)!\ (j-1-k)!\ (n-j)!}\left[F(x_{(k)})\right]^{k-1}\left[F(x_{(j)})-F(x_{(k)})\right]^{j-1-k}$$
$$\cdot\left[1-F(x_{(j)})\right]^{n-j}f(x_{(k)})f(x_{(j)}),\quad 1\leqslant k<j\leqslant n$$

④ 前 r 个秩序统计量的联合密度函数为

$$L(x_{(1)},x_{(2)},\cdots,x_{(r)})=r!C_n^r\prod_{i=1}^{r}f(x_{(i)})\cdot\left[1-F(x_{(r)})\right]^{n-r}$$

⑤ n 个样品完全失效时联合密度为

$$L(x_1,x_2,\cdots,x_n)=n!\prod_{i=1}^{n}f(x_i)$$

例题 2.5　均匀分布 $U(0,1)$ 的密度函数与分布函数分别为

$$f(x)=\begin{cases}1,&0<x<1\\0,&\text{其他}\end{cases},\quad F(x)=\begin{cases}0,&x\leqslant 0\\x,&0<x<1\\1,&x\geqslant 1\end{cases}$$

从该均匀总体中随机抽取一个容量为 n 的样本,试求第 k 个次序统计量 $X_{(k)}$ 的期望值与 $X_{(1)}$ 与 $X_{(n)}$ 的分布的中位数。

解　由定理 2.9 可知,$X_{(k)}$ 的密度函数为

$$f_{X_{(k)}}(x)=\frac{n!}{(k-1)!\ (n-k)!}\left[F(x)\right]^{k-1}\left[1-F(x)\right]^{n-k}f(x)$$
$$=\frac{n!}{(k-1)!\ (n-k)!}x^{k-1}(1-x)^{n-k},\quad 0<x<1$$

这是贝塔分布 $Be(k,n-k+1)$ 的密度函数,其期望为

$$E(X_{(k)})=\frac{k}{n-k+1+k}=\frac{k}{n+1},\quad k=1,2,\cdots,n$$

另外,由 $X_{(1)}$ 与 $X_{(n)}$ 的密度函数容易写出它们各自的分布函数,即

$$F_1(x)=\begin{cases}0, & x\leqslant 0\\ 1-(1-x)^n, & 0<x<1,\\ 1, & x\geqslant 1\end{cases} \quad F_n(x)=\begin{cases}0, & x\leqslant 0\\ x^n, & 0<x<1\\ 1, & x\geqslant 1\end{cases}$$

再由 $F_1(x)=0.5$ 和 $F_n(x)=0.5$,可以求出它们的中位数,即 $x_{(1),0.5}=1-0.5^{1/n}$,$x_{(n),0.5}=0.5^{\frac{1}{n}}$。例如,当 $n=5$ 时,$x_{(1),0.5}=0.1294$,$x_{(n),0.5}=0.8706$。

工程上许多数据都服从某种分布,如产品寿命大多数假定服从指数分布或威布尔分布等,或者不确定服从何种分布。若要估计该产品的相关可靠性指标,这就存在着寿命参数估计的问题。

2.4　参数估计

参数是指总体分布 $F(x;\theta)$ 中所含的未知参数 θ(可以是向量)及其函数 $g(\theta)$,也可以是总体均值、方差和分位数等,还可以是各种事件的概率等。未知参数 θ 的一切可能取值构成参数空间 $\Theta=\{\theta\}$,事实上,参数估计有点估计与区间估计,它们互为补充。

参数 θ 的点估计就是要构造一个统计量 $\hat{\theta}=\hat{\theta}(X_1,X_2,\cdots,X_n)$ 去估计 θ,称 $\hat{\theta}$ 为 θ 的(点)估计量,简称为估计 θ 的点估计方法有多种,常用的是矩法与极大似然法。

(1) 矩法

事实上,矩法的基本思想是"替代",具体如下。

① 用样本矩去替代总体矩,即用样本矩去估计总体矩。

② 用样本矩的函数去估计相应总体矩的函数。例如,均匀分布 $U(0,\theta)$ 的期望 $E(X)=\theta/2$,或 $\theta=2E(X)$,因此 θ 的矩法估计为 $\hat{\theta}=2\overline{X}$。

③ 用频率去估计概率。

④ 用样本 p 分位数去估计总体 p 分位数。

矩法估计的优点是不要求知道总体分布形式,且随着样本量 n 的增大,矩法估计量与参数 θ 的大偏差发生的可能性越来越小。它的缺点是不唯一,如泊松分布的均值与方差相同,都为 λ。在这种场合,尽量用低阶矩给出估计,在泊松分布场合,可以选用 $\hat{\lambda}=\overline{X}$。

(2) 极大似然法

极大似然法是寻求点估计最重要的方法,应用很广,但要知道其总体分布,要点如下。

① 似然函数。若样本 $X_1,X_2,\cdots,X_n$ 来自总体密度函数 $f(x;\theta)$ 或分布列 $\{f(x;\theta)\}$,则如下样本的联合密度或联合分布列在给定样本下是参数 θ 的函数,

这个函数称为似然函数,即

$$L(\theta) = \prod_{i=1}^{n} f(x_i;\theta) \tag{2-27}$$

它表述在给定的样本 $X_1, X_2, \cdots, X_n$ 下 θ 出现的可能性的大小。

② 极大似然估计。在写出似然函数 $L(\theta)$ 后,若存在一个统计量 $\hat{\theta}$,使得

$$L(\hat{\theta}) = \max_{\theta \in \Theta} \{L(\theta)\} \tag{2-28}$$

则称 $\hat{\theta}$ 是 θ 的极大似然估计。它可以由定义导出,也可对似然函数 $L(\theta)$ 或对数似然函数 $l(\theta) = \ln(\theta)$ 用微分法导出。

③ 极大似然估计不变原则。若 $\hat{\theta}$ 是 θ 的极大似然估计,$g(\theta)$ 是 θ 的连续函数,则 $g(\hat{\theta})$ 亦是 $g(\theta)$ 的极大似然估计。极大似然估计不变原则扩大了极大似然估计应用范围。

④ 极大似然估计的渐近正态性。在某些一般条件下,θ 的极大似然估计 $\hat{\theta}$ 有如下渐近正态分布,即

$$\hat{\theta} \sim \mathrm{AN}\left(\theta, \left[nE\left(\frac{\partial \ln p}{\partial \theta}\right)^2\right]^{-1}\right) \tag{2-29}$$

例题 2.6　截尾二项分布的分布列为

$$P(X=x;p) = \frac{\binom{m}{x} p^x (1-p)^{m-x}}{1-(1-p)^m}, \quad x=1,2,\cdots,m$$

若已知 $m=2$,可以从中获得样本 $X_1, X_2, \cdots, X_n$,求 p 的极大似然估计。

解　样本的似然函数为

$$L(p) = \left[1-(1-p)^2\right]^{-n} \left[\prod_{i=1}^{n} C_{x_i}^2\right] p^{n\overline{X}} (1-p)^{n(2-\overline{X})}$$

其对数似然函数为

$$\ln L(p) = -n\ln\left[1-(1-p)^2\right] + n\overline{X}\ln p + n(2-\overline{X})\ln(1-p) + \sum_{i=1}^{n} \ln C_{x_i}^2$$

对参数 p 求导,可以得到下式,即

$$\frac{-2n(1-p)}{1-(1-p)^2} + \frac{n\overline{X}}{p} - \frac{n(2-\overline{X})}{1-p} = 0$$

其解 $\hat{p}=\dfrac{2(\overline{X}-1)}{\overline{X}}$ 就是参数 p 的极大似然估计,因为 $\ln L(p)$ 的二阶导数在 $p=\hat{p}$ 处小于零。

2.4.1　点估计的优良性

对于一个点的估计,需要给出点估计的优良性判别准则。设 $\hat{\theta}(X_1, X_2, \cdots, X_n)$ 为参数 θ 的一个估计量,而 $\hat{\theta}$ 是样本的函数,样本是随机抽样的,可以看作是随机变量,从而 $\hat{\theta}$ 是一个随机变量,从而在统计上对该随机变量有如下想法。

① 估计量 $\hat{\theta}$ 与被估参数 θ 越接近越好,认为 $E\hat{\theta}=\theta$,即 $\hat{\theta}$ 为 θ 的无偏估计。

② 方差越小,有效性越强。

③ 估计量 $\hat{\theta}$ 与被估参数 θ 越接近越好,而且还有波动越小越好。

④ 若估计量的样本容量越多,能够体现的总体信息量越多。

常用的点估计优良性的评价标准有如下几个。

(1) 无偏性

设 $\hat{\theta}$ 是参数 θ 的一个估计,如果对一切 $\theta \in \Theta$,有

$$E(\hat{\theta})=\theta$$

则称 $\hat{\theta}$ 是 θ 的无偏估计,否则称 $\hat{\theta}$ 是 θ 的有偏估计。

无偏性不是指用 $\hat{\theta}$ 估计 θ 没有偏差,而是指每次使用 $\hat{\theta}$,偏差 $\hat{\theta}-\theta$ 总是有的,但多次使用后,其平均偏差 $E(\hat{\theta}-\theta)=0$。若 $E(\hat{\theta})\neq\theta$,但 $\lim\limits_{n\to\infty}E(\hat{\theta})=\theta$,则称 $\hat{\theta}$ 是 θ 的渐近无偏估计量。

(2) 有效性

设 $\hat{\theta}_1$ 与 $\hat{\theta}_2$ 都是 θ 的无偏估计,若对一切 $\theta \in \Theta$,有 $\mathrm{Var}\hat{\theta}_1 \leqslant \mathrm{Var}\hat{\theta}_2$,且至少存在一个 $\theta_0 \in \Theta$,有严格不等式成立,则称 $\hat{\theta}_1$ 比 $\hat{\theta}_2$ 有效。

有效性是一个相对概念,方差越小,有效性越强。因为方差小,$\hat{\theta}$ 的波动就小,从而风险也小。人们希望使用方差较小的估计量,这就是设立有效性的初衷。既然估计量的方差越小越好,我们自然要问,无偏估计量的方差能够小到何种程度?有没有下界?如果有,又如何去求这个下界呢?为了解决该问题,下面引入一致最小方差无偏估计相关概念。

(3) 一致最小方差无偏估计

定义 2.6　设 $\hat{\theta}(X_1, X_2, \cdots, X_n)$ 是 θ 的一个估计量,若对任意的 $\theta \in \Theta$,$\hat{\theta}$ 是 θ 的无偏估计;对 θ 的任一无偏估计 $\hat{\theta}'$,若 $\mathrm{Var}(\hat{\theta}) \leqslant \mathrm{Var}(\hat{\theta}')$ 对一切 $\theta \in \Theta$ 都成立,则称 $\hat{\theta}$ 是 θ 的一致最小方差无偏估计,简记为 UMVUE。

一致最小方差无偏估计是一种最优估计,下面介绍利用 R-C 不等式求 UM-VUE 的方法,即一个求解和判断估计量是否为有效估计量的一个重要定理。

定理 2.10（Rao-cramer 不等式）　设总体 X 的分布密度函数族为 $\{f(x;\theta),\theta\in\Theta\}$，$\Theta$ 为实数轴上的一个开区间，$X_1,X_2,\cdots,X_n$ 是来自总体 X 的一个样本，$T=T(X_1,X_2,\cdots,X_n)$ 是 $g(\theta)$ 的任一无偏估计量，若下列条件成立。

① Θ 为实数域 **R** 中开区间，且集合 $\{x:f(x;\theta)>0\}$ 与 θ 无关。

② $g'(\theta)$ 和 $\dfrac{\partial f(x;\theta)}{\partial\theta}$ 存在，且对 Θ 中一切 θ 有

$$\frac{\partial}{\partial\theta}\int_{\mathbb{R}} f(x,\theta)\,\mathrm{d}x = \int_{\mathbb{R}} \frac{\partial}{\partial\theta}f(x,\theta)\,\mathrm{d}x$$

$$\frac{\partial}{\partial\theta}\int_{\mathbb{R}^n} T\cdot L(x_1,x_2,\cdots,x_n;\theta)f(x,\theta)\,\overrightarrow{\mathrm{d}x} = \int_{\mathbb{R}^n} T\cdot\frac{\partial L(x_1,x_2,\cdots,x_n;\theta)}{\partial\theta}\overrightarrow{\mathrm{d}x}$$

其中，$L(x_1,x_2,\cdots,x_n;\theta)=\prod\limits_{i=1}^{n}f(x_i;\theta)$ 为样本 $X_1,X_2,\cdots,X_n$ 的联合概率密度函数；$\int_{\mathbb{R}^n}=\int_{-\infty}^{+\infty}\int_{-\infty}^{+\infty}\cdots\int_{-\infty}^{+\infty}$，$\overrightarrow{\mathrm{d}x}=\mathrm{d}x_1\mathrm{d}x_2\cdots\mathrm{d}x_n$。

③ $I(\theta)=E\left[\dfrac{\partial\ln f(x;\theta)}{\partial\theta}\right]^2=-\left[\dfrac{\partial^2\ln f(x;\theta)}{\partial\theta^2}\right]>0$，则对一切 $\theta\in\Theta$，有 DT$\geqslant$ $\dfrac{[g'(\theta)]^2}{nI(\theta)}$。这里 $I(\theta)$ 称为费歇尔（Fisher）信息量，$\dfrac{[g'(\theta)]^2}{nI(\theta)}$ 称为 $g(\theta)$ 的无偏估计 T 的 R-C 方差下界。

备注 2.1　对于离散型总体 X，取 $f(x;\theta)=P\{X=x\}$，将定理中积分号全改为求和号，定理的结论仍然成立。

备注 2.2　利用 R-C 不等式可以判断出一个无偏估计 T 是否为 UMVUE，这是因为在定理的条件下，若 DT$=[g'(\theta)]^2/nI(\theta)$，则 T 一定是 $g(\theta)$ 的 UMVUE，UMVUE 的方差不一定能达到 R-C 方差下界。

备注 2.3　当 $g(\theta)=\theta$ 时，定理结论变为 DT$\geqslant\dfrac{1}{nI(\theta)}$。

备注 2.4　方差 $D(T)=\dfrac{[g'(\theta)]^2}{nI(\theta)}\Leftrightarrow\dfrac{\partial}{\partial\theta}\left[\ln\prod\limits_{i=1}^{n}f(x_i;\theta)\right]=C(\theta)[T-g(\theta)]$，其中 $C(\theta)(\neq 0)$ 是与样本无关的数。

备注 2.5　条件①和②称为正则条件，一般分布都满足正则条件，但也有分布不满足正则条件，这时就不存在 R-C 不等式，如 $[0,\theta]$ 上的均匀分布，其中 θ 为待估参数。

例题 2.7　设 $X_1,X_2,\cdots,X_n$ 是来自总体 X 的样本，X 服从 Γ 分布，其分布密度函数为

$$f(x;\theta)=\begin{cases}\dfrac{\theta^{\alpha}}{\Gamma(\alpha)}\mathrm{e}^{-\theta x}x^{\alpha-1}, & x>0\\ 0, & x\leqslant 0\end{cases}$$

其中,$\alpha>0$ 已知,$\theta>0$ 未知,$g(\theta)=\dfrac{1}{\theta}$,试证明 $\dfrac{\overline{X}}{\alpha}$ 是 $g(\theta)$ 的 UMVUE。

证明　因为 $EX=\dfrac{\alpha}{\theta}$,$DX=\dfrac{\alpha}{\theta^{2}}$,所以有

$$E\left(\frac{\overline{X}}{\alpha}\right)=\frac{1}{\alpha}EX=\frac{1}{\alpha}\cdot\frac{\alpha}{\theta}=\frac{1}{\theta}=g(\theta)$$

因此,$\dfrac{\overline{X}}{\alpha}$ 是 $g(\theta)$ 的无偏估计,可以验证 $f(x;\theta)$ 满足正则条件,于是

$$\ln f(x;\theta)=\alpha\ln\theta-\theta x+(\alpha-1)\ln x-\ln\Gamma(\alpha)$$

故一阶与二阶偏导分别为

$$\frac{\partial\ln f(x;\theta)}{\partial\theta}=\frac{\alpha}{\theta}-x,\quad \frac{\partial^{2}\ln f(x;\theta)}{\partial\theta^{2}}=-\frac{\alpha}{\theta^{2}}$$

Fisher 信息量为

$$I(\theta)=-E\left[\frac{\partial^{2}\ln f(x;\theta)}{\partial\theta^{2}}\right]=\frac{\alpha}{\theta^{2}}$$

因此,$g(\theta)$ 无偏估计的 R-C 方差下界为

$$D[\hat{g}(\theta)]\geqslant\frac{[g'(\theta)]^{2}}{nI(\theta)}=\frac{1}{n\alpha\theta^{2}}$$

而 $g(\theta)$ 的无偏估计量 $\mathrm{T}X=\dfrac{\overline{X}}{\alpha}$ 的方差 $D(\mathrm{T}X)=\dfrac{1}{n\alpha\theta^{2}}$ 达到了 R-C 方差下界,所以 $\dfrac{\overline{X}}{\alpha}$ 是 $g(\theta)$ 的 UMVUE。

事实上,对于一个来自正态总体的样本来估计总体的期望参数 μ 与方差参数 σ^{2},样本均值 $\overline{X}$ 的方差能达到 R-C 方差下界,因此样本均值是总体参数 μ 的 UMVUE。方差参数 σ^{2} 的无偏估计的 R-C 方差下界为

$$\frac{1}{nI(\sigma^{2})}=\frac{2\sigma^{4}}{n}$$

然而,无偏样本方差 $S^{2}=\dfrac{1}{n-1}\displaystyle\sum_{i=1}^{n}(X_{i}-\overline{X})^{2}$ 的方差为 $\dfrac{2\sigma^{4}}{n-1}$,即 $\hat{\sigma}^{2}=S^{2}$ 的方差没有达到 R-C 方差下界,UMVUE 估计不一定达到 R-C 不等式的下界。

通过上述讨论发现,参数的 UMVUE 方差可能达到 R-C 方差下界,也可能达不到。下面给出有效估计量的相关定义。

定义 2.7　设 $T=T(X_1,X_2,\cdots,X_n)$ 是 $g(\theta)$ 的一个无偏估计,若对 $\theta\in\Theta$ 均有

$$D(T)=\frac{\left[g'(\theta)\right]^2}{nI(\theta)} \tag{2-30}$$

则称 T 是 $g(\theta)$ 的有效估计量。

事实上,有效估计一定是 UMVUE,而 UMVUE 不一定是有效估计。

定义 2.8　设 $T=T(X_1,X_2,\cdots,X_n)$ 是 $g(\theta)$ 的任一无偏估计量,记

$$e_n(T)=\frac{\left[g'(\theta)\right]^2}{nI(\theta)}/D(T) \tag{2-31}$$

则称 $e_n(T)$ 是 T 的有效率。

对任一无偏估计有 $0<e_n(T)\leqslant1$,若 $e_n(T)=1$,则 T 是 $g(\theta)$ 的有效估计量。

定义 2.9　若 $g(\theta)$ 的无偏估计 $T=T(X_1,X_2,\cdots,X_n)$ 的有效率满足 $\lim\limits_{n\to\infty}e_n(T)=1$,则称 $T=T(X_1,X_2,\cdots,X_n)$ 为 $g(\theta)$ 的渐近有效估计量。

（4）均方误差准则

设 $\hat{\theta}_1$ 与 $\hat{\theta}_2$ 是参数 θ 的两个估计,如果对一切 $\theta\in\Theta$,有 $E(\hat{\theta}_1-\theta)^2\leqslant E(\hat{\theta}_2-\theta)^2$,可记为 $\mathrm{MSE}(\hat{\theta}_1)\leqslant\mathrm{MSE}(\hat{\theta}_2)$,且至少对一个 $\theta_0\in\Theta$,有严格不等式成立,则在均方误差意义下 $\hat{\theta}_1$ 优于 $\hat{\theta}_2$。

θ 的均方误差 $\mathrm{MSE}(\hat{\theta})$ 可分解为 $\mathrm{MSE}(\hat{\theta})=E(\hat{\theta}-\theta)^2=\mathrm{Var}(\hat{\theta})+\left[E(\hat{\theta})-\theta\right]^2$。当 $\hat{\theta}_1$ 与 $\hat{\theta}_2$ 都是 θ 的无偏估计,且 $\hat{\theta}_1$ 比 $\hat{\theta}_2$ 有效,则在均方误差下 $\hat{\theta}_1$ 优于 $\hat{\theta}_2$,即当无偏性与有效性一致时,很容易决定选用哪个估计。当无偏性与有效性矛盾时,估计量的选择可按均方误差越小越好的原则去选择。

设 $\hat{T}_n=\hat{T}_n(X_1,X_2,\cdots,X_n)$ 是基于容量为 n 的样本的 $g(\theta)$ 的一个估计量,如果 $\varepsilon>0$,有 $\lim\limits_{n\to\infty}P(|\hat{T}_n-g(\theta)|\geqslant\varepsilon)=0$,则称 $\hat{T}_n$ 是 $g(\theta)$ 的相合估计。

结论 2.1　设 $\hat{\theta}_n$ 是 θ 的一个估计量,若有 $\lim\limits_{n\to\infty}E(\hat{\theta}_n)=\theta$ 且 $\lim\limits_{n\to\infty}\mathrm{Var}(\hat{\theta}_n)=\theta$,则 $\hat{\theta}_n$ 是 θ 的相合估计。

结论 2.2　若 $\hat{\theta}_n$ 是 θ 的相合估计,$g(x)$ 在 $x=\theta$ 处连续,则 $g(\hat{\theta}_n)$ 是 $g(\theta)$ 的相合估计。

事实上,结论 2.1 与结论 2.2 通常用来判别一个估计量是否是另一个参数相合估计的准则。相合性是指在样本量逐渐增大时,发生大偏差 $|\hat{\theta}_n-\theta|>\varepsilon$ 的可能性越来越小。这是估计量的大样本性质。在大样本场合下,样本给出的信息越来越多,一个好的估计量 $\hat{\theta}$ 与 θ 偏差要越来越小才是合理的,不满足这个基本要求的估计量不能认为是一个好的估计量,在小样本场合更不敢去使用这种估计量。

2.4.2　区间估计

在上述内容中,点估计的精度可用方差来表示,然而表示精度的另一种方法便是置信区间。在参数真值为 θ 时,希望随机区间 $[\hat\theta_L(X),\hat\theta_U(X)]$ 包含 θ 的概率 $P\{\hat\theta_L(X)\leqslant\theta\leqslant\hat\theta_U(X)\}$ 要大。一般来说,这个概率与 θ 有关,因此一个好的区间估计应该对所有的 $\theta\in\Theta$,概率 $P\{\hat\theta_L(X)\leqslant\theta\leqslant\hat\theta_U(X)\}$ 都相当大,然而受到区间长度的影响,区间长度越大,当然真值包含的概率越大,但是区间太大就没有什么实际意义了,因此提出在一定置信水平下寻找精度尽可能高的区间估计,也就是寻找区间平均长度尽可能短,或者区间包含非真值的概率尽可能小的区间估计。

下面给出置信区间相关定义。

定义 2.10　设总体参数 θ 的参数空间为 Θ,从总体获得的容量为 n 的样本是 $X_1,X_2,\cdots,X_n$,对给定的 $\alpha(0<\alpha<1)$,确定两个统计量 $\theta_L=\theta_L(X_1,X_2,\cdots,X_n)$ 与 $\theta_U=\theta_U(X_1,X_2,\cdots,X_n)$,若对任意 $\theta\in\Theta$ 有 $P\{\theta_L\leqslant\theta\leqslant\theta_U\}\geqslant 1-\alpha$,则称随机区间 $[\hat\theta_L(X),\hat\theta_U(X)]$ 是 θ 的置信水平为 $1-\alpha$ 的置信区间,或简称 θ 的 $1-\alpha$ 置信区间。若有 $P_\theta\{\theta<\hat\theta_L(X)\}=P_\theta\{\theta>\hat\theta_U(X)\}=\alpha/2$,则称 $[\hat\theta_L(X),\hat\theta_U(X)]$ 为参数 θ 的 $1-\alpha$ 的等尾置信区间。

定义中的 α 是事先选定的,通常取 0.1,0.05,0.01 等作为 α 的值,也就是说有 0.9,0.95,0.99 等的把握认为参数真值落在该置信区间内。在实际问题中,人们有时仅对未知参数的置信下限或置信上限感兴趣。例如,电视机的寿命要求越大越好,因此人们关心的是某种型号的电视机的平均寿命的置信下限,因为它的大小标志着电视机质量的好坏。又如,药物的副作用要求越小越好,因此人们关心的仅是某种药物副作用的置信上限,因为它的大小标志着该药物的质量好坏,从而对这些问题去寻求两端都为有界的置信区间就没有必要的了,于是产生置信上下限相关理论。

定义 2.11　设有统计量 $\hat\theta_L(X)$,如果对选定的一个较小的数 $\alpha(0<\alpha<1)$,有 $P_\theta\{\theta\geqslant\hat\theta_L(X)\}\geqslant 1-\alpha,\theta\in\Theta$,则 $\hat\theta_L(X)$ 称为 θ 的置信水平为 $1-\alpha$ 的单侧置信下限;若有 $P_\theta\{\theta\leqslant\hat\theta_U(X)\}\geqslant 1-\alpha,\theta\in\Theta$,则 $\hat\theta_U(X)$ 称为 θ 的置信水平为 $1-\alpha$ 的单侧置信上限。

置信水平 $1-\alpha$ 的含义是在从同一总体获得的容量为 n 的 100 个样本可算得 100 个置信区间中,约有 $100(1-\alpha)$ 个区间含有未知参数 θ,对单侧置信限也可以作类似解释。在连续总体场合,构造 $1-\alpha$ 置信区间时常能用足置信水平 $1-\alpha$。在离散场合,由于分布的离散性常会使实际置信水平超过 $1-\alpha$,只期望超过的部分越小越好,在构造单侧置信限时也会遇到同样问题。

下面介绍一种常用的枢轴量法,其具体操作如下。

① 寻找 θ 的某个点估计 $\hat{\theta}$,常选 θ 的极大似然估计。

② 构造 θ 与 $\hat{\theta}$ 的一个函数 $g(\theta,\hat{\theta})$,使得 G 的分布(在大样本场合,可以是其渐近分布)是已知的,且此分布与 θ 无关,这样的 G 称为枢轴量。

③ 对给定的 $\alpha(0<\alpha<1)$,选取两个常数 c 与 d,使得 $P\{c\leqslant g(\theta,\hat{\theta})\leqslant d\}\geqslant 1-\alpha$;对不等式 $c\leqslant g(\theta,\hat{\theta})\leqslant d$ 进行等价变形,得到 $P\{\theta_L\leqslant\theta\leqslant\theta_U\}\geqslant 1-\alpha$,其中 $[\theta_L,\theta_U]$ 就是 θ 的 $1-\alpha$ 置信区间。

例题 2.8 对于一次性使用产品,通常得到的数据是成败型,成功记为 1,失败记为 0。对于任一该产品,通常假设总体 $X\sim B(1,p)$,$p\in(0,1)$,p 为可靠性未知参数,设 $X_1,X_2,\cdots,X_n$ 为来自总体 X 的样本,求可靠性参数 p 的 $1-\alpha$ 置信区间。

解 因为 $X_i\sim B(1,p)$,$p\in(0,1)$,由中心极限定理有

$$\frac{\overline{X}-p}{\sqrt{D(X)/n}}=\frac{\overline{X}-p}{\sqrt{p(1-p)/n}}\xrightarrow{L}\xi\sim N(0,1),\quad n\to\infty$$

又因为 $\overline{X}$ 是可靠性参数 p 的有效估计量,所以 $\left|\dfrac{\overline{X}-p}{\sqrt{p(1-p)/n}}\right|$ 通常应很小,即存在实数 k,使得 $\left|\dfrac{\overline{X}-p}{\sqrt{p(1-p)/n}}\right|<k$。由此解出 p,从而知 p 的 $1-\alpha$ 的置信区间应该为

$$\left(\frac{-(2n\overline{X}+k^2)}{2(n+k^2)}-C,\frac{-(2n\overline{X}+k^2)}{2(n+k^2)}+C\right)$$

其中,$C=\dfrac{-k\sqrt{k^2+4n\overline{X}(1-\overline{X})}}{2(n+k^2)}$,$k$ 由 $1-\alpha$ 确定;当 n 充分大且 $1-\alpha$ 给定后,由于

$$1-\alpha=P\left(\frac{-(2n\overline{X}+k^2)}{2(n+k^2)}-C<p<\frac{-(2n\overline{X}+k^2)}{2(n+k^2)}+C\right)=P\left\{\left|\frac{\overline{X}-p}{\sqrt{p(1-p)/n}}\right|<k\right\},$$

查标准正态分布表得 $u_{1-\alpha/2}$,使得 $1-\alpha=P\left\{\left|\dfrac{\overline{X}-p}{\sqrt{p(1-p)/n}}\right|<u_{1-\alpha/2}\right\}$,所以 $k=u_{1-\alpha/2}$。

事实上,以上内容主要是介绍对寿命参数的点估计及区间估计,若并非知道这些数据的分布,我们还可以通过回归分析来预测未来数据点及其分布走向。为此,给出回归分析的最小二乘法及多元回归分析法。

2.5　可靠性数据的回归分析

回归分析是研究一个或多个自变量与一个随机变量之间的相关关系时建立的数学模型及所作的统计分析。仅有一个自变量的回归分析称为一元回归分析；多于一个自变量的回归分析称为多元回归分析。如果建立的模型是线性的，就称为线性回归分析，否则称为非线性回归分析[15]。

2.5.1　一元线性回归模型

最小二乘法是一种常用的估计方法，常见于线性模型。对于一元回归，通常 x 是自变量，y 是随机变量，若设已知数据的散点图具有线性趋势，那么一部分可以理解为由于 x 的变化引起 y 线性变化，记为线性部分 $\beta_0 + \beta_1 x$；另一部分则由其他许多影响较小的随机因素引起，是不可观察的随机变量，记为 ε，一般认为 $\varepsilon \sim N(0, \sigma^2)$。于是模型为

$$\begin{cases} y = \beta_0 + \beta_1 x + \varepsilon \\ \varepsilon \sim N(0, \sigma^2) \end{cases}, \quad \beta_0, \beta_1, \sigma^2 \text{ 是与 } x \text{ 无关的未知参数} \tag{2-32}$$

实际上，要确定 y 与 x 之间的内在关系 $\tilde{y} = \beta_0 + \beta_1 x$，只要确定 β_0 和 β_1 即可。为此，对 x 的一组不完全相同的值 $x_1, x_2, \cdots, x_n$ 做独立实验，可得随机变量 y 的相应观测值 $y_1, y_2, \cdots, y_n$，从而一元线性回归模型又可以写为

$$\begin{cases} y_i = \beta_0 + \beta_1 x_i + \varepsilon_i \\ \varepsilon_i \sim N(0, \sigma^2) \end{cases}, \quad \varepsilon_i \text{ 相互独立} \tag{2-33}$$

对一元回归分析，会产生如下问题。

① 如何由样本 $(x_i, y_i)(i = 1, 2, \cdots, n)$ 求出未知参数 $\beta_0, \beta_1, \sigma^2$ 的估计值 $\hat{\beta}_0, \hat{\beta}_1, \hat{\sigma}^2$。

② 如何对所建立的回归方程进行可信度检验。

③ 若回归方程可信，如何利用回归方程进行预测和控制。

1. 未知参数的估计及其统计性质

要描述 y 与 x 之间的线性关系，可以有无数条直线，需要在其中选出一条最能反映 y 与 x 之间关系规律的直线。由于在一元线性回归模型 $y_i = \beta_0 + \beta_1 x_i + \varepsilon_i$ 中 β_0, β_1 均未知，需要根据样本数据对其进行估计。设 β_0 与 β_1 的估计值为 $\hat{\beta}_0$ 和 $\hat{\beta}_1$，则可建立一元线性回归模型 $y = \hat{\beta}_0 + \hat{\beta}_1 x$。一般而言，所求的 β_0 与 β_1 的估计值 $\hat{\beta}_0$ 和 $\hat{\beta}_1$ 应能使每个样本观测点 (x_i, y_i) 与回归直线之间的偏差尽可能小，即使观

察值与拟合值得偏差平方和达到最小,这种估计方法称为最小二乘法。

令

$$Q(\beta_0,\beta_1) = \sum_{i=1}^{n} \left[y_i - (\beta_0 + \beta_1 x_i) \right]^2$$

使 Q 达到最小值的 β_0 和 β_1 称为最小二乘估计量(least square estimation,LSE)。显然,Q 是关于参数 β_0,β_1 的二元函数,且其偏导数分别为

$$\begin{cases} \dfrac{\partial Q(\beta_0,\beta_1)}{\partial \beta_0} = -2\sum_{i=1}^{n} \left[y_i - (\beta_0 + \beta_1 x_i) \right] \\ \dfrac{\partial Q(\beta_0,\beta_1)}{\partial \beta_1} = \sum_{i=1}^{n} \left[y_i - (\beta_0 + \beta_1 x_i) \right] x_i \end{cases}$$

根据极值的必要条件,令这两个偏导数等于零,整理后得到正规方程组为

$$\begin{cases} n\beta_0 + \beta_1 \sum_{i=1}^{n} x_i = \sum_{i=1}^{n} y_i \\ \beta_0 \sum_{i=1}^{n} x_i + \beta_1 \sum_{i=1}^{n} x_i^2 = \sum_{i=1}^{n} x_i y_i \end{cases}$$

求解此方程组,可以得到参数 β_0,β_1 的最小二乘估计值,即

$$\hat{\beta_1} = \frac{\sum_{i=1}^{n} (x_i - \bar{x})(y_i - \bar{y})}{\sum_{i=1}^{n} (x_i - \bar{x})^2} = \frac{\sum_{i=1}^{n} x_i y_i - n\bar{x}\bar{y}}{\sum_{i=1}^{n} x_i^2 - n\bar{x}^2}$$

$$\hat{\beta_0} = \bar{y} - \hat{\beta_1}\bar{x}$$

在一元线性回归模型 $y = \beta_0 + \beta_1 x + \varepsilon$ 中,记

$$l_{xx} = \sum (x_i - \bar{x})^2 = \sum x_i^2 - n\bar{x}^2 = \sum (x_i - \bar{x})x_i$$

$$l_{yy} = \sum (y_i - \bar{y})^2 = \sum y_i^2 - n\bar{y}^2 = \sum (y_i - \bar{y})y_i$$

$$l_{xy} = \sum (x_i - \bar{x})(y_i - \bar{y}) = \sum x_i y_i - n\bar{x}\bar{y} = \sum (x_i - \bar{x})y_i$$

分别称 l_{xx},l_{yy} 为 x,y 的离差平方和,称 l_{xy} 为 x 与 y 的离差乘积和。下面介绍参数 β_0,β_1 的最小二乘估计量的一些相关性质。

定理 2.11　在一元线性回归模型 $y = \beta_0 + \beta_1 x + \varepsilon$,$\varepsilon \sim N(0,\sigma^2)$ 的条件下有 $\hat{\beta_1} \sim N\left(\beta_1, \dfrac{\sigma^2}{l_{xx}}\right)$;$\hat{\beta_0} \sim N\left(\beta_0, \left(\dfrac{1}{n} + \dfrac{\bar{x}^2}{l_{xx}}\right)\sigma^2\right)$;$\mathrm{Cov}(\bar{y},\hat{\beta_1}) = 0$;$\mathrm{Cov}(\hat{\beta_0},\hat{\beta_1}) = -\dfrac{\bar{x}}{l_{xx}}\sigma^2$。

显然,误差 $\varepsilon_i(i=1,2,\cdots,n)$ 的方差 σ^2 描述了实际图点与线性回归直线之间的离散程度,如果 ε_i 具有可观测性,用 $\sum\limits_{i=1}^{n}\varepsilon_i^2$ 估计 σ^2,然而 ε_i 是观测不到的,能观测到的是 y_i,由 $Ey_i=\hat{\beta}_0+\hat{\beta}_1x_i=\hat{y}_i$ 知,可以用残差 $y_i-\hat{y}_i$ 来估计 ε_i,以及用 $\dfrac{1}{n}\sum\limits_{i=1}^{n}(y_i-\hat{y}_i)^2=\dfrac{1}{n}\sum\limits_{i=1}^{n}\big[y_i-(\beta_0+\beta_1\hat{x}_i)\big]^2=\dfrac{1}{n}S_e$ 来估计 σ^2。若得到无偏估计,需要求残差平方和 S_e 的数学期望。下面给出关于残差的一个重要定理。

定理 2.12　在一元线性回归模型 $y=\beta_0+\beta_1x+\varepsilon,\varepsilon\sim N(0,\sigma^2)$ 的条件下,已知样本观察值 y_i 处经验回归值为 $\hat{y}_i$,记残差平方和 $S_e=\sum\limits_{i=1}^{n}(y_i-\hat{y}_i)^2$,则有残差期望值 $E(S_e)=(n-2)\sigma^2$; $\dfrac{S_e}{\sigma^2}\sim\chi^2(n-2)$,且 S_e 与 $\bar{y},\hat{\beta}_1$ 相互独立。

2. 回归效果的显著性检验

建立回归方程的目的是揭示两个相关变量 x 与 y 之间的内在规律,然而对某些样本观察值 (x_i,y_i),$i=1,2,\cdots,n$ 做出的散点图,变量 x 与 y 之间根本不存在线性相关关系,但也能够通过最小二乘估计结果计算出 $\hat{\beta}_0$ 和 $\hat{\beta}_1$,此时建立的回归方程 $\hat{y}=\beta_0+\beta_1\hat{x}$ 是毫无意义的。那么什么条件下才是一个有意义的回归方程呢?需要对 x 与 y 之间的线性关系做出回归效果的显著性检验,为构造合适的检验统计量,首先引入平方和分解公式与相关系数的概念。

(1) 平方和分解公式

记 $\text{SST}=\sum\limits_{i=1}^{n}(y_i-\bar{y})^2$,称 SST 为总偏差平方和,反映数据 y_i 的总波动,易得 SST 有如下分解式,即

$$
\begin{aligned}
\text{SST} &= \sum_{i=1}^{n}(y_i-\bar{y})^2 \\
&= \sum_{i=1}^{n}(y_i-\hat{y}_i+\hat{y}_i-\bar{y})^2 \\
&= \sum_{i=1}^{n}(\hat{y}_i-\bar{y})^2+\sum_{i=1}^{n}(y_i-\hat{y}_i)^2 \\
&= \text{SSR}+\text{SSE}
\end{aligned}
$$

其中,$\text{SSR}=\sum\limits_{i=1}^{n}(\hat{y}_i-\bar{y})^2$ 和 $\text{SSE}=\sum\limits_{i=1}^{n}(y_i-\hat{y}_i)^2$ 称为回归平方和。

由该平方和分解表达式知,SSR 越大,SSE 就越小,表明 x 与 y 之间的线性关

系就越显著；反之，x 与 y 之间的线性关系越不显著。检验回归方程是否有显著意义就是考察 SSR/SST 的大小，若其比值越大，则 SST 中 SSR 所占的比例就越大，回归效果就越显著，反之便无显著性意义。

（2）相关系数

由于 $\dfrac{\text{SSR}}{\text{SST}}=\dfrac{\hat{\beta}_1^2 l_{xx}}{l_{xy}}=\dfrac{l_{xy}^2}{l_{xx}l_{xy}}$，记 $r=\sqrt{\dfrac{\text{SSR}}{\text{SST}}}=\dfrac{l_{xy}}{\sqrt{l_{xx}l_{xy}}}$，称 r 为 x 与 y 的相关系数。

关于相关系数，下面给出一些解释。

① 当 $r=0$ 时，$l_{xy}=0$，从而 $\hat{\beta}_1=0$，此时回归直线为 $\widetilde{y}=\hat{\beta}_0$，说明 x 与 y 之间不存在线性相关关系。

② 当 $0<|r|<1$ 时，x 与 y 之间存在一定的线性相关关系。当 $r>0$ 时，$\hat{\beta}_1>0$，称 x 与 y 正相关；当 $r<0$ 时，$\hat{\beta}_1<0$，称 x 与 y 负相关；当 r 越接近于 0 时，x 与 y 之间的线性关系越弱；当 r 越接近于 1 时，x 与 y 之间的线性关系越强。

③ 当 $|r|=0$ 时，$\text{SSE}=0$，称 x 与 y 完全线性相关。在这种情况下，x 与 y 之间存在着确定的线性函数关系。当 $r=1$ 时，称为完全正相关；当 $r=-1$ 时，称为完全负相关。

从上述讨论知，相关系数 r 确实可以表达两个变量 x 与 y 之间的线性关系，但不能够反映出它们之间是否存在其他的曲线关系。

（3）线性回归效果的显著性检验

对回归效果的显著性检验有三种不同的检验方法，即 F 检验法、r 检验法、r 检验法，其本质上是相同的，这里仅介绍线性回归效果的 F 检验法。下面先直接引入一个柯赫伦分解定理。

定理 2.13（柯赫伦分解定理）　设 $X_1,X_2,\cdots,X_n$ 为独立同分布的随机变量，且 $X_i\sim N(0,1),i=1,2,\cdots,n$，又若 $Q_1+Q_2+\cdots+Q_m=\sum\limits_{i=1}^{n}X_i^2$，其中 Q_k 是秩为 f_k 的 $X_1,X_2,\cdots,X_n$ 的非负二次型，则 $Q_k,k=1,2,\cdots,m$ 相互独立，且 $Q_k\sim\chi^2(f_k)$ 的充要条件为 $\sum\limits_{k=1}^{m}f_k=n$。

在构造 F 检验统计量前，下面给出一个关于显著性检验的重要定理。

定理 2.14　在一元线性回归模型中，当原假设 $H_0:\beta_1=0$ 成立时，$\dfrac{\text{SSR}}{\sigma^2}\sim\chi^2(1)$，且 SSE 与 SSR 相互独立。

（4）F 检验法

当 H_0 真时，由定理 2.13 及 F 分布的定义有下式，即

$$F=\frac{\text{SSR}/\sigma^2}{\text{SSE}/(n-2)\sigma^2}=\frac{\text{SSR}}{\text{SSE}}(n-2)=\frac{r^2}{1-r^2}(n-2)\sim F(1,n-2)$$

当 H_0 不真时,$\dfrac{\text{SSR}}{\text{SSE}}(n-2)$ 有变大的趋势,因此 F 也有变大的趋势,应取右侧拒绝域;当 H_0 真时,对给定的显著性水平 α,再由分位数的定义得

$$P\left\{\frac{\text{SSR}}{\text{SSE}}(n-2)\geqslant F_{1-\alpha}(1,n-2)\right\}=\alpha$$

由样本观察值计算出 F 的值,若 $F\geqslant F_{1-\alpha}(1,n-2)$,则拒绝 H_0,认为 x 与 y 有显著的线性关系,此时称线性回归效果显著;否则,接受 H_0,此时称线性回归效果不显著。

3. 点与区间预测

事实上,当我们获得回归直线后,如何对将来某个点或者所在区间进行预测呢。首先介绍点估计预测问题。对于给定的 $x=x_0$,要预测 y_0 的取值,自然会将 x_0 代入经验回归方程,可得 $\hat{y}_0=\hat{\beta}_0+\hat{\beta}_1 x_0$,并用 $\hat{y}_0$ 作为 y_0 的预测值,即估计值。这种做法是合理的,因为 $y_0=\beta_0+\beta_1 x+\varepsilon_0$,又因为 $E(\hat{y}_0)=E(\hat{\beta}_0+\hat{\beta}_1 x_0)=\beta_0+\beta_1 x=E(y_0)$,即 $\hat{y}_0$ 是 $E(y_0)$ 的无偏估计,故 $\hat{y}_0$ 可以作为 $E(y_0)$ 的点估计值。

所谓预测区间,就是对给定的 x_0,求 y_0 的 $1-\alpha$ 置信区间,为了解答这个问题,首先介绍下面定理。

定理 2.15　在一元线性回归模型中,设 $y_0,y_1,y_2,\cdots,y_n$ 相互独立,则

$$t=\frac{y_0-\hat{y}_0}{S\sqrt{1+\dfrac{1}{n}+\dfrac{(x_0-\bar{x})^2}{l_{xx}}}}\sim t(n-2)$$

其中,$S=\sqrt{\dfrac{\text{SSE}}{n-2}}$。

根据定理 2.15,对于给定的置信水平 $1-\alpha$,查自由度为 $n-2$ 的 t 分布表,可得 y_0 的置信度为 $1-\alpha$ 的置信区间为 $P\left\{|t|<t_{1-\frac{\alpha}{2}}(n-2)\right\}=1-\alpha$,即 $P\{\hat{y}_0-\delta(x_0)<y_0<\hat{y}_0+\delta(x_0)\}=1-\alpha$,其中 $\delta(x_0)=t_{1-\frac{\alpha}{2}}(n-2)\cdot S\sqrt{1+\dfrac{1}{n}+\dfrac{(x_0-\bar{x})^2}{l_{xx}}}$。

例题 2.9　下面给出某航天电子系统贮存 10 年的周期检测数据表。在贮存开始放入 100 个该产品,经检测仅有一个产品失效。根据工程实际经验,该产品的初始可靠性 R_0 不高于 0.98,假定在每一次检测期间,产品的失效时间服从指数分布,而且在每一次检测时,若发现产品完全失效,该产品便被退出贮存。直到 t_i 时刻总失效数记为 $N(t_i)$,相应的 ML 与 Bayes 估计数据如表 2-4 所示。

表 2-4　100 个产品周期检测数据

t_i	N_i	f_i	$N(t_i)$	S_i, N_i, t_i	可靠度的 ML 估计	可靠度的 Bayes 估计
0	**100**	**1**	**1**	**(99, 100, 0)**	**0.9900**	**0.9804**
1	99	4	5	(95, 99, 1)	0.9596	0.9505
2	95	5	10	(90, 95, 2)	0.9474	0.9479
3	90	3	13	(87, 90, 3)	0.9667	0.9565
4	87	7	20	(80, 87, 4)	0.9195	0.9101
5	80	5	25	(75, 80, 5)	0.9375	0.9268
6	75	8	33	(67, 75, 6)	0.8933	0.8831
7	67	7	40	(60, 67, 7)	0.8955	0.8841
8	60	4	44	(56, 60, 8)	0.9333	0.9194
9	56	6	50	(50, 56, 9)	0.8929	0.8793
10	50	11	61	(39, 50, 10)	0.7800	0.7692
10	39	61	61	(39, 100, 10)		

首先建立数据的拟合模型。根据周期检测的条件,参数为 λ_0 和 β,考虑修如新且失效率增大,初始可靠度 $R_0 = 0.98$ 时,产品在贮存期间时刻 t 的可靠性为

$$R(t) = R_0 \exp[-\lambda_0 e^{k\beta}(t - r\tau)], \quad r = [t/\tau], \quad k = 1, 2, \cdots, n$$

由于检测数据是在维修之前记录的,从而根据周期检测数据知,对 τ 取单位时间只需对下其中参数进行估计,因此记 $R(t)$ 为 $R^-(t)$,则有

$$R^-(t) = R_0 \exp(-\lambda_0 e^{k\beta}), \quad k = 1, 2, \cdots, n$$

将上式线性化,则有

$$\ln\ln[R_0/R^-(t)] = \ln\lambda_0 + k\beta$$

令 $y = \ln\ln[R_0/R^-(t)]$, $a_1 = \ln\lambda_0$, $b_1 = \beta$, $x = k, k = 1, 2, \cdots, n$,则有一元回归方程,即

$$y = a_1 + b_1 x$$

根据最小二乘法有

$$\hat{b_1} = \frac{\sum_{k=1}^{n} 6(2k - n - 1)Y(k)}{n(n^2 - 1)}$$

$$\hat{a}_1 = \bar{y} - \hat{b}_1 \bar{x} = \frac{1}{n} \sum_{k=1}^{n} Y(k) - \frac{n+1}{2} \hat{b}_1$$

其中,$Y_1(k) = \text{lnln}[1/\hat{R}^{-}(k\tau)]$。

于是$\hat{\lambda}_0 = \exp(\hat{a}_1)$,$\hat{\beta} = \hat{b}_1$,从而产品在贮存时间 t 后的可靠性为

$$\hat{R}(t) = R_0 \exp[-\hat{\lambda}_0 e^{k\hat{\beta}}(t - r\tau)], \quad k = 1, 2, \cdots, n$$

其中,$r = [t/\tau]$。

应用表中数据,可靠度的极大似然点估计及 Bayes 点估计后,应用最小二乘法拟合的参数估计分别为 $\hat{\lambda}_0 = 2.206528 \times 10^{-3}$、$\hat{\beta} = 0.2224$ 与 $\hat{\lambda}_0 = 8.9235 \times 10^{-3}$、$\hat{\beta} = 0.2021$。运用回归模型,可以对将来某个检测周期的可靠性进行预测与评估。

一般情况下,多个变量的回归情形较为常见,下面简单介绍多元回归相关理论。

2.5.2　多元线性回归模型

在实际问题中,影响随机变量 y 的自变量不是一个而是多个,如 $x_1, x_2, \cdots, x_m$,将这类问题归结为多元线性回归分析,它是应用最广泛的的统计工具之一。这里仅给出一些基本原理与性质,虽然多元回归分析与一元回归分析类似,但在计算上要复杂得多。下面给出一般的多元回归模型。

1. 模型

假设随机变量 y 与 $m(m \geqslant 2)$ 个自变量 $x_1, x_2, \cdots, x_n$ 之间存在相关关系,且满足

$$\begin{cases} y = \beta_0 + \beta_1 x_1 + \cdots + \beta_m x_m + \varepsilon \\ \varepsilon \sim N(0, \sigma^2) \end{cases} \tag{2-34}$$

即 $y \sim N(\beta_0 + \beta_1 x_1 + \cdots + \beta_m x_m, \sigma^2)$,其中 $\beta_0, \beta_1, \cdots, \beta_m, \sigma^2$ 是与 $x_1, x_2, \cdots, x_n$ 无关的未知参数,ε 是不可观测的随机变量。称式(2-34)为 m 元理论线性回归模型,称 $\tilde{y} = \beta_0 + \beta_1 x_1 + \cdots + \beta_m x_m$ 为理论回归方程。

上述模型还可以具体转化为以下形式。设有 n 组不全相同的样本观测值 $(x_{i1}, x_{i2}, \cdots, x_{im}; y_i)(i = 1, 2, \cdots, n)$,则式(2-34)可以改写为

$$\begin{cases} y_i = \beta_0 + \beta_1 x_{i1} + \cdots + \beta_m x_{im} + \varepsilon \\ \varepsilon_i \sim N(0, \sigma^2), \quad \varepsilon_i \text{ 相互独立} \end{cases} \tag{2-35}$$

为方便,通常采用矩阵形式表达,记

$$
\boldsymbol{X}=\begin{bmatrix} 1 & x_{11} & x_{12} & \cdots & x_{1n} \\ 1 & x_{21} & x_{22} & \cdots & x_{2n} \\ \vdots & \vdots & \vdots & & \vdots \\ 1 & x_{n1} & x_{n2} & \cdots & x_{nm} \end{bmatrix}=(\boldsymbol{I}_n,\boldsymbol{X}_\beta),\quad \boldsymbol{Y}=\begin{bmatrix} y_1 \\ y_2 \\ \vdots \\ y_n \end{bmatrix},\quad \boldsymbol{\beta}=\begin{bmatrix} \beta_0 \\ \beta_1 \\ \vdots \\ \beta_m \end{bmatrix}=\begin{bmatrix} \beta_0 \\ \boldsymbol{b} \end{bmatrix},\quad \boldsymbol{\varepsilon}=\begin{bmatrix} \varepsilon_1 \\ \varepsilon_2 \\ \vdots \\ \varepsilon_n \end{bmatrix}
$$

上式可以简写为

$$
\begin{cases} \boldsymbol{Y}=\boldsymbol{X}\boldsymbol{\beta}+\boldsymbol{\varepsilon}=\beta_0\boldsymbol{I}_n+\boldsymbol{X}_\beta\boldsymbol{b}+\boldsymbol{\varepsilon} \\ \boldsymbol{\varepsilon}\sim N(0,\sigma^2\boldsymbol{I}_n) \end{cases}
$$

其中,$\boldsymbol{Y}\sim N(\boldsymbol{X}\boldsymbol{\beta},\sigma^2\boldsymbol{I}_n)$;$\boldsymbol{I}_n$ 为 n 阶单位矩阵,称 $\boldsymbol{Y}$ 为随机变量的观测向量;$\boldsymbol{\beta}$ 为未知参数向量;$\boldsymbol{X}$ 为结构矩阵,表明 $E(\boldsymbol{Y})$ 是 $\boldsymbol{\beta}$ 的各分量的线性组合的结构,即 $E(\boldsymbol{Y})=\boldsymbol{X}\boldsymbol{\beta}$,$\boldsymbol{\varepsilon}$ 为 n 维随机误差向量;$\boldsymbol{I}_n$ 为元素全为 1 的 n 维列向量。

在回归分析中,一般假定 $\boldsymbol{X}$ 的列满秩 $R(\boldsymbol{X})=m+1$。

（1）未知参数估计

设 $Q=\boldsymbol{\varepsilon}'\boldsymbol{\varepsilon}=(\boldsymbol{Y}-\boldsymbol{X}\boldsymbol{\beta})'(\boldsymbol{Y}-\boldsymbol{X}\boldsymbol{\beta})$,即 $Q=\displaystyle\sum_{t=1}^{n}\varepsilon_t^2=\sum_{t=1}^{n}\Big[y_t-\sum_{i=0}^{k}\beta_i x_{ti}\Big]^2$,其中 $x_{t0}\equiv 1$,则称 Q 为误差平方和,反映 y 与 $\displaystyle\sum_{i=0}^{k}\beta_i x_i$ 之间在 n 次观察中总的误差程度,因此 Q 越小越好,可取使得 Q 达到最小值时 $\boldsymbol{\beta}$ 的值 $\hat{\boldsymbol{\beta}}$ 作为 $\boldsymbol{\beta}$ 的点估计,这时 $\hat{\boldsymbol{\beta}}$ 满足 $(\boldsymbol{Y}-\boldsymbol{X}\hat{\boldsymbol{\beta}})'(\boldsymbol{Y}-\boldsymbol{X}\hat{\boldsymbol{\beta}})=\min_{\beta}Q=\min_{\beta}\{(\boldsymbol{Y}-\boldsymbol{X}\boldsymbol{\beta})'(\boldsymbol{Y}-\boldsymbol{X}\boldsymbol{\beta})\}$。有唯一解 $\hat{\boldsymbol{\beta}}$,即

$$
\hat{\boldsymbol{\beta}}=(\boldsymbol{X}'\boldsymbol{X})^{-1}\boldsymbol{X}'\boldsymbol{Y}=\boldsymbol{L}^{-1}\boldsymbol{X}'\boldsymbol{Y} \tag{2-36}
$$

其中,$\boldsymbol{L}$ 为系数矩阵;$\boldsymbol{C}\stackrel{\triangle}{=}\boldsymbol{L}^{-1}$ 为相关矩阵;$\boldsymbol{X}'\boldsymbol{Y}$ 为常数项矩阵;相关矩阵阶数为 $\boldsymbol{Y}_{n\times 1}$,$\boldsymbol{X}_{n\times(m+1)}$,$\boldsymbol{\beta}_{(m+1)\times 1}$,$\boldsymbol{\varepsilon}_{n\times 1}$。

（2）最小二乘估计性质

下面给出最小二乘估计 $\hat{\boldsymbol{\beta}}=(\boldsymbol{X}'\boldsymbol{X})^{-1}\boldsymbol{X}'\boldsymbol{Y}$ 的性质。

定理 2.16　在模型 $y_i=\beta_0+\beta_1 x_{i1}+\cdots+\beta_m x_{im}+\varepsilon$,$\varepsilon_i\sim N(0,\sigma^2)$,且各个 ε_i 相互独立的条件下,有

①　$\hat{\boldsymbol{\beta}}$ 是 $\boldsymbol{\beta}$ 的线性无偏估计量,且 $\hat{\boldsymbol{\beta}}\sim N(\boldsymbol{\beta},\sigma^2(\boldsymbol{X}'\boldsymbol{X})^{-1})$。

②　$\hat{\boldsymbol{\beta}}$ 是 $\boldsymbol{\beta}$ 的最小方差线性无偏估计。

③　记 $\boldsymbol{e}=\boldsymbol{Y}-\hat{\boldsymbol{Y}}$,则有 $\boldsymbol{e}\sim N(\boldsymbol{0},\sigma^2[\boldsymbol{I}_n-\boldsymbol{X}(\boldsymbol{X}'\boldsymbol{X})^{-1}\boldsymbol{X}'])$。

④　协方差 $\mathrm{Cov}(\boldsymbol{e},\hat{\boldsymbol{\beta}})=0$,即 $\boldsymbol{e}$ 与 $\hat{\boldsymbol{\beta}}$ 是不相关的。

⑤　记 $S_e=\boldsymbol{e}'\boldsymbol{e}$,则有 $E(S_e)=(n-m-1)\sigma^2$,即 $\hat{\sigma}^2=\dfrac{S_e}{n-m-1}$ 是 σ^2 的无偏估计。

⑥　样本与估计值之间的关系满足勾股定理,即 $D\boldsymbol{Y}=D\hat{\boldsymbol{Y}}+D\boldsymbol{e}$,$\boldsymbol{Y}'\boldsymbol{Y}=\hat{\boldsymbol{Y}}'\hat{\boldsymbol{Y}}+\boldsymbol{e}'\boldsymbol{e}$,称 $\sqrt{\boldsymbol{Y}'\boldsymbol{Y}}$ 为观察向量长度,$\sqrt{\hat{\boldsymbol{Y}}'\hat{\boldsymbol{Y}}}$ 为估计向量长度,$\sqrt{\boldsymbol{e}'\boldsymbol{e}}$ 为剩余向量长度。由上式可

知,这些长度满足勾股定理,e 和 $\hat{Y}$ 为直角边向量,Y 为斜边向量,故有 $e \perp \hat{Y}$。

定理 2.17　在式(2-34)模型假设条件下,有 $\hat{\boldsymbol{\beta}}$ 与 S_e 相互独立;$\dfrac{S_e}{\sigma^2} \sim \chi^2(n-m-1)$。

极大似然估计与最小二乘估计是参数估计的两种不同方法。

定理 2.18　已知多元线性回归方程 $\boldsymbol{Y} = \boldsymbol{X}\boldsymbol{\beta} + \boldsymbol{\varepsilon}, \boldsymbol{\varepsilon} \sim N_n(0, \sigma^2 \boldsymbol{I}_n)$,则参数 $\boldsymbol{\beta}$ 的极大似然估计 $\boldsymbol{\beta}_{\mathrm{MLE}}$ 与最小二乘估计 $\hat{\boldsymbol{\beta}}$ 相同。

(3) 回归效果的显著性检验

回归方程的回归效果如何？与一元线性回归一样,在 m 元线性模型中,经常要考虑如下的假设检验问题。

y 与 $x_1, x_2, \cdots, x_m$ 之间的线性相关关系只是一种假设,它们是否具有线性相关关系,需要进行检验。如果它们之间没有线性相关关系,就意味着一切 $b_i, i=1, 2, \cdots, m$ 都应为 0,这相当于检验假设 $H_0 : b_1 = b_2 = \cdots = b_m = 0$ 是否成立。

为了寻找检验 H_0 的统计量,类似于一元线性回归的检验,首先介绍平方和分解公式,记

$$
\begin{aligned}
\mathrm{SST} &= \boldsymbol{Y}'\boldsymbol{Y} \\
&= \| \boldsymbol{Y} \| \\
&= \sum (y_i - \bar{y})^2 \\
&= \sum [(y_i - \hat{y}_i) + (\hat{y}_i - \bar{y})]^2 \\
&= \sum (y_i - \hat{y}_i)^2 + \sum (\hat{y}_i - \bar{y})^2 + 2\sum (y_i - \hat{y}_i)(\hat{y}_i - \bar{y})
\end{aligned}
$$

对参数求偏导后的方程组可得 $\sum (y_i - \hat{y}_i)(\hat{y}_i - \bar{y}) = 0$,从而总偏差平方和 SST 可分解为

$$
\mathrm{SST} = \sum (y_i - \bar{y})^2 = \sum (y_i - \hat{y}_i)^2 + \sum (\hat{y}_i - \bar{y})^2 \triangleq \mathrm{SSE} + \mathrm{SSR}
$$

其中,$\mathrm{SSE} = \sum (y_i - \hat{y}_i)^2$ 是剩余平方和,反映 y 与 $x_1, x_2, \cdots, x_m$ 之间的线性关系以外一切因素引起的数据之间的波动;$\mathrm{SSR} = \sum (\hat{y}_i - \bar{y})^2$ 称为回归平方和,反映由变量 $x_1, x_2, \cdots, x_m$ 的变化引起的 y_i 之间的波动。

由 SST=SSR+SSE 知,SSR 越大,SSE 就越小,表明 y 与 $x_1, x_2, \cdots, x_m$ 的线性关系越密切。与一元线性回归一样,设想用 SSR/SSE 的比值来检验假设 H_0。为此,需要确定检验统计量的分布,具体参见以下定理。

定理 2.19　在多元回归模型 $y = \beta_0 + \beta_1 x_1 + \cdots + \beta_m x_m + \varepsilon, \varepsilon \sim N(0, \sigma^2)$ 条件下,当 H_0 为真时,$\mathrm{SSR}/\sigma^2 \sim \chi^2(m)$,且 SSR 与 SSE 相互独立。

与一元线性回归类似，y 与 $x_1,x_2,\cdots,x_m$ 的线性关系的密切程度也可以用回归平方和 SSR 在总平方和 SST 中所占的比重来衡量，因此称 $R=\sqrt{\dfrac{\text{SSR}}{\text{SST}}}=\sqrt{1-\dfrac{\text{SSE}}{\text{SST}}}$ 为复相关系数。

如果 y 与 $x_1,x_2,\cdots,x_m$ 确有线性相关关系，但并不意味着 $x_1,x_2,\cdots,x_m$ 对随机变量 y 都有显著影响，若 x_j 对 y 的影响不显著，就应该有 $b_j=0$。因此，要检验 x_j 对 y 是否有显著影响，相当于检验假设 $H_0:b_j=0,j=1,2,\cdots,m$ 是否成立。

下面寻找检验假设 $H_0:b_j=0,j=1,2,\cdots,m$ 的统计量。

由于 $\hat{\beta}_i\sim N(\beta_i,c_{ii}\sigma^2)$，$i=1,2,\cdots,m$，于是 $\dfrac{\hat{\beta}_i-\beta_i}{\sigma\sqrt{c_{ii}}}\sim N(0,1)$，又因为 $\dfrac{\text{SSE}}{\sigma^2}\sim\chi^2(n-m-1)$，且 SSE 与 $\hat{\beta}_i$ 相互独立，由 t 分布的定义得下式，即

$$t_i=\frac{(\hat{\beta}_i-\beta_i)/\sigma\sqrt{c_{ii}}}{\text{SSE}/[\sigma^2(n-m-1)]}=\frac{\hat{\beta}_i-\beta_i}{S\sqrt{c_{ii}}}\sim t(n-m-1)$$

当 H_0 成立时，有 $t_i=\dfrac{\hat{\beta}_i}{S\sqrt{c_{ii}}}\sim t(n-m-1)$，或者 $F_i=\dfrac{\hat{\beta}_i^2}{S^2c_{ii}}\sim F(1,n-m-1)$。对给定的显著性水平 α，若由样本值算得的 $|t_i|\geqslant t_{1-\frac{\alpha}{2}}(n-m-1)$ 或 $F_i=F_{1-\alpha}(1,n-m-1)$，则拒绝 H_0，即认为 x_i 对 y 线性影响显著；否则，接受 H_0，即认为 x_i 对 y 线性影响不显著。

t_i 的值已经消除了单位的影响，是个无量纲的量，所以 t_i 本身除了可以作为检验统计量外，同时 t_i 之间也可以做比较。粗略地说，哪个 $|t_i|$ 或 F_i 值大，说明哪个变量对 y 的作用越显著，越重要。

（4）回归系数 β_i 的区间估计

由于 $t_i=\dfrac{\hat{\beta}_i-\beta_i}{S\sqrt{c_{ii}}}\sim t(n-m-1)$，对于给定的显著性水平 α，由 t 分布的分位数可得下式，即

$$P\left\{\frac{|\hat{\beta}_i-\beta_i|}{S\sqrt{c_{ii}}}<t_{1-\frac{\alpha}{2}}(n-m-1)\right\}=1-\alpha$$

从而 β_i 的 $1-\alpha$ 置信区间为

$$\left(\hat{\beta}_i-t_{1-\frac{\alpha}{2}}(n-m-1)S\sqrt{c_{ii}},\hat{\beta}_i+t_{1-\frac{\alpha}{2}}(n-m-1)S\sqrt{c_{ii}}\right)$$

2. 预测

与一元线性回归一样，若已经由样本$(x_{i1}, x_{i2}, \cdots, x_{im}; y_i)$ $(i=1, 2, \cdots, n)$算得y与$x_1, x_2, \cdots, x_n$的回归方程为$\hat{y} = \hat{\beta}_0 + \hat{\beta}_1 x_1 + \hat{\beta}_2 x_2 + \cdots + \hat{\beta}_m x_m$，且经检验有回归效果及各个回归系数都是显著的。当给定一组值$(x_{01}, x_{02}, \cdots, x_{0m})$后，如何求出$E(y_0)$的点估计和$y_0$的预测区间呢？

（1）点预测

给定自变量$(x_1, x_2, \cdots, x_m)$的一组固定值$(x_{01}, x_{02}, \cdots, x_{0m})$，对应的$y_0$为

$$\begin{cases} y_0 = \beta_0 + \beta_1 x_{01} + \beta_2 x_{02} \cdots + \beta_m x_{0m} + \varepsilon_0 \\ \varepsilon_0 \sim N(0, \sigma^2) \end{cases}$$

将$(x_{01}, x_{02}, \cdots, x_{0m})$代入回归方程$\hat{y} = \hat{\beta}_0 + \hat{\beta}_1 x_1 + \hat{\beta}_2 x_2 + \cdots + \hat{\beta}_m x_m$，有$\hat{y} = \hat{\beta}_0 + \hat{\beta}_1 x_{01} + \hat{\beta}_2 x_{02} + \cdots + \hat{\beta}_m x_{0m}$。用$\hat{y}_0$作为$y_0$的点估计，由于$E(\hat{y}_0) = \beta_0 + \beta_1 x_{01} + \beta_2 x_{02} + \cdots + \beta_m x_{0m}$，因此$\hat{y}_0$是$y_0$的无偏估计，这种做法是合理的。

（2）区间预测

事实上，可以证明

$$t = \frac{y_0 - \hat{y}_0}{S \cdot \sqrt{1 + \dfrac{1}{n} + \sum\limits_i \sum\limits_j (x_{0i} - \bar{x}_i)(x_{0j} - \bar{x}_j) c_{ij}}} \sim t(n-m-1)$$

其中，$S = \sqrt{\dfrac{SSE}{n-m-1}}$；$c_{ij}$为$\boldsymbol{L}^{-1} = \boldsymbol{C} = (c_{ij})$中的元素。

对于给定的显著性水平α，由t分布的分位数，得

$$P\left\{ \frac{y_0 - \hat{y}_0}{S \cdot \sqrt{1 + \dfrac{1}{n} + \sum\limits_i \sum\limits_j (x_{0i} - \bar{x}_i)(x_{0j} - \bar{x}_j) c_{ij}}} < t_{1-\frac{\alpha}{2}}(n-m-1) \right\} = 1 - \alpha$$

从而得y_0的$1-\alpha$预测区间，即置信区间为

$$(\hat{y}_0 - \delta(x_0), \hat{y}_0 + \delta(x_0))$$

其中，$\delta(x_0) = t_{1-\frac{\alpha}{2}}(n-m-1) S \cdot \sqrt{1 + \dfrac{1}{n} + \sum\limits_i \sum\limits_j (x_{0i} - \bar{x}_i)(x_{0j} - \bar{x}_j) c_{ij}}$。

当n较大且x_{0i}接近$\bar{x}_i$时，可以认为$\delta(x_0) \approx t_{1-\frac{\alpha}{2}}(n-m-1) S$，这时$y_0$的置信度为$1-\alpha$的预测区间近似为

$$(\hat{y}_0 - t_{1-\frac{\alpha}{2}}(n-m-1) S, \hat{y}_0 + t_{1-\frac{\alpha}{2}}(n-m-1) S)$$

3. 最优回归方程的选择

同一问题可以用不同的回归方程，即不同的回归曲线来拟合。在实际应用中，我们总希望用来预测与控制的回归方程是最优的线性回归方程。所谓最优的线性回归方程，一方面是回归方程中包含所有对 y 具有显著影响的自变量，另一方面是方程中包含的自变量的个数要尽可能少。

下面介绍以下几种选择最优方程的方法。

（1）全部列举的比较法

首先，提出对 y 可能有影响的所有自变量，然后对所有自变量的一切可能组合都求出线性回归方程，再从中挑选出最优者。

如果所有自变量共有 m 个，则包含一个自变量的不同线性回归方程共有 C_m^1 个，包含两个自变量的不同线性回归方程共有 C_m^2 个，…，包含 m 个自变量的线性回归方程有 C_m^m 个，总共有 $2^m - 1$ 个不同的线性回归方程，对每一个方程都计算出下式，即

$$\hat{\sigma}^2 = \frac{SSE}{n-m-1}$$

从中挑选出 $\hat{\sigma}^2$ 的值最小的回归方程。虽然用这样方法总可以找到一个最优回归方程，但是当自变量个数 m 较大时，计算工作量实在太大，然而借助计算机已经可以解决变量个数小于等于 30 的计算问题。

（2）删除变量的回归法

假定已选定的全部自变量为 $x_1, x_2, \cdots, x_m$，并建立了包含全部自变量的回归方程，根据各个自变量线性影响的显著性，将最不显著的变量剔除，再重新建立 y 与留下的 $m-1$ 个变量的回归方程，再次提出最不显著的变量，依此重复下去，直至回归方程中每一个自变量的线性影响都显著为止，并认为最后得到的回归方程为最优方程。

这种方法的计算量比前一种方法大大减少，但由于自变量之间可能有相关关系，当被剔除的变量较多时，可能使本来显著的变量也被剔除掉。因此，用这种方法得到的回归方程不一定是真正的最优回归方程。

（3）逐步回归法

逐步回归法是一种较理想的选最优回归方程的方法。假定已经选定全部自变量，计算出每个自变量与随机变量之间的相关系数 r，把 $|r|$ 最大的那个自变量进行一元线性回归，并对回归效果进行显著性检验，若不显著，则可以认为所选的全部自变量均不是影响随机变量的主要因素。若回归效果显著，再引入对随机变量作用最显著的第二个变量，引进变量后立即对原来引进的变量进行显著性检验，及

时剔除不显著变量，然后再考虑引入新变量。依次下去，直至既不能引入变量，也不能从回归方程中剔除变量为止。

这种方法也不能保证最后所得的回归方程是真正的最优回归方程。在实际应用中，用该方法得到回归方程进行预测效果还是比较好的，加之计算量不是太大，又有较成熟的计算机程序可供使用，因此是目前用得最多的一种方法。

（4）综合评估法

一般情况下，当有几个方程都满足最优回归方程的两个方面的要求时，方差 σ^2 的无偏估计值为

$$\hat{\sigma}^2 = \frac{\text{SSE}}{n-m-1}$$

较小者为优。在计算量较小的条件下选优时，通常从如下两个不同角度给出评价回归方程好坏的数量指标。

第一，复相关系数

$$R^2 = 1 - \frac{\text{SSE}}{\text{SST}} = 1 - \frac{\sum (y_i - \hat{y}_i)^2}{\sum (y_i - \bar{y}_i)^2}$$

第二，剩余标准差

$$S = \sqrt{\frac{\text{SSE}}{n-2}} = \sqrt{\frac{\sum (y_i - \hat{y}_i)^2}{n-2}}$$

用 R^2 与 S 中任意一个来决定回归方程的优劣均可，R^2 大者为优或 S 小者为优。上面阐述的方法对于少数几个回归方程的选优具有一定的可行性，但对于较多的回归方程里选择最优却具有计算复杂性的约束。

2.5.3　非线性问题的线性回归

前面讨论的是线性回归问题，然而在用实际数据分析问题时，经常遇到非线性回归情形，随机变量 y 与自变量 $x_1, x_2, \cdots, x_m$ 之间并非都具有线性相关关系。如果假定它服从线性模型，则关于线性模型的假设检验，将会做出否定的判断。因此，通常的做法是先做出散点图，根据它所呈现的形状，粗略地看看是否像一条直线，如果很不像一条直线，就应该用非线性回归，这时通常与常见的已知函数图形进行比较，配置一条较为适合的曲线，这样要比粗糙地配置一条直线更为科学与精确[16]。

下面讨论可以转化为线性回归的非线性回归的情形，仅通过对某些常见的可化为线性回归问题的讨论来阐明解决这类问题的基本思想和方法。下面给出一些常见的非线性回归模型（设参数 $a, b > 0$）。

（1）双曲线模型

$$\frac{1}{y}=\beta_0+\beta_1\frac{1}{x}+\varepsilon,\quad \varepsilon\sim N(0,\sigma^2)$$

记 $y'=\dfrac{1}{y},x'=\dfrac{1}{x}$，则回归函数化为 $y'=\beta_0+\beta_1x'+\varepsilon,\varepsilon\sim N(0,\sigma^2)$。

（2）幂函数回归模型

$$y=ax^b+\varepsilon \text{ 或 } y=ax^{-b}+\varepsilon,\quad \varepsilon\sim N(0,\sigma^2)$$

两边取对数有 $\ln y=\ln a+b\ln x$（或 $\ln y=\ln a-bx$），记 $y'=\ln y,x'=\ln x,a'=\ln a$ 即可。

（3）指数函数模型

$$y=a\exp(bx)+\varepsilon \text{ 或 } y=a\exp(-bx)+\varepsilon,\quad \varepsilon\sim N(0,\sigma^2)$$

两边取对数，则 $\ln y=\ln a+bx$（或 $\ln y=\ln a-bx$），记 $y'=\ln y,a'=\ln a$ 即可。

（4）对数曲线模型

$$y=a+b\ln x+\varepsilon,\quad \varepsilon\sim N(0,\sigma^2)$$

作变换 $x'=\ln x$ 即可。

（5）倒指数函数模型

$$y=a\exp\frac{b}{x}+\varepsilon \text{ 或 } y=a\exp\left(-\frac{b}{x}\right)+\varepsilon,\quad \varepsilon\sim N(0,\sigma^2)$$

两边取对数，则 $\ln y=\ln a+\dfrac{b}{x}$（或 $\ln y=\ln a-\dfrac{b}{x}$），记 $y'=\ln y,a'=\ln a,x'=\dfrac{1}{x}$。

（6）S 曲线模型

$$y=\frac{1}{a+b\exp(-x)}+\varepsilon,\quad \varepsilon\sim N(0,\sigma^2)$$

令 $\xi=\dfrac{1}{\eta},t=\exp(-x)$，上述模型就成为一元线性回归模型 $\xi=a+bt+\varepsilon,\varepsilon\sim N(0,\sigma^2)$。

（7）生长曲线回归模型

$$\eta=\frac{L}{1+\exp(a+bt)}+\varepsilon,\quad b<0,\quad t\geqslant0,\quad \lim_{t\to\infty}y=L,\quad \varepsilon\sim N(0,\sigma^2)$$

先做变换 $\dfrac{L}{\eta}-1=\exp(a+bt)$，然后两边取对数有 $\ln\left(\dfrac{L}{\eta}-1\right)=a+bt$，令 $y=$

$\ln\left(\dfrac{L}{\eta}-1\right)$，上述模型就成为一元线性回归模型 $y=a+bt+\varepsilon,\varepsilon\sim N(0,\sigma^2)$。

（8）多项式回归模型

$$y=\beta_0+\beta_1 x+\beta_2 x^2+\cdots+\beta_m x^m+\varepsilon,\quad \varepsilon\sim N(0,\sigma^2)$$

令 $x_i=x^i, i=1,2,\cdots,m$，上述模型成为 m 元线性回归模型，即

$$y=\beta_0+\beta_1 x_1+\beta_2 x_2+\cdots+\beta_m x_m+\varepsilon,\quad \varepsilon\sim N(0,\sigma^2)$$

上述模型中的 a、b 和 σ^2 均为未知参数。非线性回归模型可以通过变换化为线性回归问题以后，可以按照前面方法，求参数的最小二乘估计，从而得到原来曲线方程中的参数估计。下面给出一个实例分析，以演算非线性模型线性化及回归模型在可靠性中的使用。

例题 2.10 已知 y 与三个自变量的观测值如表 2-5 所示。求 y 对 x_1, x_2, x_3 的线性回归方程，并对回归方程以及回归系数进行假设检验。

表 2-5　因变量 y 与 x_1, x_2, x_3 自变量观测值

x_1	-1	-1	-1	-1	1	1	1	1
x_2	-1	-1	1	1	-1	-1	1	1
x_3	-1	1	-1	1	-1	1	-1	1
y	7.6	10.3	9.2	10.2	8.4	11.1	9.8	12.6

解　因为

$$\boldsymbol{X}'=\begin{bmatrix} 1 & 1 & 1 & 1 & 1 & 1 & 1 & 1 \\ -1 & -1 & -1 & -1 & 1 & 1 & 1 & 1 \\ -1 & 1 & -1 & 1 & -1 & 1 & -1 & 1 \\ 7.6 & 10.3 & 9.2 & 10.2 & 8.4 & 11.1 & 9.8 & 12.6 \end{bmatrix}$$

所以

$$\boldsymbol{X}'\boldsymbol{X}=\begin{bmatrix} 8 & 0 & 0 & 0 \\ 0 & 8 & 0 & 0 \\ 0 & 0 & 8 & 0 \\ 0 & 0 & 0 & 8 \end{bmatrix},\quad \boldsymbol{C}=(\boldsymbol{X}'\boldsymbol{X})^{-1}=\begin{bmatrix} 1/8 & 0 & 0 & 0 \\ 0 & 1/8 & 0 & 0 \\ 0 & 0 & 1/8 & 0 \\ 0 & 0 & 0 & 1/8 \end{bmatrix}$$

$$\boldsymbol{X}'\boldsymbol{Y}=\begin{bmatrix} 79.2 \\ 4.6 \\ 4.4 \\ 9.2 \end{bmatrix},\quad \hat{\boldsymbol{\beta}}=\begin{bmatrix} \hat{\beta}_0 \\ \hat{\beta}_1 \\ \hat{\beta}_2 \\ \hat{\beta}_3 \end{bmatrix}=\boldsymbol{L}^{-1}\boldsymbol{X}'\boldsymbol{Y}=\begin{bmatrix} 9.9 \\ 0.575 \\ 0.55 \\ 1.15 \end{bmatrix}$$

由此可知,回归模型为 $\hat{y}=9.9+0.575x_1+0.55x_2+1.15x_3$。

对线性模型进行检验,即检验假设 $H_0:\beta_1=\beta_2=\beta_3=0$。因为

$$S_T=\sum_{t=1}^n (y_t-\bar{y})^2=\sum_{t=1}^8 (y_t-9.9)^2=801.1-784.08=17.02$$

$$U_R=\sum_{t=1}^8 \left[9.9+\sum_{t=1}^3 \hat{\beta}_i x_{ti}-9.9\right]^2=\sum_{t=1}^8 (0.575x_{t1}+0.55x_{t2}+1.15x_{t3})^2=15.645$$

因此

$$Q_e=S_T-U_R=1.375$$

从而

$$F=\frac{U_R/3}{Q_e/(8-3-1)}=15.171$$

对显著性水平 $\alpha=0.5$ 查 F 分布表得临界值 $F_{0.95}(3,4)=6.59<15.171=F$,所以否定 H_0,即认为 β_1,β_2,β_3 不全为零。

对回归系数进行检验($\alpha=0.05$)。因为

$$F_0=\frac{U_0}{Q_e/4}=\frac{\hat{\beta}_0^2/C_{00}}{Q_e/4}=2280.96,\quad F_1=\frac{\hat{\beta}_1^2/C_{11}}{Q_e/4}=7.695$$

$$F_2=\frac{\hat{\beta}_2^2/C_{22}}{Q_e/4}=7.04,\quad F_3=\frac{\hat{\beta}_3^2/C_{22}}{Q_e/4}=30.778$$

查 F 分布表得临界值 $F_{0.95}(1,4)=7.71$,因此 x_1 和 x_2 对 y 的影响不显著,x_3 对 y 的影响显著,但是因为 $F_2<F_1$,所以剔除 x_2,回归方程为 $\hat{\beta}_0^*=\hat{\beta}_0,\hat{\beta}_1^*=\hat{\beta}_1,\hat{\beta}_3^*=\hat{\beta}_3$。于是得到新的回归方程为 $\hat{y}=9.9+0.575x_1+1.15x_3$。

为了对新的回归系数进行检验,需要计算新的相关矩阵,即

$$\boldsymbol{C}^*=\begin{bmatrix} 1/8 & 0 & 0 \\ 0 & 1/8 & 0 \\ 0 & 0 & 1/8 \end{bmatrix},\quad S_T^*=S_T=17.02$$

$$U_R^*=\sum_{i=1}^8 (0.575x_{t1}+1.15x_{t3})^2=2.9756\times 4+0.3306\times 4=13.2248$$

因此

$$Q_e^*=S_T^*-U_R^*=3.7952$$

从而

$$F_0^*=\frac{\hat{\beta}_0^*/C_{00}^*}{Q_e^*/5}=1033.99,\quad F_1^*=\frac{\hat{\beta}_1^*/C_{11}^*}{Q_e^*/5}=3.48$$

$$F_3^* = \frac{\hat{\beta}_3^* / C_{22}^*}{Q_e^* / 5} = 13.94, \quad F^* = \frac{5}{2} \frac{U_R^*}{Q_e^*} = 8.71$$

对显著水平 $\alpha = 0.05$ 查 F 分布表得临界值 $F_{0.95}(1,5) = 6.61$，比较 F_0^*, F_1^*, F_3^* 知 x_3 对 y 影响显著，x_1 对 y 影响不显著，应剔除 x_1，类似地得到新的回归方程 $\hat{y} = 9.9 + 1.15 x_3$，得到新的回归平方和与新的残差平方和分别为 $U_R^{**} = 10.58, Q_e^{**} = 6.44$。由此得到 $F^{**} = \frac{U_R^{**} / 1}{Q_e^{**} / 6} = 9.857, F_0^{**} = 730.509, F_3^{**} = 9.857$。从而 $F_{0.95}(1,6) = 5.99$，与 $F^{**}, F_0^{**}, F_3^{**}$ 比较最后得到回归方程为 $\hat{y}^{**} = 9.9 + 1.15 x_3$。

事实上，在工程实际中，若是完全数据，当然可以用回归分析方法来进行预测，然而往往遇到的数据不总是完全数据，下面介绍截尾数据及其统计分析。

2.6　截尾数据及其统计分析

寿命数据常有一个被称为截尾的特性，这个特性使数据分析中产生了一些特殊的问题。基本上，数据被称为是截尾的，是当样本中有一部分样品的寿命只得到了其下界(或上界)。在收集数据时由于时间有限及其他方面的限制，截尾情形在寿命分布的研究中很普遍的。例如，在一个寿命实验中，可能难以做到把实验持续到所有受试产品都失效为止，如果在并非所有产品都失效时就停止了实验，那些未失效的产品就只得到了其寿命的一个下限信息。广义来讲，截尾是指被观测的个体中只有一部分的确切寿命知道，而剩余的寿命只知道其值少于或超过某一个特定值。

2.6.1　截尾类型与定义

下面介绍常见的截尾类型基本概念。

1. 左截尾

一个观测被称为在 L 处左截尾，如果仅知道其观测值小于或等于 L，通常记为 L^-。例如，8 月 30 日去观测所实验或使用的产品，却发现该产品已经失效或发生故障，可以认为该产品的寿命是 8 月 30 日前的，寿命早于 8 月 30 日来计算。

2. 右截尾

若精确值不知道，而只知道其大于等于 L，通常简称为截尾，记作 L^+。例如，某个时间点去观测受试产品，此时停止实验，发现该产品仍然正常，并未失效，则该产品的寿命大于这个观测时间点。

3. Ⅰ型截尾

有时候实验是在一定的时间范围内进行,这样样品的寿命只有在小于或等于事先给定的值时才能被观测到,此时获得的数据被称为是Ⅰ型(或定时)截尾。例如,在一个寿命实验中有 n 个受试产品,事先决定好在时间 L 后就停止实验,只有那些在 L 前失效的产品寿命才能知道确切知道。一个更复杂的Ⅰ型截尾实验,如事先决定在 9 月 1 日停止实验,这样某些产品的寿命被截尾,然而每个产品都有各自特定的截尾时间 L_i,因为所有的产品并不是同时开始实验的。

4. Ⅱ型截尾

一个Ⅱ型截尾样本是指 n 个被观测的产品中只有 r 个最小的观测值被观测到 $(1 \leqslant r \leqslant n)$。Ⅱ型截尾实验经常使用,例如在寿命实验中,共有 n 个受试产品,实验在有 r 个失效时停止了,而不是等 n 个产品都失效了才停止。因为在某些情形直到 n 个产品都失效要花很长的时间,所以这样的截尾实验是省时、省钱的,而且对Ⅱ型截尾数据的统计处理是直接的。

5. 随机截尾

实际工程实践中的截尾时间通常是随机的。例如,在医学实验中,病人是以随机方式进入观测对象之列,如果某项观察室在事先确定好了的日期停止,那么每个病人的截尾时间就是其进入观察对象之时到观察停止的这段时间,这段时间是随机的。为了推断之便,人们常有条件地把观测到的截尾时间按Ⅰ型截尾处理,为了说明这一处理是合理的,数据的产生过程必须重作考虑。

2.6.2　Ⅰ型截尾

更确切地说,一个Ⅰ型截尾样本是这样产生的,当样品 $1, 2, \cdots, n$ 分别规定在有限时间 $L_1, L_2, \cdots, L_n$ 内被观测,第 i 个样品的寿命 T_i 只有当 $T_i \leqslant L_i$ 时才能被观测到。当所有的 L_i 都相等时,通常称这类数据为简单Ⅰ型截尾样本,以区别一般的情形。进一步,Ⅰ型截尾样本中被观测到的寿命个数是随机的,不同于Ⅱ型截尾情形,因为在Ⅱ型截尾中观测到的寿命个数是事先就固定好了的。

考察 n 个样品,第 i 个样品的寿命为 T_i,其固定的截尾时间为 L_i,T_i 为独立同分布的,密度函数为 $f(t)$,可靠性函数为 $R(t)$,样品 i 的寿命 T_i 只有在 $T_i \leqslant L_i$ 时才能被观测到。

记

$$t_i = \min(T_i, L_i), \quad \delta_i = \begin{cases} 1, & T_i \leqslant L_i \\ 0, & T_i > L_i \end{cases}$$

因为 t_i 是一个含连续部分和离散部分的混合随机变量,对离散部分有 $\Pr\{t_i=L_i\}=\Pr\{\delta_i=0\}=\Pr\{T_i>L_i\}=R(L_i)$,对连续部分,即 $t_i<L_i$,则连续密度函数为

$$\Pr\{t_i \mid \delta_i=1\}=\Pr\{t_i \mid t_i<L_i\}=\frac{\Pr\{t_i=T_i,t_i<L_i\}}{\Pr\{t_i<L_i\}}$$

$$=\frac{\Pr\{t_i=T_i\}}{\Pr\{\delta_i=1\}}=\frac{\Pr\{t_i=T_i\}}{F(L_i)}=\frac{f(t_i)}{1-R(L_i)}$$

因此,混合随机变量组可以分为两部分来处理,即 $\Pr\{t_i=L_i,\delta_i=0\}=\Pr\{\delta_i=0\}=R(L_i)$,$\Pr\{t_i=L_i,\delta_i=1\}=\Pr\{t_i=T_i\mid\delta_i=1\}\Pr\{\delta_i=1\}=f(t_i)$。两式合成一个式子有 t_i 和 δ_i 的联合密度函数,即 $\Pr(t_i,\delta_i)=f(t_i)^{\delta_i}R(L_i)^{1-\delta_i}$。又因为这些随机变量对 (t_i,δ_i) 是独立的,则似然函数为 $L=\prod\limits_{i=1}^{n}f(t_i)^{\delta_i}R(L_i)^{1-\delta_i}$。

例题 2.11 设某产品的寿命是独立且均服从指数分布,观测到失效或故障的个数为 r 个,求该截尾数据的似然函数。

解 因为寿命服从指数分布,故有 $f(t)=\lambda\exp(-\lambda t)$,$S(t)=\exp(-\lambda t)$,$t>0$。由上式有

$$L=\prod\limits_{i=1}^{n}[\lambda\exp(-\lambda t)^{\delta_i}]\exp[-\lambda L_i(1-\delta_i)]=\lambda^r\exp\left(-\lambda\sum\limits_{i=1}^{n}t_i\right)$$

其中,$r=\sum\delta_i$。

2.6.3 Ⅱ型截尾

Ⅱ型截尾是最常见的一种截尾方式,常用的统计理论知识是顺序统计量相关理论。值得注意的是,在一个Ⅱ型截尾实验中,观测到的产品失效个数 r 在收集数据前就已经确定了。从形式上来说,Ⅱ型截尾数据是由 n 个来自于待研究的寿命分布的寿命时间 $T_1,T_2,\cdots,T_n$ 中 r 个最小寿命时间 $T_{(1)}\leqslant T_{(2)}\leqslant\cdots\leqslant T_{(r)}$ 组成,如果 $T_1,T_2,\cdots,T_n$ 独立同分布,其密度函数为 $f(t)$,生存函数为 $R(t)$,由通常的顺序统计量的结论可以得到 $T_{(1)},T_{(2)},\cdots,T_{(r)}$ 的联合密度函数,即

$$\frac{n!}{(n-r)!}f(t_{(1)})\cdots f(t_r)[S(t_{(r)})]^{n-r} \tag{2-37}$$

对于任一个给定的参数模型,统计推断都可以建立在上述似然函数之上,由此可以推断出一些抽样性质。

例题 2.12 对 n 个样本 $T_1,T_2,\cdots,T_n$ 进行实验,当有 r 个样本失效时停止实验。假设该样本寿命服从参数为 λ 的指数分布,试分析似然函数及参数 λ 的充分统计量及极大似然估计。

解　由于样本寿命服从指数分布,则有 $f(t)=\lambda\exp(-\lambda t)$,$S(t)=\exp(-\lambda t)$,$t>0$。设观测到的失效样本 $T_{(1)},T_{(2)},\cdots,T_{(r)}$ 的寿命分别为 $t_{(1)},t_{(2)},\cdots,t_{(r)}$,则似然函数为

$$L=\frac{n!}{(n-r)!}\lambda^r\exp\left(-\lambda\sum_{i=1}^{r}t_{(i)}\right)\exp\left[-(n-r)\lambda t_{(r)}\right]$$

$$=\frac{n!}{(n-r)!}\lambda^r\exp\left[-\lambda\left(\sum_{i=1}^{r}t_{(i)}+(n-r)t_{(r)}\right)\right]$$

此时做统计推断是很直接的。

令 $T=\sum_{i=1}^{r}t_{(i)}+(n-r)t_{(r)}$,剔除常数项 $\frac{n!}{(n-r)!}$ 后,似然函数可取 $L(\lambda)=\lambda^r\exp(-\lambda T)$。容易看出,$T$ 是 $1/\lambda$ 的充分统计量,λ 的极大似然估计是 $\lambda=r/T$。

可以证明,T 的分布可以由 $2T/\theta\sim\chi^2(2r)$ 给出,于是参数 λ 的 $1-\alpha$ 等尾双侧置信区间为 $\Pr\{\chi_{\alpha/2}^2(2r)\leqslant 2T\lambda\leqslant\chi_{1-\alpha/2}^2(2r)\}=1-\alpha$。于是下式,即

$$\frac{\chi_{1-\alpha/2}^2(2r)}{2T}\leqslant\lambda\leqslant\frac{\chi_{\alpha/2}^2(2r)}{2T}$$

是 λ 的 $1-\alpha$ 置信区间。

2.6.4　随机截尾

一个简单的,随机截尾过程就是假设每个样品有寿命 T 和截尾时间 L,且 T 和 L 是独立的连续随机变量,其可靠性函数分别为 $R_T(t)$ 和 $R_L(t)$。

令 (T_i,L_i),$i=1,2,\cdots,n$ 相互独立,记

$$t_i=\min(T_i,L_i),\quad \delta_i=\begin{cases}1,&T_i\leqslant L_i\\0,&T_i>L_i\end{cases}$$

因此,n 个样品数据为 (t_i,δ_i),$i=1,2,\cdots,n$。令 $f(t)$ 和 $g(t)$ 分别为 T_i 和 L_i 的密度函数,则通过概率微元分析可知

图 2-9　观测值取值示意图

$$f(t_i,\delta_i=0)\mathrm{d}t_i=\Pr\{t_i=t,T_i>L_i\}$$
$$=[F(t_i+\mathrm{d}t_i)-F(t_i)][1-F(t_i+\mathrm{d}t_i)]$$

$$= g(t_i)\mathrm{d}t_i \cdot R_L(t_i + \mathrm{d}t_i)$$

从而有 $f(t_i, \delta_i = 0) = g(t_i)R_L(t_i)$，又因为 $f(t_i, \delta_i = 1)\mathrm{d}t_i = \mathrm{Pr}\{t_i = t, T_i \leqslant L_i\} =$ $f(t_i)\mathrm{d}t_i \cdot R_T(t_i + \mathrm{d}t_i)$，所以 $f(t_i, \delta_i = 1) = f(t_i)R_T(t_i)$。综合上述两式有 $f(t_i, \delta_i) =$ $[f(t_i, \delta_i = 1)]^{1-\delta_i}[f(t_i, \delta_i = 0)]^{\delta_i} = [g(t_i)R_L(t_i)]^{1-\delta_i}[f(t_i)R_T(t_i)]^{\delta_i}$，因此随机向量对 $(t_i, \delta_i), i = 1, 2, \cdots, n$ 的似然函数为

$$L = \prod_{i=1}^{n}[f(t_i)R_T(t_i)]^{\delta_i}[g(t_i)R_L(t_i)]^{1-\delta_i}$$

$$= \Big[\prod_{i=1}^{n}R_T(t_i)^{\delta_i}g(t_i)^{1-\delta_i}\Big]\Big[\prod_{i=1}^{n}R_L(t_i)^{1-\delta_i}f(t_i)^{\delta_i}\Big]$$

若 $R_L(t)$ 和 $g(t)$ 都不含任何未知参数，则上式第一部分就可以被忽略，似然函数为 $L = \prod_{i=1}^{n}R_L(t_i)^{1-\delta_i}f(t_i)^{\delta_i}$。因此，前面讨论的 I 型截尾可以看作是这里的特殊情形。

2.6.5 　一般性截尾过程

一般性的截尾过程已有部分研究成果，包括 Cox(1975)，Ffron(1977)，Kalbfleisch 和 Mackay(1978)，以及 Kalbfleisch 和 Prentice(1980)，其基本思想是把随机时间展开的截尾和失效过程模型化。下面介绍连续寿命数据下的似然函数。

假设在 $t = 0$ 时有 n 个样品被观测，每个样品都持续到失效或者被截尾。当个体寿命分布不同时，样本的似然函数为

$$L = \prod_{i=1}^{n}f_i(t_i)^{\delta_i}R_i(L_i)^{1-\delta_i} \tag{2-38}$$

其中，$f_i(t)$ 和 $R_i(t)$ 分别表示第 i 个样品的密度函数和生存函数。

进一步，设 D 表示那些寿命被观测到的样品的集合，C 表示那些只有截尾时间被观测到的样品的集合，则 L 可重写为

$$L = \prod_{i \in D}f_i(t_i)\prod_{i \in C}R_i(L_i)$$

若有一列不完整来自同一分布的数据，共 n 个。失效的数据为 n_f 个，记其集合为 F，右截尾的数据为 n_c 个，记其集合为 C，记参数向量为 $\boldsymbol{\theta}$，则上述似然函数又为

$$L(\boldsymbol{\theta}) = \prod_{i \in D}f(t_i; \boldsymbol{\theta})\prod_{i \in C}R(t_i; \boldsymbol{\theta})$$

如果似然函数是可微分的，则通过解下面的方程组能得到参数估计 $\hat{\theta}$ 值，即

$$\frac{\partial}{\partial \boldsymbol{\theta}_i}L(\boldsymbol{\theta})=0 \text{ 或者} \frac{\partial}{\partial \theta_i}\ln[L(\boldsymbol{\theta})]=0, \quad i=1,2,\cdots,k。$$

如果似然函数不可微分,或者虽然可微,但微分后的方程很复杂,也可以直接采用数值方法求出似然函数取最大值时的参数值。

例题 2.13　以两参数威布尔分布为例,这是一组完整的数据,共 50 个,以增序排列,如表 2-6 所示。这列数据是模拟一个两参数威布尔分布时随机产生的。

表 2-6　数组 I($\eta=200,\beta=2.5$)

40	49	59	70+	85	93	96	99	105+	111	115	116+	116	118	123
128+	128	130+	131	132	135+	136	139	146+	154+	157+	162	169		
170	188	191+	199	205	207	210+	215	222+	234+	253	264+	279		
281+	287	316	319+	319	321+	326	344+	386	392+					

解　因为两参数威布尔分布函数为

$$F(t)=1-\exp\left[-\left(\frac{t}{\eta}\right)^{\beta}\right], \quad t>0$$

从而似然函数可以写为

$$L(\theta)=\prod_{i\in F}\frac{\beta t_i^{\beta-1}}{\eta^{\beta}}\exp\left[-\left(\frac{t_i}{\eta}\right)^{\beta}\right]\prod_{i\in C}\exp\left[-\left(\frac{t_i}{\eta}\right)^{\beta}\right]$$

其对数似然函数为

$$\ln[L(\theta)]=n_f\ln\beta-n_f\beta\ln\eta+(\beta-1)\ln\left(\sum_{i\in F}t_i\right)-\sum_{i\in F\cup C}\left(\frac{t_i}{\eta}\right)^{\beta}$$

求偏微分并令其为 0,得

$$\begin{cases} \eta=\left(\dfrac{\sum\limits_{i\in F\cup C}t_i^{\beta}}{n_f}\right)^{\frac{1}{\beta}} \\ \dfrac{n_f}{\beta}-n_f\ln\eta+\sum\limits_{i\in F}\ln t_i-\dfrac{1}{\eta^{\beta}}\sum\limits_{i\in F\cup C}t_i^{\beta}\ln\dfrac{t_i}{\eta}=0 \end{cases}$$

应用表 2-6 中数据组 I,迭代求解上面的方程组,求得两参数威布尔分布的极大似然估计分别为

$$\hat{\beta}=2.1793, \quad \hat{\eta}=209.4828$$

这个估计与随机模拟时参数设置比较接近。

极大似然方法是一种广泛使用的解析方法。它对完整数据和截尾数据都是适用的。在应用时,可以直接采用优化方法求似然函数,或对数似然函数取得最大值时的模型参数值。

2.6.6 估计模型的检验方法

常用的拟合优度检验方法有两种,一种为 χ^2 检验,又称 Pearson 方法;另一种为 K-S(Kolmogorov-Smirnow)检验法。前者适合于离散分布的检验,后者适合于连续分布的检验。其基本思想都是计算样本数据的观测值与拟合模型的计算值之间的差异。当这种差异充分小时,即接受所拟合的模型是恰当的。

(1) χ^2 检验法

首先将数据划分在 k 个互不重叠的连续区间内,设 O_i 是第 i 个区间观察到的失效数据的个数,E_i 是用拟合模型计算到的第 i 个区间的期望的失效个数,则 χ^2 检验统计量为

$$\chi^2 = \sum_{i=1}^{k} \frac{(O_i - E_i)^2}{E_i}$$

对于给定的显著性水平 α,这个值如果小于某一个临界值 χ_c^2,则认为观察值与期望值间的差异是小的,而接受拟合模型认为是恰当的。要查得一个临界值,必须确定两个参数:一个是显著性水平 α,一般为 5% 或 1%,另一个为自由度 f,按 $f = k-1-m$ 计算,这里 k 是区间数,m 是拟合模型中被估计得模型参数的个数。在应用该方法时,最好应使每个区间中所包含的数据个数不少于 5;否则应将其与相邻区间合并,因为这种方法对于小样本情况很难适应。

以例题 2.13 中数组 I 为例来演示检验过程。这里采用例题 2.13 中参数估计的结果作为拟合模型,如表 2-7 所示。

表 2-7 χ^2 值的计算

区间	O_i	E_i	$(O_i - E_i)^2/E_i$
0~80	4	5.681230	0.497522
81~160	21	15.56239	1.899936
161~240	12	15.77200	0.902103
241~320	8	9.028829	0.117248
321~∞	5	3.955485	0.275822
Σ	50	50	3.692631

根据计算结果,得到 $\chi^2 = 3.6926$,然后确定临界值 χ_c^2,取显著性水平 $\alpha = 0.05$,自由度为 $f = 5 - 1 - 2 = 2$,由 χ^2 分布表得到 $\chi_c^2 = 5.991 > \chi^2 = 3.6926$,所以在显著性水平 0.05 的条件下接受所拟合的模型是恰当的。

(2) K-S 检验法

将数据划分在 k 个连续的区间内,在第 i 个区间的右端点处,观察的分布函数为 F_i,用拟合模型计算的期望分布函数为 $\hat{F}_i$,并令 $D_i = |F_i - \hat{F}_i|$,则 K-S 的检验统计量 D 为 $D = \max\{D_1, D_2, \cdots, D_k\}$。给定置信水平 α,如果 D 值小于某一个临界值 D_c(可以查表得到),则接受拟合模型为恰当的模型。对于含有 n 个失效数据的样本而言,不同的 n 对应于不同的临界值。当 n 对应于不同的临界值,n 大于 40 时,D_c 可用下面的公式计算,即

$$D_c = \begin{cases} 1.36/\sqrt{n}, & \alpha = 0.05 \\ 1.63/\sqrt{n}, & \alpha = 0.01 \end{cases}$$

仍采用例题 2.13 数组 I 中估计的结果,K-S 检验的统计量的计算过程如表 2-8 所示。

表 2-8　D 值的计算

区间	F_i	$\hat{F}_i$	D_i
0～80	0.08	0.113625	0.033625
81～160	0.50	0.424872	0.075128
161～240	0.74	0.740312	0.000312
241～320	0.90	0.920890	0.020890
321～∞	1.00	1.000000	0.000000

从表中数据可以看出,$D = 0.075128$,取显著性水平 $\alpha = 0.05$,则经查表得临界值,即

$$D_c = \frac{1.36}{\sqrt{50}} = 0.192333 > D = 0.075128$$

从而,经过 K-S 检验,接受以所估计的参数值下的两参数威布尔模型是一个拟合恰当的模型。

实际上,任何产品的失效过程基本上都是随时间变化的一个随机过程,下面介绍可靠性问题中的随机故障及随机过程在可靠性中的应用。

2.7　可靠性中的计数过程

随着科学技术的发展,可靠性分析也逐步深入到随机过程相关领域,下面简单介绍可靠性中的几个常见计数过程模型,即齐次 Poisson 过程(homogeneous Poisson process,HPP)、非齐次 Poisson 过程(non-homogeneous Poisson process,NHPP)、更新过程(refresh process,RP)[17]。

随机过程主要在可修系统中应用较多,主要分类如图 2-10 所示。

图 2-10　维修类型及其适用的随机过程

2.7.1　齐次 Poisson 过程

Poisson 过程是一类重要的计数过程,下面首先给出计数过程的定义。

定义 2.12　随机过程 $\{N(t),t\geqslant 0\}$ 称为计数过程,如果 $N(t)$ 表示从 0 到 t 时刻某一特定事件 A 发生的次数,它具备以下两个特点。

① $N(t)\geqslant 0$,且取值为整数。

② 当 $s<t$ 时,$N(s)\leqslant N(t)$ 且 $N(t)-N(s)$ 表示$(s,t]$时间内事件 A 发生的次数。

计数过程在实际中有广泛的应用,只要对所观察的事件出现的次数感兴趣,就可以使用计数过程来描述。例如,考虑一段时间内生产产品的次品数,某地区一段时间内某年龄段的死亡人数等,都可以用计数过程来作为模型加以研究。

虽然 $N(t)$ 之间常常不是相互独立的,但人们发现许多过程的增量是相互独立的,称之为独立增量过程。

定义 2.13　如果对任何 $t_1,t_2,\cdots,t_n\in T,t_1\leqslant t_2\leqslant\cdots\leqslant t_n$,随机变量 $N(t_2)-N(t_1),\cdots,N(t_n)-N(t_{n-1})$ 是相互独立的,则称 $\{N(t),t\in T\}$ 为独立增量过程。如果对任何 t_1 和 t_2 有 $N(t_1+h)-N(t_1)\overset{d}{=}N(t_2+h)-N(t_2)$,则称 $\{N(t),t\in T\}$ 为平稳增量过程。既有独立增量,又有平稳增量的过程称为平稳独立增量过程。

事实上,Poisson 过程是具有独立增量和平稳增量的计数过程,定义如下。

定义 2.14　计数过程$\{N(t),t\geq 0\}$称为参数为$\lambda(\lambda>0)$的齐次 Poisson 过程(HPP),若满足如下条件。

① $N(0)=0$。

② 过程具有独立增量。

③ 对任意的$s,t\geq 0$,均有

$$P\{N(t+s)-N(s)=n\}=\mathrm{e}^{-\lambda t}\frac{(\lambda t)^n}{n!},\quad n=0,1,\cdots$$

从上述定义可以看出,$N(t+s)-N(s)$的分布不依赖于s,所以③蕴含了过程的平稳性。另外,由 Poisson 分布的性质知道,$E[N(t)]=\lambda t$,于是可以认为λ是单位时间内发生事件的平均次数,一般称λ是 Poisson 过程的强度或速率。

在实际问题处理过程中,有许多问题可以用 HPP 来描述,其基本原理是稀有事件原理。在 Bernoulli 实验中,每次实验成功的概率很小而实验次数很多时,二项分布会逼近 Poisson 分布。这一想法推广到随机过程就是指"在很短的时间内发生事故的概率是很小的,但假如考虑很多个这样很短的时间的连接,事故的发生将会有一个大致稳定的速率",这类似于 Bernoulli 实验及二项分布逼近 Poisson 分布时的假定,具体描述出来便是另一个等价定义。

定义 2.15　设$\{N(t),t\geq 0\}$是一个计数过程,若满足如下条件。

① $N(0)=0$。

② 过程有平稳独立增量。

③ 存在$\lambda>0$,当$h\to 0$时,$P\{N(t+h)-N(t)=1\}=\lambda h+o(h)$。

④ 当$h\to 0$时,$P\{N(t+h)-N(t)\geq 2\}=o(h)$。

事实上,定义 2.14 与定义 2.15 是等价的,这里不给出严格证明,从工程上简单解释。若把区间$[0,t]$划分为n个相等的时间区间,则当$n\to\infty$时,在每个小区间内事件发生 2 次或 2 次以上的概率趋于 0,因此事件发生 1 次的概率$p\approx\lambda(t/n)$(显然p会很小),事件不发生的概率$1-p\approx 1-\lambda(t/n)$,这恰好是 1 次 Bernoulli 实验。其中,事件发生 1 次即为实验成功,不发生即为失败,再由定理给出的条件平稳独立增量性,$N(t)$就相当于n次独立 Bernoulli 实验中实验成功的总次数,由 Poisson 分布的二项分布逼近可知$N(t)$将服从参数为λt的 Poisson 分布。

在可靠性领域经常用到一些关于 HPP 的相关性质,为方便首先给出 HPP 的有关标记。Poisson 过程$\{N(t),t\geq 0\}$的一条样本路径一般是跳跃度为 1 的阶梯函数,如图 2-11 所示。

设$T_n,n=1,2,3,\cdots$是第n次事件发生的时刻,规定$T_0=0$,$X_n,n=1,2,\cdots$是第n次与第$n-1$次事件发生的时间间隔,则有下列相关性质。

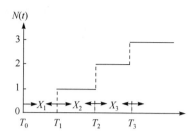

图 2-11　HPP 的样本路径

性质 2.4　随机变量 $X_1, X_2, \cdots$ 均服从参数为 λ 的指数分布 $F(t) = 1 - \exp(-\lambda t)$, $t \geqslant 0$, 且相互独立。事实上, 该性质可以作为 HPP 的等价定义。

性质 2.5　第 n 次事件发生的时刻 $T_1, T_2, T_3, \cdots$ 服从参数为 n 和 λ 的 Γ 分布, 即概率密度函数为

$$f(t) = \frac{\lambda^n}{\Gamma(n)} t^{n-1} e^{-\lambda t}, \quad t > 0$$

性质 2.6　任意一个长度为 t 的区间中的平均故障次数为 $\mathrm{EN}(t) = \lambda t$, 因此单位时间中的平均故障数为

$$\frac{1}{t} \mathrm{EN}(t) = \lambda = 常数$$

若一个可修系统的故障相继发生时刻 $T_1, T_2, \cdots$ 可以用 HPP 中事件发生时刻来描述, 则由性质 2.4, 相邻故障间隔 $X_1, X_2, \cdots$ 必遵从指数分布, 这表明 HPP 模型描述的是具有如下特征的可修系统。

① 系统的寿命有参数 λ 的指数分布。

② 系统故障后修复如新, 即相继的故障间隔独立同分布。

若有一串相邻故障间隔的数据 $x_1, x_2, \cdots, x_n$ 想用 HPP 模型, 则必须验证 $x_1, x_2, \cdots, x_n$ 是来自指数分布总体的一组简单样本。若 HPP 模型不能用, 则可考虑非齐次 Poisson 过程模型(NHPP)和更新过程模型(RP)。

2.7.2　非齐次 Poisson 过程模型

1. 定义及相关性质

当 Poisson 过程的强度 λ 不再是常数, 而与时间 t 有关, HPP 被推广为非齐次 Poisson 过程(NHPP)。一般来说, NHPP 是不具备平稳增量的, 即当可修系统的相邻故障间隔呈现某种趋势时, 可用 NHPP 来描述。在实际工程中, NHPP 是比较常用的, 如在考虑设备的故障率时, 由于设备使用年限的变化, 出故障的可能性

会随之变化;轴轮的损伤速率会随着旋转次数及外部条件的变化而变化等,在这种情况下,再用 HPP 来描述就不合适了,应用 NHPP 来处理比较合理。

定义 2.16　计数过程 $\{N(t),t\geq 0\}$ 称作强度函数为 $\lambda(t)$ 的 NHPP,若满足如下条件。

① $N(0)=0$。

② 过程有独立增量。

③ 存在 $\lambda(t)>0$,当 $h\to 0$ 时,$P\{N(t+h)-N(t)=1\}=\lambda(t)h+o(h)$。

④ 当 $h\to 0$ 时,$P\{N(t+h)-N(t)\geq 2\}=o(h)$。

同样,类似于 HPP,若令 $m(t)=\int_0^t \lambda(s)\mathrm{d}s$,NHPP 也有如下的等价定义。

定义 2.17　计数过程 $\{N(t),t\geq 0\}$ 称作强度函数,为 $\lambda(t)\geq 0,t>0$ 的 NHPP,若满足如下条件。

① $N(0)=0$。

② 过程具有独立增量。

③ 对任意的 $t\geq 0,\Delta t\geq 0$,在 $(t,t+\Delta t]$ 中的故障数 $N(t+\Delta t)-N(t)$ 具有参数为 $\Lambda(t,\Delta t)=m(t+\Delta t)-m(t)$ 的 Poisson 分布,其中 $\Lambda(t,\Delta t)=\int_t^{t+\Delta t}\lambda(u)\mathrm{d}u$,$P\left\{N(t+\Delta t)-N(t)=n\right\}=\mathrm{e}^{-\lambda}\dfrac{\left[\Lambda(t,\Delta t)\right]^n}{n!}\exp\{-[\Lambda(t,\Delta t)]\},n=0,1,2,\cdots$。

由此可见,一般的 NHPP,相邻故障间隔 $X_1,X_2,\cdots$ 既不独立,也不同分布,而且在同样长度的区间上,平均故障不仅依赖于区间的长度,还依赖于区间的起点,它用来描述不是修复如新的可修系统,记 $\Lambda(t)=\int_0^t \lambda(u)\mathrm{d}u$ 为累积强度函数。

事实上,NHPP 不过是"换了一个时钟来计时"的 HPP,即 HPP 与 NHPP 是可以相互转换的。为满足一些数据的处理方便,下面定理给出了 HPP 与 NHPP 之间的转换关系。

定理 2.20　设 $\{N(t),t\geq 0\}$ 是一个强度函数为 $\lambda(t)$ 的 NHPP,对任意 $t\geq 0$,令 $N^*(t)=N[m^{-1}(t)]$,则 $\{N^*(t)\}$ 是一个强度为 1 的 HPP。

两类过程的时间变量转换参考如图 2-12 所示。

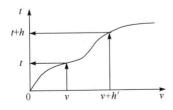

图 2-12　NHPP 到 HPP 的时间变量的转换

该定理说明,可以简化 NHPP 的问题到 HPP 中进行讨论,另一方面也可以进行反方向的操作,即从一个参数为 λ 的 Poisson 过程构造一个强度函数为 $\lambda(t)$ 的 NHPP。同样,NHPP 也具有一些重要性质,这些性质在一些可修系统的可靠性模型统计分析时有所应用。

性质 2.7 设随机变量 $T_1,T_2,\cdots,T_n$ 是强度函数为 $\lambda(t)$ 的 NHP 的开始 n 个故障发生的时刻。

① 随机变量 $T_1,T_2,\cdots,T_n$ 的联合概率密度函数为

$$f(t_1,t_2,\cdots,t_n)=\prod_{i-1}^{n}\lambda(t_i)\exp\{-\Lambda(t_n)\},\quad 0\leqslant t_1\leqslant\cdots\leqslant t_n$$

特殊地,$T_j(1\leqslant j\leqslant n)$ 的密度函数为

$$g(t)=\frac{[\Lambda(t)]^{j-1}}{(j-1)!}\lambda(t)\exp\{-\Lambda(t)\},\quad t\geqslant 0$$

② 若有 $N(t)=n$,则 $T_1,T_2,\cdots,T_n$ 的联合概率密度函数为

$$h\{t_1,t_2,\cdots,t_n\,|\,N(t)=n\}=\prod_{i-1}^{n}\lambda(t_i)\exp\{-\Lambda(t)\},\quad 0\leqslant t_1\leqslant\cdots\leqslant t_n\leqslant t$$

性质 2.8 在第 j 个故障发生时刻 $T_j=t$ 的条件下,第 $j+1$ 个故障间隔时间 X_{j+1} 满足下式,即

$$P\{X_{j+1}>x\,|\,T_j=t\}=\exp\{-[\Lambda(t+x)-\Lambda(t)]\},\quad x\geqslant 0$$

性质 2.9 若记

$$Z_i=\int_{T_{i-1}}^{T_i}\lambda(u)\mathrm{d}u,\quad i=1,2,\cdots$$

则 $Z_1,Z_2,\cdots,Z_n$ 独立同分布,有参数为 1 的指数分布。

性质 2.10 非齐次 Poisson 过程在时间段 $(0,t]$ 中的平均故障数为 $\mathrm{E}N(t)=\Lambda(t)$。

性质 2.11 在 $N(t)=n$ 的条件下,若

① NHPP 的开始 n 个故障发生的时刻 $T_1,T_2,\cdots,T_n$ 与 n 个独立同分布的随机变量 $U_1,U_2,\cdots,U_n$ 的顺序统计量 $U_{(1)},U_{(2)},\cdots,U_{(n)}$ 同分布。

② NHPP 的开始 $n-1$ 个故障发生的时刻 $T_1,T_2,\cdots,T_{n-1}$ 与 $n-1$ 个独立同分布的随机变量 $U_1,U_2,\cdots,U_{n-1}$ 的顺序统计量 $U_{(1)},U_{(2)},\cdots,U_{(n-1)}$ 同分布。这里 U_i 均具有密度函数,即

$$f(u)=\begin{cases}\dfrac{\lambda(u)}{\Lambda(t)},&0\leqslant u\leqslant t\\0,&\text{其他}\end{cases}$$

例题 2.14　设某航空设备的使用期限为 10 年,在前 5 年内平均 2.5 年需要维修一次,后 5 年平均 2 年需要维修一次,试求它在使用期内只维修过一次的概率。

解　用非齐次 Poisson 过程考虑,强度函数为

$$\lambda(t)=\begin{cases}\dfrac{1}{2.5}, & 0\leqslant t\leqslant 5\\[2mm]\dfrac{1}{2}, & 5<t\leqslant 10\end{cases}$$

$$m(10)=\int_0^{10}\lambda(t)\mathrm{d}t=\int_0^5\frac{1}{2.5}\mathrm{d}t+\int_5^{10}\frac{1}{2}\mathrm{d}t=4.5$$

因此

$$P\{N(10)-N(0)=1\}=\mathrm{e}^{-4.5}\frac{(4.5)^1}{1!}=\frac{9}{2}\mathrm{e}^{-\frac{9}{2}}$$

在工程实际讨论中,经常遇到下面两种最简单且常用的 NHPP。

2. 两类常用 NHPP 模型

① 若 $N(t)$ 有强度函数 $\lambda(t)=\lambda\beta t^{\beta-1}$,$t\geqslant 0$,$\lambda$,$\beta>0$,称随机过程 $\{N(t),t\geqslant 0\}$ 为 Weibull 型 NHPP 过程。

累积强度函数为

$$\Lambda(t)=\lambda t^\beta,\quad t\geqslant 0$$

系统首次故障前时间 X_1 满足

$$P\{X_1>t\}=p\{N(t)=0\}=\exp\{-\Lambda(t)\}=\exp(-\lambda t^\beta),\quad t\geqslant 0$$

即 X_1 服从 Weibull 分布。但是系统的第 2 次,第 3 次,…相邻故障间隔 X_2,X_3,… 都不服从 Weibull 分布。对于该 Weibull 型 Poisson 过程,当 $0<\beta<1$,相邻故障间隔呈现变大的趋势;$\beta>1$,则呈现变小的趋势;$\beta=1$ 时即为 HPP。

② 另一类特殊的 NHP 有强度函数为 $\lambda(t)=\exp(\alpha+\beta t)$,$t\geqslant 0$,$\alpha$,$\beta$ 是任意实参数,称该过程为广义指数型 NHPP 过程。

累积强度函数为

$$\Lambda(t)=\frac{\mathrm{e}^\alpha}{\beta}(\mathrm{e}^{\beta t}-1)$$

当 $\beta=0$ 时,即为 HPP;当 $\beta<0$ 时,反映相邻故障间隔有变大的趋势;$\beta>0$ 时呈变小的趋势。

在许多重工业中,时有重大事故发生,造成生命财产的损失,对于这些数据的统计分析,可以提供由于技术或劳动保护的改善,如何使得事故减少的一种定量刻画。例如,Maguire(1952)分析了英国从 1875 年 12 月 6 日～1951 年 5 月 29 日为止的煤矿中重大事故(≥10 人以上死亡)的记录。在这 170 多年期间共发生了 109 次重大事故,统计分析表明,可以用 Weibull 型 NHPP 过程来很好地描述事故发生的时刻。

3. HPP 模型的判别

对于可修系统故障数据,其分析方法如图 2-13 所示。

图2-13　可修系统故障数据分析步骤

下面就不同截尾给出 HP 模型的检验。

(1) 观察定时截尾情形

设 t 固定,假定在$(0,t]$中观察到 n 个故障,按时序记录的相邻故障间隔为 X_1, $X_2,\cdots,X_n$,第 i 次故障的时刻为

$$T_i = \sum_{j=1}^{i} X_j, \quad i = 1,2,\cdots,n$$

检验假设 $H_0:T_1,\cdots,T_n$ 是 HP 中事件相继发生的时刻。

在 H_0 成立的条件下,由 HP 性质知 $T_1,\cdots,T_n$ 与$(0,t)$上独立均匀分布的随机变量 $U_1,\cdots,U_n$ 的顺序统计量 $U_{(1)},\cdots,U_{(n)}$ 同分布,因此由中心极限定理,有

$$\frac{\frac{1}{n}\sum_{i=1}^{n}U_i - \frac{t}{2}}{\sqrt{\frac{1}{12n}t^2}} = \sqrt{12n}\left(\frac{1}{nt}\sum_{i=1}^{n}U_{(i)} - \frac{1}{2}\right)$$

$$= \sqrt{12n}\left(\frac{1}{nt}\sum_{i=1}^{n}T_i - \frac{1}{2}\right) \xrightarrow{\text{a. s.}} N(0,1)$$

从而对于较大的 $n(\geqslant 6)$,可用上式做显著性检验。

给定水平 α,记 z_α 为 $N(0,1)$ 的上 α 分位点。若 $X_1,X_2,\cdots,X_n$ 的观察值为 $x_1,x_2,\cdots,x_n,t_i=\sum\limits_{j=1}^{j}x_j,i=1,2,\cdots,n$,从而有

$$\left|\sqrt{12n}\left(\frac{1}{nt}\sum_{i=1}^{n}t_i-\frac{1}{2}\right)\right|\geqslant z_{\alpha/2}$$

则在水平 α 上拒绝 H_0,否则接受 H_0。

特别地,下面来检验总体是否服从指数分布,假设数据满足 $x_{(1)},x_{(2)},\cdots,x_{(n)}$,对于

① 方案$(n,t_0,$有$)$。令 $t_i=x_{(i)},i=1,2,\cdots,r,t=t_0$,将 n 换成 r 即可。

② 方案$(n,t_0,$无$)$。令 $t_i=\sum\limits_{j=1}^{i}(n-j+1)(x_{(j)}-x_{(j-1)}),i=1,2,\cdots,r,x_{(0)}=$ $0,t=\sum\limits_{j=1}^{i}(n-j+1)(x_{(j)}-x_{(j-1)})+(n-r)(t_0-x_{(r)})$,将 n 换成 r 即可。

做了上述变换,然后再做检验。

(2) 观察定数截尾时的情形

若观察持续到第 n 个故障出现时结束,则得相邻故障间隔 $X_1,X_2,\cdots,X_n$,由 HPP 性质有

$$\sqrt{12(n-1)}\left(\frac{1}{(n-1)t_n}\sum_{i=1}^{n-1}T_i-\frac{1}{2}\right)\xrightarrow{\text{a. s.}}N(0,1)$$

因此,若

$$\left|\sqrt{12(n-1)}\left(\frac{1}{(n-1)T_n}\sum_{i=1}^{n-1}T_i-\frac{1}{2}\right)\right|\geqslant z_{\frac{\alpha}{2}}$$

则在水平 α 上拒绝 H_0,否则接受 H_0。

特别地,下面来检验总体是否服从指数分布,假设数据满足 $x_{(1)},x_{(2)},\cdots,x_{(n)}$,对于

① 方案$(n,r,$有$)$。令 $t_i=x_{(i)},i=1,2,\cdots,r$,将 n 换成 r 即可。

② 方案$(n,r,$无$)$。令 $t_i=\sum\limits_{j=1}^{i}(n-j+1)(x_{(j)}-x_{(j-1)}),i=1,2,\cdots,r,x_{(0)}=$ 0,将 n 换成 r 即可。

做了上述变换,然后再做显著性检验。

例题 2.15 Proschan(1963)给出了 7907 号波音 720 飞机空调器按时序的故障间隔

$$194,15,41,29,33,181(小时)$$

检验这组数据是否可看作 HPP 中相邻事件发生的间隔,能否接受来自指数分布总体的假定,若数据来自定数截尾,能否接受 HPP 模型?

解　由该数据知,故障发生时刻 $T_i(i=1,2,\cdots,6)$ 为

$$194,209,250,279,312,493$$

从而 $T_n = T_6 = 493$,取显著性水平 $\alpha = 0.05$,则 $z_{0.025} = 1.96$,因此

$$\left| \sqrt{12 \cdot 5} \left(\frac{1244}{5 \cdot 493} - \frac{1}{2} \right) \right| = 0.036 < 1.96$$

故接受 H_0,认为空调器故障后"修复如新",其寿命服从指数分布。

下面给出基于独立样本基础上的对于指数分布的检验方法,不能用来检验 HPP 模型。现假定故障出现顺序为

$$15,29,33,41,181,194(小时)$$

若利用 F 检验,不难得到在 $\alpha = 0.02$ 或 $\alpha = 0.10$ 的水平上都接受样本来自指数总体的假定。但是这个推理是错误的,因为 F 检验是基于样本独立同分布这一假定的,而在数据是按照时序出现的相邻故障间隔的情形,独立同分布性或所谓"修复如新"的假定恰恰是需要检验的。

2.7.3　其他型 Poisson 过程简介

(1) 复合 Poisson 过程。

随机过程 $\{X(t),t \geqslant 0\}$ 称为复合 Poisson 过程,若对于 $t \geqslant 0$,$X(t)$ 可以表示为

$$X(t) = \sum_{i=1}^{N(t)} Y_i$$

其中,$\{N(t),t \geqslant 0\}$ 是一个 Poisson 过程;$Y_i,i=1,2,\cdots$ 是一族独立同分布的随机变量,并且与 $\{N(t),t \geqslant 0\}$ 也是独立的。

复合 Poisson 过程不一定是计数过程,但是当 $Y_i = c,i = 1,2,\cdots$,且 c 为常数时,可化为 Poisson 过程。下面直接给出强度为 λ 的复合 Poisson 过程相关性质。

性质 2.12　随机变量和 $X(t)$ 有独立增量。

性质 2.13　若 $E(Y_1^2) < +\infty$,则有 $E[X(t)] = \lambda t E Y_1$,$\text{Var}[X(t)] = \lambda t E(Y_1^2)$。

(2) 条件 Poisson 过程

Poisson 过程描述的是一个有"风险"参数 λ 的个体发生某一事件的频率,若考虑一个总体,其中的个体存在差异,例如发生事故的倾向性因人而异,于是将计数过程定义的第三条解释为给定 λ 时,$N(t)$ 的条件分布。

设随机变量 $\Lambda > 0$,在 $\Lambda = \lambda$ 的条件下,计数过程 $\{N(t),t \geqslant 0\}$ 是参数为 λ 的 Poisson 过程,则称 $\{N(t),t \geqslant 0\}$ 为条件 Poisson 过程。若设 Λ 的分布是 G,那么随机选择一个个体在长度为 t 的时间区间内发生 n 次事件的概率为

$$P\{N(t+s) - N(s) = n\} = \int_0^\infty \mathrm{e}^{-\lambda t} \frac{(\lambda t)^n}{n!} \mathrm{d}G(\lambda)$$

这是全概率公式。

下面对条件 Poisson 过程 $\{N(t),t \geqslant 0\}$ 中 $E(\Lambda^2) < \infty$,给出以下性质。

性质 2.14　$E[N(t)] = tE\Lambda$,$\mathrm{Var}[N(t)] = t^2 \mathrm{Var}(\Lambda) + tE\Lambda$。

2.7.4　更新过程

更新过程(renewal process,RP)是 HPP 的一个直接推广。因为 HPP 是事件发生的时间间隔 $X_1, X_2, \cdots$ 服从同一指数分布的计数过程,若保留 $X_1, X_2, \cdots$ 的独立且同分布性质,但是分布可以是任意分布,不必局限于指数分布,这样的计数过程便是更新过程。下面给出更新过程的严格定义。

定义 2.18　设随机变量 $X_1, X_2, \cdots$ 独立且同分布 $F(t)$,$F(0) = 0$。记

$$T_0 = 0, \quad T_n = \sum_{i=1}^n X_i, \quad N(t) = \sup\{n: T_n \leqslant t\}, \quad t \geqslant 0$$

则计数过程 $\{N(t),t \geqslant 0\}$ 称作是一个更新过程。

在可靠性工程中,更新过程的一个典型例子是机器零件的更换问题。在 0 时刻,安装上一个新零件并开始运行,设此零件在 X_1 时刻损坏,马上用一个新的来替换,这里假定更换时间忽略不计,则第二个零件在 X_1 时刻开始运行,设它在 X_2 时刻损坏,同样马上换第三个,……,这样很自然可以认为这些零件的使用寿命是独立同分布的,那么到 t 时刻为止所更换的零件数目就构成一个更新过程。下面简要介绍更新过程的相关结论及性质。

定理 2.21　设 F_n 是 T_n 的分布,以 $M(t)$ 记 $E[N(t)]$,则有更新函数为 $M(t) = \sum_{n=1}^\infty F_n(t)$。

定理 2.22　记 $m(t) \triangleq \mathrm{d}M(t)/\mathrm{d}t$,且 $M(t) = \sum_{n=1}^\infty F_n(t)$,$m(t) = \sum_{n=1}^\infty f_n(t)$,$f_n(t)$ 是 $F_n(t)$ 的密度函数。

① $M(t)$ 和 $m(t)$ 满足如下形式的更新方程,即

$$K(t) = H(t) + \int_0^t K(t-s)\mathrm{d}F(s)$$

其中,$H(t)$ 和 $F(t)$ 已知;当 $t < 0$ 时,$H(t)$ 和 $F(t)$ 均为 0。

② 设 $H(t)$ 为有界函数,则方程存在唯一的在有限区间内有界的解,即

$$K(t) = H(t) + \int_0^t H(t-s)\mathrm{d}M(s)$$

作为更新方程的一个重要应用,下面直接给出更新过程的一个重要等式,即 Wald 等式。

定理 2.23(Wald 等式)　设 $EX_i < \infty, i=1,2,\cdots,$ 则有

$$E(T_{N(t)+1}) = E[X_1 + X_2 + X_{N(t)+1}] = EX_1 E[N(t)+1]$$

由于强度为 λ 的 Poisson 过程的两次事件发生的时间间隔 X_n 服从参数为 λ 的指数分布,且其更新函数为 $M(t) = E[N(t)] = \lambda t,$ 于是 $\dfrac{M(t)}{t} = \lambda = \dfrac{1}{EX_n}$,那么对于一般的更新过程是否还有这样的性质呢? 当 $t \rightarrow \infty$ 时,下面的 Feller 的初等更新定理 2.23 给出了肯定的答复。

定理 2.24(Feller 初等更新定理)　记 $\mu = EX_n$,则

$$\frac{M(t)}{t} \rightarrow \frac{1}{\mu} (t \rightarrow \infty), \quad \mu = \infty, \quad \frac{1}{\mu} = 0$$

上述定理是最基本的更新定理,由该定理加上适当条件,可以得到下面的相关结论。

① 在时间间隔 $(0,t]$ 的平均故障数(即平均更新个数)可近似为

$$E[N(t)] = M(t) \approx \frac{t}{\mu} = \frac{t}{\mathrm{MTBF}}, \quad t \rightarrow \infty$$

其中,$\mu = \mathrm{MTBF}$ 为平均故障间隔时间。

② 在时间间隔 $(t, t+\mu]$ 的平均故障数可近似为

$$M(t+\Delta t) - M(t) \approx \frac{\Delta t}{\mu}, \quad t \rightarrow \infty, \quad \Delta t > 0$$

事实上,这个结果被称为 Blackwell 定理。

随着可靠性及统计方法的研究深入,可靠性数学理论不断深化,促成可靠性数学理论的日趋完善。本章节介绍的内容多数是后续内容基础,有的是一些可靠性数据分析的常规方法原理。

第3章 不可修系统可靠性模型

系统按修复与否分为不可修复和可修复两类。所谓不可修复系统,是指系统或其组成单元一旦发生失效,不再修复,系统处于报废状态,这样的系统称为不可修复系统。通过维修而恢复其功能的系统,称为可修复系统。不可修复系统通常是因为技术上不可能修复,经济上不值得修复,或者一次性使用不必要进行修复所致。

虽然绝大多数的机械设备是可修复系统,但不可修复系统的分析方法是研究可修复系统的基础。此外,对机械系统进行可靠性预测和分配时,也可简化为不可修复系统来处理。

3.1 系统可靠性功能逻辑图

所谓系统,是为了完成某一特定功能,由若干彼此有联系,而且又能相互协调工作的单元组成的综合体。系统单元的含义均为相对而言,由研究对象而定。例如,把一条生产线当成一个系统时,组成作业线的各个部分或单机都是单元;把一台设备作为系统时,组成设备的部件(或零件)都可以当作单元;把部件作为系统研究时,组成部件的零件等就作为单元了。因此,单元可以是系统、机器、部件或者零件等。

为了定量分配、估计和评价产品的可靠性,建立产品的可靠性模型是一种直观、有效的方法。可靠性模型的建立应解决以下两个方面的问题,即明确产品失效条件;建立产品可靠性框图,确定计算产品可靠性的概率表达式,即求解系统可靠性的数学模型。在分析系统可靠性时,需要将系统的工程结构图转换成系统的可靠性框图,再根据可靠性框图及组成系统各单元的可靠性特征量,计算出该系统的可靠性特征量。

要建系统可靠性框图,就必须对系统的主要任务和系统内部结构十分清楚。因此,首先要进行系统任务分析和结构功能分析。任务分析和功能包括以下六个步骤。

① 确定系统的全部任务。一个复杂系统往往具有多种功能,即有不同的用途,可以完成若干不同的任务。例如,一个柔性制造系统可以完成不同种类的零件加工任务;一架军用飞机可以用以侦察、轰炸、扫射或者截击任务。

② 任务阶段的划分。对每一个任务,按照时间顺序,将任务分成若干阶段。例如,柔性制造系统加工某一工件也可划分为系统准备阶段、装夹工件、运送工件到机床、加工清洗、测量、卸工件、入库等阶段。

③ 结构分解。按照实际的子系统将系统分解,这样便于子系统的进一步分解。这是系统可靠性分解的第一步,可以将系统包括的子系统列一个表。

④ 环境分析。环境分析要将每一个任务阶段里的每一个硬件在环境(如温度、振动、冲击、加速、辐射等)应力中预期所处时间列成表,对环境要求准确的描述。

⑤ 任务周期分析。任务周期分析要对反映每个任务阶段系统中每个组成单元的状态(工作的、不工作的、间歇工作的),包括如下两项。

第一,每个任务阶段的持续时间、距离、周期等。

第二,各单元在每一任务阶段里必须完成的功能,包括成功标准和故障标准的说明书。

⑥ 确定工作模式。系统工作模式一般有功能工作模式和替换工作模式两种。

第一,功能工作模式。有些多用途产品需要用不同设备或机组完成多种功能。例如,在雷达系统中探索和跟踪必定是两种功能工作模式。

第二,替换工作模式。当产品有不止一种方法完成某种特定功能时,它就具有替换工作模式。例如,通常用甚高频发射机发射的信息,也可以用超高频发射机发射,作为一种替换工作模式。

以上任务分析和结构功能分解的内容在开展具体研究时可以通过建立一些表格来进行,根据这些表的信息来建立相应的可靠性框图。这些信息是开展可靠性分析工作的基础。

系统的工程结构图表示组成系统单元之间的物理关系和工作关系,而可靠性框图则表示系统的功能与组成系统的单元之间的可靠性功能关系,因此可靠性框图与工程结构图并不完全等价。建立可靠性框图时,需要了解系统中各单元的功能,各单元之间的可靠性功能上的联系,以及这些单元功能、失效模式对系统的影响。不能从工程结构上判定系统类型,而应从功能上研究系统类型,即分析系统的功能及其失效模式,保证功能关系的正确性。

可靠性框图中的每个方框都代表被分析系统可靠性值的单元或功能,所有连接方框的线被认为是可靠的(可靠度为1)。在建立可靠性框图时,要充分掌握系统结构性能特征与可靠性框图的关系。

例如,一个电容 C 和一个电感线圈 L 在电路上并联成一个振荡电路,从可靠性关系来看,两个单元 L 和 C 中只要有一个失效,这个振荡电路就失效,因此振荡回路的可靠性框图是 L 和 C 组成的串联系统。LC 振荡器的功能系统图(原理框图)及其可靠性框图分别如图 3-1 和图 3-2 所示。

图 3-1　LC 振荡回路功能系统图

图 3-2　LC 振荡回路可靠性框图

如图 3-3 所示的流体系统工程结构图,从结构上看是由管道及两个阀门串联组成,为确定系统类型,下面分析系统的功能及其失效模式。

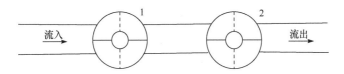

图 3-3　两个阀门串联的系统工程结构图

当阀 1 与阀 2 处于开启状态功能时液体流通,系统失效时液体不能流通,其中包括阀门关闭,若阀 1 与阀 2 这两个单元功能是相互独立的,只有这两个单元都正常开启,系统才能实现液体流通的功能,因此该系统为串联系统。其可靠性框图如图 3-4 所示。

当阀 1 与阀 2 处于闭合状态时,两个阀的功能是截流(图 3-3 中虚线所示),不能截流为系统失效,其中包括阀门泄漏。若阀 1 与阀 2 这两个单元功能是相互独立的,这两个单元至少有一个正常闭合,系统就能实现其截流功能,因此该系统的可靠性框图如图 3-5 所示,是并联系统。

图 3-4　两个阀门串联可靠性图

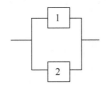

图 3-5　两个阀门并联可靠性框图

某飞机液压功能系统如图 3-6 所示,其中数字代表标识为:1-电动机;2-泵;3-滤油器;4-溢流阀;5,6-单向阀(防止泵不工作时产生倒流);7-蓄能器;8-三维四通电磁换向阀;9-工作油缸。

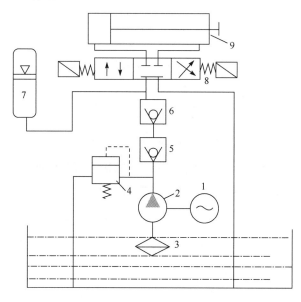

图 3-6　某飞机液压系统功能

　　分析保证该液压系统正常工作时各单元的工作状态,可以画出系统的可靠性框图,如图 3-7 所示。

图 3-7　液压功能系统可靠性框图

　　从上述例子的分析可见,系统功能框图和可靠性框图是不同的。可靠性框图不是表示系统结构原理,而是表示系统成功状态。同一系统功能要求不同,可靠性框图也不一样。为把结构函数与可靠性框图融合,下面首先介绍结构函数的基本概念。由 n 个不同单元组成的系统又可以称为 n 阶系统。系统的单元可标记为 $1 \sim n$。假设系统与单元仅有两种状态,即正常和失效,则可定义第 i 个单元的二元变量 x_i 为

$$x_i = \begin{cases} 1, & \text{单元正常} \\ 0, & \text{单元失效} \end{cases}, \quad i = 1, 2, \cdots, n$$

称 $\boldsymbol{x} = (x_1, x_2, \cdots, x_n)$ 为状态向量,从而系统状态可用二元函数 $\phi(\boldsymbol{x})$ 表示,即

$$\phi(\boldsymbol{x}) = \phi(x_1, x_2, \cdots, x_n)$$

其中

$$\phi(\boldsymbol{x}) = \begin{cases} 1, & 单元正常 \\ 0, & 单元失效 \end{cases}$$

式中, $\phi(\boldsymbol{x})$ 称为系统的结构函数或结构。

3.2　串联系统

系统由 n 个部件串联而成,即任一部件失效就引起系统失效。图 3-8 表示 n 个部件串联系统的可靠性框图。令第 i 个部件的寿命为 x_i ,可靠度为 $R_i(t) = P\{X_i > t\}$, $i = 1, 2, \cdots, n$,假定 $X_1, X_2, \cdots, X_n$ 相互独立。若初始时刻 $t = 0$,所有部件都是新的,且同时开始工作。

图 3-8　串联系统

显然,串联系统的寿命是 $X = \min\{X_1, X_2, \cdots, X_n\}$,因此系统的可靠度为

$$\begin{aligned} R(t) &= P\{\min\{X_1, X_2, \cdots, X_n\} > t\} \\ &= P\{X_1 > t, X_2 > t, \cdots, X_n > t\} \\ &= \prod_{i=1}^{n} P\{X_i > t\} \\ &= \prod_{i=1}^{n} R_i(t) \end{aligned} \tag{3-1}$$

当第 i 个部件的失效率为 $\lambda_i(t)$ 时,则系统的可靠度为

$$R(t) = \prod_{i=1}^{n} \exp\left\{-\int_0^t \lambda_i(u)\mathrm{d}u\right\} = \exp\left\{-\sum_{i=1}^{n}\int_0^t \lambda_i(u)\mathrm{d}u\right\} \tag{3-2}$$

系统的失效率为

$$\lambda(t) = \frac{-R'(t)}{R(t)} = \sum_{i=1}^{n} \lambda_i(t) \tag{3-3}$$

因此,一个由独立部件组成的串联系统的失效率是所有部件的失效率之和。

系统的平均寿命为

$$\mathrm{MTTF} = \int_0^t R(t)\mathrm{d}t = \int_0^\infty \exp\left\{-\int_0^t \lambda(u)\mathrm{d}u\right\}\mathrm{d}t \tag{3-4}$$

当 $R_i(t) = \exp\{-\lambda_i t\}$, $i = 1, 2, \cdots, n$,即当第 i 个部件的寿命遵从参数 λ_i 的指数分

布时,系统的可靠度和平均寿命为

$$\begin{cases} R(t) = \exp\left\{ - \sum_{i=1}^n \lambda_i t \right\} \\ \mathrm{MTTF} = 1/\sum_{i=1}^n \lambda_i \end{cases} \tag{3-5}$$

特别的,当 $R_i(t) = \exp(-n\lambda t)$, $i=1,2,\cdots,n$ 时,有

$$\begin{cases} R(t) = \mathrm{e}^{-n\lambda t} \\ \mathrm{MFFT} = \dfrac{1}{n\lambda} \end{cases} \tag{3-6}$$

串联系统在由 n 个不同单元组成的系统中,若每个单元都正常工作时,系统才能正常工作,则该系统称为串联结构系统,其结构函数为

$$\phi(\boldsymbol{x}) = x_1 x_2 \cdots x_n = \prod_{i=1}^n x_i$$

例题 3.1 计算由两个单元组成的串联系统可靠度、失效率和平均寿命。已知两个单元的失效率分别为 $\lambda_1 = 0.00005(1/\mathrm{h})$, $\lambda_2 = 0.00001(1/\mathrm{h})$,工作时间 $t = 1000\mathrm{h}$。

解 对于串联系统,相关结论如下。

① $\lambda_s = \sum_{i=1}^n \lambda_i$。

② $R(t) = \prod_{i=1}^n \mathrm{e}^{-\lambda_i t} = \exp\left(-\sum_{i=1}^n \lambda_i t\right) = \mathrm{e}^{-\lambda_s t}$。

③ $\theta_s = \dfrac{1}{\lambda_s}$。

由①可得

$$\lambda_s = \lambda_1 + \lambda_2 = 0.00005 + 0.00001 = 0.00006(1/\mathrm{h})$$

由②可得

$$R_s(t) = \mathrm{e}^{-\lambda_s t} = \mathrm{e}^{-0.00006 \times 1000} = 0.94176$$

由③可得

$$\theta_s = 1/\lambda_s = 1/0.00006 = 16667\mathrm{h}$$

3.3　并　联　系　统

系统由 n 个部件并联而成,当这 n 个部件都失效时系统才生效。图 3-9 表示 n 个部件并联系统的可靠性框图,令第 i 个部件的寿命为 X_i,可靠度为 $R_i(t)$,$i=1$,$2,\cdots,n$,假定 $X_1,X_2,\cdots,X_n$ 相互独立。

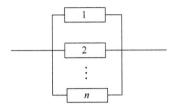

图 3-9　并联系统

若初始时刻 $t=0$,所有部件都是新的,且同时开始工作,则并联系统寿命为

$$X=\max(X_1,X_2,\cdots,X_n)$$

系统可靠度为

$$R(t) = P\{\max(X_1,X_2,\cdots,X_n) > t\}$$
$$= 1-\prod_{i=1}^{n}[1-R_i(t)] \tag{3-7}$$

当 $R_i(t)=\mathrm{e}^{-\lambda_i t}$ 时,$i=1,2,\cdots,n$,则

$$R(t) = 1-\prod_{i=1}^{n}(1-\mathrm{e}^{-\lambda_i t}) \tag{3-8}$$

上式可以改写为

$$R(t) = \sum_{i=1}^{n}\mathrm{e}^{-\lambda_i t} - \sum_{1\leqslant i<j\leqslant n}\mathrm{e}^{-(\lambda_i+\lambda_i)t} + \cdots + (-1)^{i-1}\sum_{1\leqslant j_1<\cdots<j_n\leqslant n}\mathrm{e}^{-(\lambda_{j1}+\lambda_{i2}+\cdots+\lambda_{ji})t}$$
$$+ \cdots + (-1)^{n-1}\mathrm{e}^{-(\lambda_1+\cdots+\lambda_n)t}$$

因此,系统的平均寿命为

$$\mathrm{MTTF} = \int_0^{\infty}R(t)\mathrm{d}t = \sum_{i=1}^{n}\frac{1}{\lambda_i} - \sum_{1\leqslant i<j\leqslant n}\frac{1}{\lambda_i+\lambda_j} + \cdots + (-1)^{n-1}\frac{1}{\lambda_1+\lambda_2+\cdots+\lambda_n} \tag{3-9}$$

特别的,当 $n=2$ 时,有

$$R(t) = \mathrm{e}^{-\lambda_1 t} + \mathrm{e}^{-\lambda_2 t} + \mathrm{e}^{-(\lambda_1+\lambda_2)t}$$

$$\text{MTTF}=\frac{1}{\lambda_1}+\frac{1}{\lambda_2}-\frac{1}{\lambda_1+\lambda_2}$$

$$\lambda(t)=\frac{\lambda_1 e^{-\lambda_1 t}+\lambda_2 e^{-\lambda_2 t}-(\lambda_1+\lambda_2)e^{-(\lambda_1+\lambda_2)t}}{e^{-\lambda_1 t}+e^{-\lambda_2 t}-e^{-(\lambda_1+\lambda_2)t}} \tag{3-10}$$

当 $R_i(t)=e^{-\lambda t}$，$i=1,2,\cdots,n$ 时，则

$$\begin{cases} R(t)=1-(1-e^{-\lambda t})^n \\ \text{MTTF}=\displaystyle\int_0^{\infty}\big[1-(1-e^{-\lambda t})^n\big]\mathrm{d}t=\sum_{i=1}^{n}\frac{1}{i\lambda} \end{cases} \tag{3-11}$$

只要作变量代换 $y=1-e^{-\lambda t}$，就可得上述最后一个等号关系。系统失效率为

$$\lambda(t)=\frac{n\lambda e^{-\lambda t}(1-e^{-\lambda t})^{n-1}}{1-(1-e^{-\lambda t})n} \tag{3-12}$$

　　可靠性框图表示部件好坏与系统好坏之间的关系，即部件和系统之间的可靠性关系。可靠性框图与工程结构图并不完全等价。举例来说，最简单的振荡电路由一个电感 L 和一个电容 C 组成，在工程结构图中，电感 L 和电容 C 是并联连接，但在可靠性框图中是串联关系。这是因为电感 L 和电容 C 中的任何一个失效都引起振荡电路失效，这符合串联系统的定义(图 3-10)。。

图 3-10　LC 振荡电路

　　并联结构是由 n 个不同单元组成的系统中，至少一个单元正常工作，系统就可以正常工作，则该系统称为并联结构系统，其结构函数为

$$\phi(x)=1-(1-x_1)(1-x_2)\cdots(1-x_n)=1-\prod_{i=1}^{n}(1-x_i)$$

等号右边也可写成 $\displaystyle\coprod_{i=1}^{n}x_i$，因此由两个单元组成的并联系统，其结构函数也可以

表示为 $\phi(\boldsymbol{x})=1-(1-x_1)\cdot(1-x_2)=1-\displaystyle\prod_{i=1}^{2}x_i$，等号右边也可写成 $x_1\amalg x_2$。

注意到 $\phi(x_1,x_2)=x_1+x_2-x_1x_2$，由于 x_1 和 x_2 都是二元变量，则 $x_1\amalg x_2$ 等于

x_i 中的最大值。同理，有 $\displaystyle\coprod_{i=1}^{n}x_i=\max_{i=1,2,\cdots,n}x_i$。

例题 3.2　已知两个单元的失效率分别为 $\lambda_1 = 0.00005(1/\text{h}), \lambda_2 = 0.00001$ $(1/\text{h})$,工作时间 $t = 1000\text{h}$。计算由两个单元组成的并联系统可靠度、失效率和平均寿命。

解　并联系统相关结论如下。

① $R_s(t) = \mathrm{e}^{-\lambda_1 t} + \mathrm{e}^{-\lambda_2 t} - \mathrm{e}^{-(\lambda_1 + \lambda_2)t} = R_1(t) + R_2(t) - R_1(t)R_2(t)$。

② $\theta_s = \dfrac{1}{\lambda_1} + \dfrac{1}{\lambda_2} - \dfrac{1}{\lambda_1 + \lambda_2}$。

③ $\lambda_s(t) = \dfrac{\lambda_1 \mathrm{e}^{-\lambda_1 t} + \lambda_2 \mathrm{e}^{-\lambda_2 t} - (\lambda_1 + \lambda_2)\mathrm{e}^{-(\lambda_1 + \lambda_2)t}}{\mathrm{e}^{-\lambda_1 t} + \mathrm{e}^{-\lambda_2 t} - \mathrm{e}^{-(\lambda_1 + \lambda_2)t}}$。

由①可得下式,即

$$R_s(1000) = \mathrm{e}^{-0.00005 \times 1000} + \mathrm{e}^{-0.00001 \times 1000} - \mathrm{e}^{-(0.00005 + 0.00001) \times 1000} = 0.99925$$

由②可得下式,即

$$\theta_s = \frac{1}{0.00005} + \frac{1}{0.00001} - \frac{1}{0.00005 + 0.00001} = 10333.33\text{h}$$

由③可得下式,即

$$\lambda_s(t) = \frac{0.00005\mathrm{e}^{-0.0005 \times 1000} + 0.00001\mathrm{e}^{-0.0001 \times 1000} - 0.00006\mathrm{e}^{-0.0006 \times 1000}}{\mathrm{e}^{-0.0005 \times 1000} + \mathrm{e}^{-0.0001 \times 1000} - \mathrm{e}^{-(0.0005 + 0.00001) \times 1000}}$$
$$= 0.57 \times 10^{-7}(1/\text{h})$$

3.4　混联系统

图 3-11 所示的系统称为串-并联系统,若各部件的可靠度分别为 $R_{ij}(t) = 1$, $2, \cdots, n, j = 1, 2, \cdots, m_i$,且所有部件的寿命都相互独立。

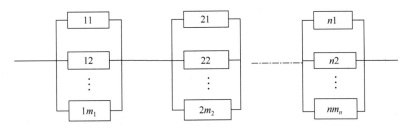

图 3-11　串-并联系统

由串联系统和并联系统的可靠性公式,可得下式,即

$$R(t) = \prod_{i=1}^{n} \left\{ 1 - \prod_{j=1}^{m_i} \left[1 - R_{ij}(t) \right] \right\} \tag{3-13}$$

当所有 $R_{ij} = R_0(t)$,所有 $m_i = m$ 时,有

$$R(t) = \left\{ 1 - \left[1 - R_0(t)^m \right] \right\}^n \tag{3-14}$$

当 $R_0(t) = \mathrm{e}^{-\lambda t}$ 时,有

$$\begin{cases} R(t) = \left\{ 1 - \left[1 - \mathrm{e}^{-\lambda t} \right]^m \right\}^n \\ \mathrm{MTTF} = \dfrac{1}{\lambda} (-1)^j \begin{bmatrix} n \\ j \end{bmatrix} \sum_{k=1}^{m_j} (-1)^k \begin{bmatrix} m_j \\ k \end{bmatrix} \dfrac{1}{k} \end{cases} \tag{3-15}$$

图 3-12 表示的系统称为并-串联系统。若各部件的可靠度分别为 $R_{ij}(t)$,$i = 1,2,\cdots,n$,$j = 1,2,\cdots,m_i$,且所有部件相互独立。此时系统的可靠度为

$$R(t) = 1 - \prod_{i=1}^{n} \left[1 - \prod_{j=1}^{m_j} R_{ij}(t) \right] \tag{3-16}$$

当 $R_{ij}(t) = R_0(t)$,$m_i = m$ 时,有

$$R(t) = 1 - \left[1 - R_0^m(t) \right]^n \tag{3-17}$$

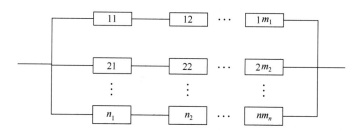

图 3-12　并-串联系统

当 $R_0(t) = \mathrm{e}^{-\lambda t}$ 时,有

$$\begin{cases} R(t) = 1 - \left[1 - R_0^m(t) \right]^n \\ \mathrm{MTTF} = \dfrac{1}{m\lambda} \sum_{i=1}^{n} \dfrac{1}{i} \end{cases} \tag{3-18}$$

例题 3.3　若在 $m = n = 5$ 的串-并联系统与并-串联系统中,单元可靠度均为 $R(t) = 0.75$,试分别求出这两个系统的可靠度。

解　对于串-并联系统

$$R_{s1}(t) = \left\{ 1 - \left[1 - R(t) \right]^m \right\}^n = \left[1 - (1 - 0.75)^5 \right]^5 = 0.99513$$

对于并-串联系统

$$R_{s2}(t)=1-\left[1-R^n(t)\right]^m=1-(1-0.75^5)^5=0.74192$$

计算结果表明,在单元数目及单元可靠度相同的情况下,串-并联系统可靠度高于并-串联系统可靠度。

3.5　表决系统(r/n)

n 中取 k 的表决系统由 n 个部件组成,当 n 个部件中有 k 个或 k 个以上部件正常工作时,系统才能正常工作($1\leqslant k\leqslant n$),即当失效的部件数大于或等于 $n-k-1$ 时,系统失效,简记为 $k/n(G)$ 系统。图 3-13 表示该系统的可靠性框图。假设 $X_1,X_2,\cdots,X_n$ 是 n 个部件的寿命,它们相互独立,且每个部件的可靠度均为 $R_0(t)$,则

$$
\begin{aligned}
R(t) &= \sum_{j=k}^{n}\begin{bmatrix} n \\ j \end{bmatrix}P\{X_{j+1},\cdots,X_n\leqslant t<X_1,\cdots,X_j\} \\
&= \frac{n!}{(n-k)!(k-1)!}\int_0^{R_0(t)}x^{k-1}(1-x)^{n-k}\mathrm{d}x
\end{aligned} \tag{3-19}
$$

若部件寿命存在密度函数 $f_0(t)$,则系统的失效率为

$$\lambda(t)=\frac{f_0(t)R_0^{k-1}(t)\left[1-R_0(t)\right]^{n-k}}{f_0(t)x^{k-1}(1-x)^{n-k}\mathrm{d}x} \tag{3-20}$$

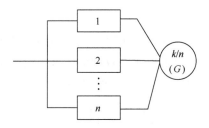

图 3-13　表决系统

当 $R_0(t)=\mathrm{e}^{-\lambda t}$ 时,则有

$$R(t)=\sum_{i=k}^{n}\begin{bmatrix} n \\ i \end{bmatrix}\mathrm{e}^{-\lambda t}(1-\mathrm{e}^{-\lambda t})^{n-i}$$

$$\mathrm{MTTF}=\int_0^\infty\sum_{i=k}^{n}\binom{n}{i}\mathrm{e}^{-\lambda t}(1-\mathrm{e}^{-\lambda t})^{n-i}\mathrm{d}t=\frac{1}{\lambda}\sum_{i=k}^{n}\frac{1}{i} \tag{3-21}$$

当部件的可靠度不相同时,可类似求得表决系统的各种可靠性指标。例如,一个 2/3(G) 系统,部件的可靠度为 $R_i(t)$,$i=1,2,3$,则

$$R(t)=R_1(t)R_2(t)R_3(t)+R_1(t)R_2(t)\overline{R_3}(t)+R_1(t)\overline{R_2}(t)R_3(t)+\overline{R_1}(t)R_2(t)R_3(t)$$
$$=R_1(t)R_2(t)+R_1(t)R_3(t)+R_2(t)R_3(t)-2R_1(t)R_2(t)R_3(t)$$

$$(3-22)$$

表决系统的另一种形式是 $k/n(F)$ 系统,表示在 n 个部件组成的系统中,有 k 个或 k 个以上部件失效时,系统就失效。易见,$k/n(F)$ 系统等价于 $n-k+1/n(G)$ 系统。

表决系统有以下的特殊情形。

① $n/n(G)$ 系统或 $1/n(F)$ 系统等价于 n 个部件的串联系统。

② $1/n(G)$ 系统或 $n/n(F)$ 系统等价于 n 个部件的并联系统。

③ $(n+1)/(2n+1)(G)$ 系统或 $(n+1)/(2n+1)(F)$ 系统是多数表决系统。

表决系统结构函数是指由 n 个单元组成的系统,当且仅当至少 k 个单元正常工作,系统才能正常工作,此时该系统称为 n 个取 k 系统。串联系统为 n 中取 n 系统;并联系统为 n 中取 1 系统。

n 个取 k 系统的结构函数表达为

$$\phi(\boldsymbol{x})=\begin{cases}1, & \sum_{i=1}^{n}x_i\geqslant k\\[2mm]0, & \sum_{i=1}^{n}x_i<k\end{cases}$$

图 3-14(a)所示为一典型的 3 中取 2 系统。此时,系统中的一个单元失效是可容忍的,但是两个或两个以上单元失效则会造成系统失效。该 3 中取 2 系统的可靠性框图如图 3-14(b)所示。该系统的结构函数为

$$\phi(x)=x_1x_2\coprod x_1x_3\coprod x_2x_3$$
$$=1-(1-x_1x_2)(1-x_1x_3)(1-x_2x_3)$$
$$=x_1x_2+x_1x_3+x_2x_3-2x_1x_2x_3$$

$$(3-23)$$

例题 3.4　某 3/6 表决系统,各单元寿命均服从指数分布,失效率均为 $\lambda=4\times10^{-5}\mathrm{h}^{-1}$,若工作时间 $t=7200\mathrm{h}$,求系统的可靠度及平均寿命。

$$R_s(t)=\sum_{i=r}^{n}\left\{\begin{bmatrix}n\\i\end{bmatrix}R^i(t)\left[1-R(t)\right]^{n-i}\right\}$$
$$=R^n(t)+nR^{n-1}(t)\left[1-R^n(t)\right]$$

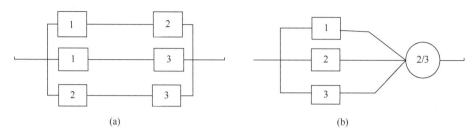

图 3-14　一典型的 3 中取 2 系统

$$+\frac{n(n-1)}{2!}R^{n-2}(t)\left[1-R(t)\right]^2$$

$$+\cdots+\frac{n!}{r!(n-r)!}R^r(t)\left[1-R(t)\right]^{n-r},\quad r<n$$

$$\theta_s=\int_0^{+\infty}R_s(t)\mathrm{d}t=\sum_{i=r}^{n}\begin{bmatrix}n\\i\end{bmatrix}\int_0^{+\infty}\mathrm{e}^{-i\lambda t}\ (1-\mathrm{e}^{-\lambda t})^{n-i}\mathrm{d}t=\sum_{i=r}^{n}\frac{1}{i\lambda}$$

解　① 单元的可靠度为

$$R(t)=R(7200)=\mathrm{e}^{-\lambda t}=\mathrm{e}^{-0.00004\times7200}=0.75$$

3/6 表决系统的可靠度为

$$R_s(t)=R^n(t)+nR^{n-1}(t)\left[1-R^n(t)\right]+\frac{n(n-1)}{2!}R^{n-2}(t)\left[1-R(t)\right]^2$$

$$+\frac{n(n-1)(n-2)}{3!}R^{n-3}(t)\left[1-R(t)\right]^3$$

$$=0.17798+0.355957+0.29663+0.13184=0.9624$$

可以这样理解,如一驱动系统,若用 1 个大原动机驱动,可靠度 $R=0.75$,若用 6 个小原动机同时驱动,只要 3 个正常工作就能保证系统正常工作,其他 3 个原动机属于工作贮备,这样可以说系统的可靠度由 0.75 提高到 0.9624.

② 3/6 表决系统的平均寿命为

$$\theta_s=\sum_{i=3}^{n}\frac{1}{i\lambda}=\frac{1}{\lambda}\sum_{i=3}^{6}\frac{1}{i}=\frac{1}{\lambda}\left(\frac{1}{3}+\frac{1}{4}+\frac{1}{5}+\frac{1}{6}\right)=\frac{1}{4\times10^{-5}}\left(\frac{57}{60}\right)=23\ 750\mathrm{h}$$

3.6　贮 备 系 统

3.6.1　冷贮备系统

1. 转换开关完全可靠的情形

设某系统由 n 个部件组成,在初始时刻,一个部件开始工作,其余 $n-1$ 个部件作冷贮备。当工作部件失效时,贮备部件逐个去替换,直到所有部件都失效时,系统就失效。假设这 n 个部件的寿命分别为 $X_1, X_2, \cdots, X_n$,且它们相互独立。易见,冷贮备系统的寿命是

$$X = X_1 + X_2 + \cdots + X_n \tag{3-24}$$

因此,系统的寿命分布为

$$F(t) = P\{X_1 + \cdots + X_n \leqslant t\} = F_1(t) * F_2(t) * \cdots * F_n(t)$$

其中,$F_i(t)$ 是第 i 个部件的寿命分布。

因此,系统的可靠度为

$$R(t) = 1 - F_1(t) * F_2(t) * \cdots * F_n(t)$$

系统的平均寿命为

$$\mathrm{MTTF} = E\{X_1 + X_2 + \cdots + X_n\} = \sum_{i=1}^{n} \mathrm{E}X_i = \sum_{i=}^{n} T_i$$

其中,T_i 是第 i 个部件的平均寿命。

当 $F_i(t) = 1 - e^{-\lambda}, i = 1, 2, \cdots, n$ 时,系统的寿命是 n 个独立同指数分布的随机变量之和,则系统的可靠度和平均寿命为

$$\begin{cases} R(t) = e^{-\lambda t} \sum_{k=0}^{n-1} \dfrac{(\lambda t)^k}{k!} \\ \mathrm{MTTF} = \dfrac{n}{\lambda} \end{cases} \tag{3-25}$$

当 $F_i(t) = 1 - e^{-\lambda_i t}, i = 1, 2, \cdots, n$,且 $\lambda_1, \lambda_2, \cdots, \lambda_n$ 都两两不相等时,若记系统的寿命分布 $F(t)$ 的 LS 变换为

$$\widehat{F}(s) = \int_0^{\infty} e^{-st} \, \mathrm{d}F(t), \quad s \geqslant 0$$

则

$$\widehat{F}(s) = E\{e^{-sX}\} = E\{e^{-s(X_1 + \cdots + X_n)}\} = \prod_{i=1}^{n} \frac{\lambda_i}{s + \lambda_i} = \sum_{i=1}^{n} c_i \frac{\lambda_i}{s + \lambda_i}, \quad s \geqslant 0 \tag{3-26}$$

其中

$$c_i = \prod_{\substack{k=1 \\ k \neq i}}^{n} \frac{\lambda_k}{\lambda_k - \lambda_i}, \quad i = 1, 2, \cdots, n$$

在等号两端同乘 $s+\lambda_j$，可以得到下式，即

$$\lambda_j \prod_{\substack{i=1 \\ i \neq j}}^{n} \frac{\lambda_i}{s+\lambda_i} = (s+\lambda_j) \sum_{i=1}^{n} \frac{c_i \lambda_i}{s+\lambda_i}$$

将 $s=-\lambda_j$ 代入上式两端，可得下式，即

$$\lambda_j \prod_{\substack{i=1 \\ i \neq j}}^{n} \frac{\lambda_i}{\lambda_i - \lambda_i} = c_i \lambda_i$$

对所有 $j=1,2,\cdots,n$ 都成立，经过 LS 变换的反演，得

$$F(t) = \sum_{i=1}^{n} c_i (1 - e^{-\lambda_i t}) = \sum_{i=1}^{n} c_i - \sum_{i=1}^{n} c_i e^{-\lambda_i t}$$

当 $t \to \infty$ 时，有 $F(t) \to 1$，因此 $\sum_{i=1}^{n} c_i = 1$。因此，最后得到的系统可靠度和平均寿命为

$$\begin{cases} R(t) = \sum_{i=1}^{n} \left[\prod_{\substack{k=1 \\ k \neq i}}^{n} \frac{\lambda_k}{\lambda_k - \lambda_i} \right] e^{-\lambda_i t} \\ \mathrm{MTTF} = \sum_{i=1}^{n} \frac{1}{\lambda_i} \end{cases} \tag{3-27}$$

当系统由两个部件组成时，有

$$\begin{cases} R(t) = \dfrac{\lambda_2}{\lambda_2 - \lambda_1} e^{-\lambda_1 t} + \dfrac{\lambda_1}{\lambda_1 - \lambda_2} e^{-\lambda_2 t} \\ \mathrm{MTTF} = \dfrac{1}{\lambda_1} + \dfrac{1}{\lambda_2} \end{cases} \tag{3-28}$$

2. 转换开关不完全可靠的情形：开关寿命 0-1 型

在实际问题中，冷贮备系统的转化开关也可能失效，因此转换开关的好坏是影响系统可靠度的一个重要因素[18,19]。

假设系统由 n 个部件和一个转换开关组成。在初始时刻，一个部件开始工作，其余部件做冷贮备。当工作部件失效时，转换开关立即从刚失效的部件转向下一个贮备部件。这里的转换开关不完全可靠，其寿命是 0-1 型的，即每次使用开关时，开关正常的概率为 p，开关失效的概率为 $q=1-p$。有以下两种情形之一系统就失效。

① 当正在工作的部件失效,使用转换开关时开关失效,此时系统失效。

② 所有 $n-1$ 次使用开关时,开关都正常,在这种情形下,n 个部件都失效时系统失效。

假设 n 个部件的寿命 $X_1,X_2,\cdots,X_n$ 独立同指数分布 $1-\mathrm{e}^{-\lambda t}$,且与开关的好坏也是独立的。

为求得系统的可靠度,我们引进一个随机变量 v,当 $v=j$ 时,表示开关首次失效,当 $v=n$ 时,表示若 $n-1$ 次使用开关,开关都正常。由 v 的定义得

$$P\{v=j\}=p^{j-1}q,\quad j=1,2,\cdots,n-1$$
$$P\{v=n\}=p^{n-1}$$

由于

$$\sum_{j=1}^{n}P\{v=j\}=1$$

可知 v 是一个随机变量,并且有

$$
\begin{aligned}
E\{v\} &= \sum_{j=1}^{n}jP\{v=j\}\\
&= \sum_{j=1}^{n-1}jp^{j-1}q+np^{n-1}\\
&= \frac{1}{q}(1-p^n)
\end{aligned}
$$

用随机变量 X 来表示系统寿命,则有

$$X=X_1+X_2+\cdots+X_v$$

由于 $X_1,X_2,\cdots,X_n$ 与开关好坏相互独立,因此它们与 v 相互独立。系统的可靠度为

$$
\begin{aligned}
R(t) &= P\{X_1+X_2+\cdots+X_v>t\}\\
&= \sum_{j=1}^{n}P\{X_1+X_2+\cdots+X_v>t\,|\,v=j\}P\{v=j\}\\
&= \sum_{j=1}^{n}P\{X_1+X_2+\cdots+X_j>t\}p^{j-1}q\\
&\quad +P\{X_1+X_2+\cdots+X_v>t\}p^{n-1}
\end{aligned}
\tag{3-29}
$$

整理上式可以得到下式,即

$$P\{X_1 + X_2 + \cdots + X_j > t\} = \sum_{i=0}^{j-1} \frac{(\lambda t)^i}{i!} e^{-\lambda t}, \quad j = 1,2,\cdots,n$$

代入上式得

$$R(t) = \sum_{j=1}^{n-1} p^{j-1} q \sum_{i=0}^{j-1} \frac{(\lambda t)^i}{i!} e^{-\lambda t} + p^{n-1} \sum_{i=0}^{n-1} \frac{(\lambda t)^i}{i!} e^{-\lambda t}$$

$$= \sum_{i=0}^{n-1} \frac{(\lambda p t)^i}{i!} e^{-\lambda t}$$

(3-30)

利用 $X_1, X_2, \cdots, X_n$ 与 v 的独立性，可以推出系统的平均寿命为

$$\text{MTTF} = E\{X_1 + X_2 + \cdots + X_v\}$$

$$= \frac{1}{\lambda q}(1 - p^n)$$

(3-31)

当每个部件的失效率都两两不相同时，可以类似地求得 $R(t)$ 和 MTTF，但是表达是比较复杂，我们仅对两个部件的情形列出结果，即

$$P\{v = j\} = \begin{cases} q, & j=1 \\ p, & j=2 \end{cases}$$

可靠性函数为

$$R(t) = P\left\{\sum_{j=1}^{v} X_j > t\right\} = e^{-\lambda_1 t} + \frac{p\lambda_1}{\lambda_1 - \lambda_2}(e^{-\lambda_2 t} + e^{-\lambda_1 t})$$

$$\text{MTTF} = \frac{1}{\lambda_1} + p \frac{1}{\lambda_2}$$

当 $p=1$，即当转换开关完全可靠时，这里所有的结果与转换开关完全可靠时的情况完全一致。

3. 转换开关不完全可靠的情形：开关寿命指数型

假设开关寿命 X_K 遵从参数 λ_K 的指数分布，并与各部件的寿命相互独立，此时开关对系统的影响还可能存在两种情况。

① 当开关失效时，系统立即失效。显然，该系统的寿命为

$$X = \min|X_1 + X_2 + \cdots + X_n, X_K|$$

系统可靠度与平均寿命为

$$R(t) = P\{\min | X_1 + X_2 + \cdots + X_n, X_K | > t\}$$

$$= P\{X_K > t\}P\{X_1 + X_2 + \cdots + X_n > t\}$$

$$= e^{-(\lambda + \lambda_K)t} \sum_{k=0}^{n-1} \frac{(\lambda t)^k}{k!} \tag{3-32}$$

$$\begin{aligned}
\text{MTTF} &= \int_0^\infty R(t)\,dt \\
&= \sum_{k=0}^{n-1} \frac{\lambda^k}{k!} \int_0^\infty t^k e^{-(\lambda + \lambda_K)t}\,dt \\
&= \frac{1}{\lambda_K}\Big[1 - \Big(\frac{\lambda}{\lambda + \lambda_K}\Big)^n\Big]
\end{aligned} \tag{3-33}$$

② 开关失效时,系统不会立即失效,当工作部件失效需要开关转换时,由于开关失效而使系统失效。为简单,只考虑两个部件的情形。假设两个部件的寿命 X_1、X_2 和开关寿命 X_K 分别遵从参数 λ_1, λ_2 和 λ_K 的指数分布,且它们都相互独立。在初始时刻部件 1 进入工作状态,部件 2 作冷贮备。当部件 1 失效时,需要使用转换开关,若此时开关已经失效($X_K < X_1$),则系统失效。因此,系统的寿命就是部件 1 的寿命 X_1;当部件 1 失效时,若转换开关正常($X_K > X_1$),则部件 2 替换部件 1 进入工作状态,直到部件 2 失效,系统就失效,这时系统的寿命是 $X_1 + X_2$,根据以上系统的描述,系统寿命 X 为

$$X = X_1 + X_2 I_{\{X_K > X_1\}}$$

其中,$I_{\{X_K > X_1\}}$ 是随机事件 $\{X_K > X_1\}$ 的示性函数,即

$$I_{\{X_K > X_1\}} = \begin{cases} 1, & X_K > X_1 \\ 0, & X_K \leqslant X_1 \end{cases}$$

因此,有

$$\begin{aligned}
1 - R(t) &= P\{X \leqslant t\} \\
&= P\{X_1 \leqslant t, X_K \leqslant X_1\} + P\{X_1 + X_2 \leqslant t, X_K > X_1\} \\
&= \int_0^t P\{X_K \leqslant u\}\,dP\{X_1 \leqslant u\} + \int_0^t P\{X_2 \leqslant t - u, X_K > u\}\,dP\{X_1 \leqslant u\} \\
&= 1 - e^{-\lambda_1 t} - \frac{\lambda_1}{\lambda_K + \lambda_1 - \lambda_2}\Big[e^{-\lambda_2 t} - e^{-(\lambda_1 + \lambda_K)t}\Big] \tag{3-34}
\end{aligned}$$

系统的可靠度和平均寿命为

$$\begin{cases} R(t) = e^{-\lambda_1 t} + \dfrac{\lambda_1}{\lambda_K + \lambda_1 - \lambda_2}\left[e^{-\lambda_2 t} - e^{-(\lambda_1 + \lambda_K)t} \right] \\[3mm] \mathrm{MTTF} = \dfrac{1}{\lambda_1} + \dfrac{\lambda_1}{\lambda_2(\lambda_1 + \lambda_K)} \end{cases} \tag{3-35}$$

3.6.2　温贮备系统

1. 转换开关完全可靠的情形

温贮备系统与冷贮备系统的不同在于,温贮备系统中贮备部件在贮备期内也可能失效,部件的贮备寿命分布和工作寿命分布一般不相同。

假设系统由 n 个同型部件组成,部件的工作寿命和贮备寿命分别遵从参数 λ 和 μ 的指数分布。在初始时刻,一个部件工作,其余部件处于温贮备状态,所有部件均可能失效。当工作部件失效时,由尚未失效的贮备部件去替换,直到所有部件都失效,则系统失效。在此,假设具体如下情况。

① 转换开关是完全可靠的,且转换是瞬间的。

② 部件的工作寿命与其曾经贮备了多长时间无关,都遵从分布 $1 - e^{-\lambda t}$,$t \geqslant 0$。

③ 所有部件的寿命均相互独立。

为求系统的可靠度和平均寿命,我们用 S_i 表示第 i 个失效部件的失效时刻,$i = 1, 2, \cdots, n$,且令 $S_0 = 0$。显然,$S_n = \sum\limits_{i=1}^{n}(S_i - S_{i-1})$ 是系统的失效时刻。在时间区间 (S_{i-1}, S_i) 中,系统已有 $i-1$ 个部件失效,还有 $n-i+1$ 个部件是正常的,其中一个部件工作,$n-i$ 个部件处于温贮备状态。由于指数分布的无记忆性,$S_i - S_{i-1}$ 遵从参数 $\lambda + (n-i)\mu$ 的指数分布,$i = 1, 2, \cdots, n$,且它们都相互独立。因此,该系统等价于 n 个独立部件组成的冷贮备系统,其中第 i 个部件的寿命遵从参数 $\lambda_i = \lambda + (n-i)\mu$ 的指数分布,当 $\mu > 0$ 时,得

$$\begin{aligned} R(t) &= P\{S_n > t\} \\ &= \sum_{i=1}^{n}\left[\prod_{\substack{k=1 \\ k \neq i}}^{n} \frac{\lambda + (n-k)\mu}{(i-k)\mu} \right] e^{-[\lambda + (n-i)\mu]t} \\ &= \sum_{i=0}^{n-1}\left[\prod_{\substack{k=1 \\ k \neq i}}^{n-1} \frac{\lambda + k\mu}{(k-i)\mu} \right] e^{-(\lambda + i\mu)t} \end{aligned}$$

$$\mathrm{MTTF} = \sum_{i=1}^{n} \frac{1}{\lambda_i} = \sum_{i=1}^{n} \frac{1}{\lambda + (n-i)\mu} = \sum_{i=0}^{n-1} \frac{1}{\lambda + i\mu} \tag{3-36}$$

当部件寿命分布的参数不相同时,计算温贮备系统可靠度相当繁琐。在这里,我们仅讨论两个部件的情形。在初始时刻,部件 1 工作,部件 2 处于温贮备。部件

1 和 2 的工作寿命 X_1 和 X_2,部件 2 的贮备寿命 Y_2 分别遵从参数 λ_1,λ_1 和 μ 的指数分布。此时系统的寿命为

$$X = X_1 + X_2 I_{\{Y_2 > Y_1\}}$$

系统的可靠度和平均寿命为

$$\begin{cases} R(t) = \mathrm{e}^{-\lambda_1 t} + \dfrac{\lambda_1}{\lambda_1 - \lambda_2 + \mu} \left[\mathrm{e}^{-\lambda_2 t} - \mathrm{e}^{-(\lambda_1 + \mu)t} \right] \\ \mathrm{MTTF} = \dfrac{1}{\lambda_1} + \dfrac{1}{\lambda_2} \left(\dfrac{\lambda_1}{\lambda_1 + \mu} \right) \end{cases} \tag{3-37}$$

2. 转换开关不完全可靠的情形:开关寿命 0-1 型

假定使用开关时,开关正常的概率是 p。为简单,只考虑两个不同类型部件的情形,即开关正常时 $X_K = 1$,开关失效时 $X_K = 0$。于是系统的寿命可以表示为

$$X = X_1 + X_2 I_{\{Y_2 > X_1\}} I_{\{X_K = 1\}}$$

由全概率公式和独立性,有

$$\begin{aligned} R(t) &= P\{X > t\} \\ &= P\{X_1 > t, X_K = 0\} + P\{X_1 + X_2 \cdot I_{\{Y_2 > X_1\}} > t, X_K = 1\} \\ &= \mathrm{e}^{-\lambda_1 t} + p \frac{\lambda_1}{\lambda_1 - \lambda_2 + \mu} \left[\mathrm{e}^{-\lambda_2 t} - \mathrm{e}^{-(\lambda_1 + \mu)t} \right] \end{aligned} \tag{3-38}$$

系统的平均寿命为

$$\mathrm{MTTF} = \frac{1}{\lambda_1} + p \frac{\lambda_1}{\lambda_2 (\lambda_1 + \mu)} \tag{3-39}$$

3. 转换开关不完全可靠的情形:开关寿命指数型

假设开关的寿命 X_K 遵从参数 λ_K 的指数分布,并与部件的寿命相互独立。此时,开关对系统的影响有两种不同形式。

① 当开关失效时,系统立即失效。此时,系统的寿命为

$$X = \min\{X_1 + I_{\{Y_2 > X_1\}} X_2, X_K\}$$

可得

$$\begin{aligned} R(t) &= P\{X_K > t\} P\{X_1 + X_2 I_{\{Y_2 > X_1\}} > t\} \\ &= \mathrm{e}^{-\lambda_K t} \left\{ \mathrm{e}^{-\lambda_1 t} + \frac{\lambda_1}{\lambda_1 - \lambda_2 + \mu} \left[\mathrm{e}^{-\lambda_2 t} - \mathrm{e}^{-(\lambda_1 + \mu)t} \right] \right\} \end{aligned} \tag{3-40}$$

$$\text{MTTF} = \frac{1}{\lambda_1 + \lambda_K} + \frac{\lambda_1}{(\lambda_2 + \lambda_K)(\lambda_1 + \mu + \lambda_K)} \tag{3-41}$$

② 当开关失效时,系统不立即失效,当工作部件失效需要开关转换时,由于开关失效而使系统失效。记开关寿命为 X_K,则系统寿命为

$$X = X_1 + X_2 I_{\{Y_2 > X_1\}} I_{\{X_K > X_1\}}$$

因此

$$
\begin{aligned}
1 - R(t) &= P\{X \leqslant t\} \\
&= P\{X \leqslant t, Y_2 < X_1\} + P\{X \leqslant t, Y_2 > X_1, X_K < X_1\} \\
&\quad + P\{X \leqslant t, Y_2 > X_1, X_K > X_1\} \\
&= P\{X_1 \leqslant t, Y_2 < X_1\} + P\{X_1 < t, Y_2 > X_1, X_K < X_1\} \\
&\quad + P\{X_1 + X_2 \leqslant t, Y_2 > X_1, X_K > X_1\} \\
&= \int_0^t (1 - e^{-\mu u}) \lambda_1 e^{-\lambda_1 u} \mathrm{d}u + \int_0^t e^{-\mu u} (1 - e^{-\lambda_K u}) \lambda_1 e^{-\lambda_1 u} \mathrm{d}u \\
&\quad + \int_0^t (1 - e^{-\lambda_2(t-u)}) e^{-\mu u} e^{-\lambda_K u} \lambda_1 e^{-\lambda_1 u} \mathrm{d}u \\
&= 1 - e^{-\lambda_1 t} - \frac{\lambda_1}{\lambda_1 + \lambda_K + \mu - \lambda_2} [e^{-\lambda_2 t} - e^{-(\lambda_1 + \lambda_K + \mu)t}]
\end{aligned}
$$

因此

$$
\begin{cases}
R(t) = e^{-\lambda_1 t} - \dfrac{\lambda_1}{\lambda_1 + \lambda_K + \mu - \lambda_2} [e^{-\lambda_2 t} - e^{-(\lambda_1 + \lambda_K + \mu)t}] \\
\text{MTTF} = \dfrac{1}{\lambda_1} + \dfrac{\lambda_1}{\lambda_2(\lambda_1 + \lambda_K + \mu)}
\end{cases} \tag{3-42}
$$

3.6.3　热贮备系统

热贮备系统比冷贮备系统复杂得多,因为贮备部件在贮备期间可能通电和运转,因此有可能发生故障。其贮备寿命与工作寿命分布一般不相同。假设系统由 n 个相同的部件组成,部件的工作寿命和贮备寿命分别服从参数为 λ 和 μ 的指数分布。在初始时刻,一个部件工作,其余的部件作热贮备。这期间所有的部件均可能发生故障,但工作部件发生故障时,由尚未发生故障的贮备部件去替换,直到所有的部件都发生故障,则系统发生故障。

设热贮备系统 n 个部件的寿命均相互独立,部件的工作寿命与曾经贮备了多长时间无关,所有部件的工作寿命和贮备寿命分别服从参数为 λ 和 μ 的指数

分布。为了求系统的可靠度和平均寿命,用 t_i 表示第 i 个故障部件的故障时刻,$i=1,2,\cdots,n$,且令 $t_0=0$,显然热贮备系统的寿命为

$$X = \sum_{i=1}^{n}(t_i - t_{i-1})$$

在时间区间 (t_i, t_{i-1}) 中,系统已有 $i-1$ 个部件发生故障,还有 $n-i+1$ 个部件是正常的,其中一个部件工作,$n-i$ 个部件作热贮备。由于指数分布的无记忆性,$t_i - t_{i-1}$ 服从参数为 $\lambda+(n-i)\mu$ 的指数分布,$i=1,2,\cdots,n$,且它们都相互独立,因此该系统等价于 n 个独立部件组成的冷贮备系统,其中第 i 个部件的寿命服从 $\lambda_i=\lambda+(n-i)\mu$ 的指数分布。当 $\mu>0$ 时,可以得到

$$\begin{cases} R(t) = P(X>t) = \sum_{i=0}^{n-1}\left[\prod_{\substack{k=0 \\ k\neq i}}^{k=0}\frac{\lambda+k\mu}{(k-i)\mu}\right]\cdot e^{-(\lambda+i\mu)t} \\ \theta = \sum_{i=0}^{n-1}\frac{1}{\lambda+i\mu} \end{cases} \tag{3-43}$$

当 $\mu=0$ 时,为冷贮备系统;当 $\mu=\lambda$ 时,系统归结为并联系统。

当部件寿命分布的参数不同时,热贮备系统可靠度的表达式相当繁琐。在初始时刻,部件 1 工作,部件 2 热贮备。部件 1 和 2 的工作寿命分别为 x_1 和 x_2,部件 2 的贮备寿命为 y。因此,系统的累积故障分布分别服从参数为 λ_1、λ_2 和 μ 的指数分布。此时,系统的可靠度和平均寿命为

$$\begin{cases} R(t)=e^{-\lambda_1 t}+\dfrac{\lambda_1}{\lambda_1-\lambda_2+\mu}\left[e^{-\lambda_2 t}-e^{-(\lambda_1+\mu)t}\right] \\ \theta=\dfrac{1}{\lambda_1}+\dfrac{1}{\lambda_2}\left(\dfrac{\lambda_1}{\lambda_1+\mu}\right) \end{cases} \tag{3-44}$$

假定转换开关不完全可靠,转换开关寿命服从 0-1 型,使用开关时开关正常的概率为 R_{sw}。为简单,这里仅考虑两个不同型部件的情形。在初始时刻部件 1 工作,部件 2 热贮备。部件 1 和 2 的工作寿命分别为 x_1 和 x_2,部件 2 的贮备寿命为 y,因此系统的累积故障分布分别服从参数为 λ_1、λ_2 和 μ 的指数分布。此时,系统的可靠度和平均寿命为

$$\begin{cases} R(t)=e^{-\lambda_1 t}+R_{sw}\dfrac{\lambda_1}{\lambda_1-\lambda_2+\mu}\left[e^{-\lambda_2 t}-e^{-(\lambda_1+\mu)t}\right] \\ \theta=\dfrac{1}{\lambda_1}+R_{sw}\dfrac{1}{\lambda_2}\left(\dfrac{\lambda_1}{\lambda_1+\mu}\right) \end{cases} \tag{3-45}$$

3.7　网络系统

网络系统由节点和节点间的连线(弧或单元)连接而成,通常假定弧(或单元)和系统只有正常和失效两种状态,弧(或单元)之间相互独立,而且节点不失效。下面介绍网络系统的基本求解方法。

3.7.1　全概率分解法

应用全概率公式,选择分解元,对复杂网络进行分解,化简为一般的串并联系统,从而计算其成功概率,这叫全概率分解法,设 G 为系统正常事件,x 表示被选分解单元正常事件,$\bar{x}$ 表示被选分解单元失效事件,由全概率公式有

$$R(G)=P(\bar{x})P(G\,|\,x)+P(\bar{x})P(G\,|\,\bar{x}) \tag{3-46}$$

其中,$P(G\,|\,x)$ 表示在单元 x 正常的条件下系统正常工作的概率;$P(G\,|\,\bar{x})$ 表示在单元 x 失效条件下系统正常工作的概率。

这种方法首先要选分解元,分解元的选取方法如下。

① 任一无向单元都可作为分解元。如图 3-15 所示的系统,任一单元都可作为分解元。

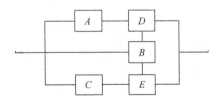

图 3-15　网络框图

若选 B 为分解元,则得 G 和 G_2 均为简单网络,B 正常时 G 中的 A 和 C 成为无用单元被去掉。

$$\begin{aligned}R(G)&=P(B)P(G\,|\,B)+P(\bar{B})P(G\,|\,\bar{B})\\&=P(B)[1-P(\bar{D})P(\bar{E})]+P(\bar{B})[1-P(\overline{AD})P(\overline{CE})]\end{aligned} \tag{3-47}$$

② 任一有向单元,若其两端点中有一端只有流出(或流入)单元,则此单元可作为分解单元。如图 3-16 中的 x 可作为分解单元,而 y 则不行。分解单元若选得好,会加快分解速度,迅速得到简化的结果;若选得不好,则可能要多分解几次才能得到简化的最终结果。

例如,对图 3-17 所示的可靠性框图,单元 e 不能作为分解元,若选 e 作为分解元,则当 e 正常时,得到的图 $G_1(G\,|\,e)$ 中多一条成功的路径 cb,这与原网络不符。

图 3-16　有向分解单元的选取

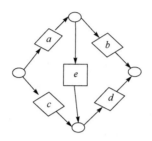

图 3-17　有向可靠性框图

选 a 作为分解单元可得图 3-18,从而系统 G 的可靠性为

$$R(G)=P(a)P(G_1)+P(\bar{a})P(G_2)$$
$$=P(a)\left[1-P(\bar{b})P(\overline{(e+c)d})\right]+P(\bar{a})P(cd) \qquad (3\text{-}48)$$

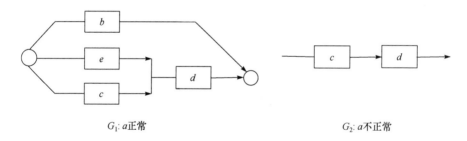

图 3-18　图 3-17 的等效有向框图

3.7.2　布尔真值表法

布尔真值表法也称状态穷举法,是一种最直观的计算系统可靠度方法。假定系统由 n 个单元组成,因为每个单元仅有两种可能状态,用 1 表示单元正常工作,0 表示单元失效。显然,n 个单元所构成的系统共有 2^n 个可能状态及相应系统的状态。在这些状态中,如果系统能正常工作,记作 $S(i)$。其中,i 表示在这个状态下引起系统失效的失效单元个数。系统的可靠度即为各种状态使系统正常工作的概率之和。

例题 3.5　设 X 是某一桥式系统的可靠性逻辑框图,如图 3-19 所示,其中 5 个单元的可靠度分别为 $R_1=0.8,R_2=0.7,R_3=0.8,R_4=0.7,R_5=0.9$,试用穷举法求该系统的可靠度。

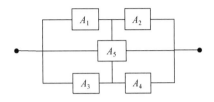

图 3-19　桥式网络图

解　该系统共有 5 个单元,因此系统共有 $2^5=32$ 种状态。如果其中 16 种状态系统能正常工作,另 16 种状态系统失效,分别标以 $S(i)$ 和 $F(i)$。计算 16 种状态 $S(i)$ 系统正常工作的概率,如状态编号为 7 时系统正常工作的概率为

$$P(A_1'A_2'A_3A_4A_5')=R_1'R_2'R_3R_4R_5'=(1-R_1)(1-R_2)R_3R_4(1-R_5)=0.00336$$

表 3-1　桥式系统可靠性数据

系统状态 编号	单元工作状态					系统状态	概率
	A_1	A_2	A_3	A_4	A_5		
1	0	0	0	0	0	$F(5)$	
2	0	0	0	0	1	$F(4)$	
3	0	0	0	1	0	$F(4)$	
4	0	0	0	1	1	$F(3)$	
5	0	0	1	0	0	$F(4)$	
6	0	0	1	0	1	$F(3)$	
7	0	0	1	1	0	$S(2)$	0.00336
8	0	0	1	1	1	$S(3)$	0.03024
9	0	1	0	0	0	$F(4)$	
10	0	1	0	0	1	$F(3)$	
11	0	1	0	1	0	$F(3)$	
12	0	1	0	1	1	$F(2)$	
13	0	1	1	0	0	$F(3)$	
14	0	1	1	0	1	$S(3)$	0.03024

系统状态编号	单元工作状态					系统状态	概率
	A_1	A_2	A_3	A_4	A_5		
15	0	1	1	1	0	$S(3)$	0.00784
16	0	1	1	1	1	$S(4)$	0.07056
17	1	0	0	0	0	$F(4)$	
18	1	0	0	0	1	$F(3)$	
19	1	0	0	1	0	$F(3)$	
20	1	0	0	1	1	$S(3)$	0.03024
21	1	0	1	0	0	$F(3)$	
22	1	0	1	0	1	$F(2)$	
23	1	0	1	1	0	$S(3)$	0.01344
24	1	0	1	1	1	$S(4)$	0.12096
25	1	1	0	0	0	$S(2)$	0.00336
26	1	1	0	0	1	$S(3)$	0.03024
27	1	1	0	1	0	$S(3)$	0.00784
28	1	1	0	1	1	$S(4)$	0.07056
29	1	1	1	0	0	$S(3)$	0.01344
30	1	1	1	0	1	$S(4)$	0.12096
31	1	1	1	1	0	$S(4)$	0.03136
32	1	1	1	1	1	$S(5)$	0.28224

系统的可靠度为16项概率之和,即

$$R_s = 0.00336 + 0.03024 + \cdots + 0.28224 = 0.86688$$

如果系统处于失效状态 $F(i)$ 比处于工作状态 $R(i)$ 少,则可以先计算系统的不可靠度 F_s,然后由 $R_s = 1 - F_s$ 计算出系统的可靠度。

状态枚举法原理简单,步骤清晰、直观,容易掌握,但当系统中单元个数 n(大于6)较多时,计算量也比较大,此时要借助计算机进行计算。

3.7.3　最小路集法

由系统的最小路集出发,由最小通路的可靠度去求系统的可靠度,这就是最小路集法。

设网络 S 所有的最小通路为 $A_1,A_2,\cdots,A_m$,且用 $A_i(i=1,2,\cdots,m)$ 表示第 i 条路中所有弧正常事件,则网络 S 正常事件为

$$S=\bigcup_{i=1}^{m}A_i \tag{3-49}$$

从而,求网络系统可靠度 R 的问题可以归为两步。

第一步,求出网络 S 的最小通路 $A_1,A_2,\cdots,A_m$。

第二步,计算概率,即

$$R=P(S)=P\Big(\bigcup_{i=1}^{m}A_i\Big)$$

当 $m=2$ 时,则

$$R=P(A_1\bigcup A_2)=P(A_1)+P(A_2)-P(A_1A_2)$$

当 $m=3$ 时,则

$$R=P(A_1\bigcup A_2\bigcup A_3)=P(A_1)+P(A_2)+P(A_3)\\-P(A_1A_2)-P(A_1A_3)-P(A_2A_3)+P(A_1A_2A_3)$$

可以归纳出一般公式为

$$P\Big(\bigcup_{i=1}^{m}A_i\Big)=\sum_{i=1}^{m}(-1)^{i-1}\sum_{1\leqslant j_1\leqslant\cdots\leqslant j_i\leqslant m}P(A_{j_1}A_{j_2}\cdots A_{j_i}) \tag{3-50}$$

例题 3.6　如图 3-20 所示的网络系统 S,各弧的可靠度分别为 $P_1=0.7,P_2=0.9,P_3=0.8,P_4=0.95,P_5=0.6$。试求此网络系统 S 的可靠度 R。

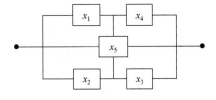

图 3-20　网络系统 S 的结构框图

解　此系统共有四个最小通路 $T_1|x_1,x_2|$、$T_2|x_1,x_5,x_3|$、$T_4|x_4,x_5,x_2|$、$T_4|x_4,x_3|$,则各最小通路的可靠度分别为

$$P(A_1)=P_1P_2=0.63, \quad P(A_2)=P_1P_5P_3=0.336$$

$$P(A_3)=P_4P_5P_2=0.513, \quad P(A_4)=P_4P_3=0.76$$

且

$$P(A_1A_2)=P_1P_2P_3P_5=0.3024, \quad P(A_1A_3)=P_1P_2P_4P_5=0.3591$$

$$P(A_1A_4)=P_1P_2P_3P_4=0.4788, \quad P(A_2A_3)=P_1P_2P_3P_4P_5=0.28728$$

$$P(A_2A_4)=P_1P_3P_4P_5=0.3192, \quad P(A_3A_4)=P_2P_3P_4P_5=0.4104$$

$$P(A_1A_2A_3)=P(A_1A_2A_4)=P(A_1A_3A_4)$$
$$=P(A_2A_3A_4)=P(A_1A_2A_3A_4)=P_1P_2P_3P_4P_5=0.28728$$

从而,得

$$R = P\{\bigcup_{i=1}^{m} A_i\}$$
$$= P(A_1)+P(A_2)+P(A_3)+P(A_4)-P(A_1A_2)-P(A_1A_3)-P(A_1A_4)$$
$$-P(A_2A_3)-P(A_2A_4)-P(A_3A_4)+P(A_1A_2A_3)+P(A_1A_2A_4)$$
$$+P(A_1A_3A_4)+P(A_2A_3A_4)-P(A_1A_2A_3A_4)$$
$$= 0.94366$$

当网络的结构不太复杂或最小通路的数目 m 较小时,采用最小路集法求网络可靠度 R 是比较容易的,当网络的结构比较复杂或路数 m 较大时,找出网络系统全部的最小通路就比较困难了,更难求出系统可靠度 R。

3.7.4 最小割集法

若在网络上去掉某一部分弧后,发点和收点之间便无路可通,则称这部分弧构成一个割集。发点与收点之间和每条最小路都至少包含割集中的一条弧。若在割集中任意去掉一条弧就不再成为割集,则称此割集为最小割集。例如,上述割集 A 就是最小割集,而割集 B 与 C 却不是最小割集。

最小割集法的基本思想是:若最小割集失效,即割集中所有弧全部失效,则网络失效。因此,可由各个最小割集的不可靠度,求得网络的不可靠度,从而求得网络的可靠度。

设网络 S 的 l 个最小割集为 $B_i(i=1,2,\cdots,l)$,当任一割集 B_i 的所有弧发生失效的事件也记为 B_i,其概率记为 $Q(B_i)(i=1,2,\cdots,l)$;记系统 S 失效事件为 B,其概率为 $Q(B)$,则

$$B = \bigcup_{i=1}^{l} B_i$$

从而求网络系统可靠性 R 的问题就可归纳为以下几步。

① 求出网络 S 的所有最小割集 $B_1, B_2, \cdots, B_l$。

② 计算概率 $Q(B) = P\left(\bigcup_{i=1}^{l} B_i\right)$。

当 $m = 2$ 时,则 $Q(B) = P(B_1) + P(B_2) - P(B_1 B_2)$。

当 $m = 3$ 时,则 $Q(B) = P(B_1) + P(B_2) + P(B_3) - P(B_1 B_2) - P(B_1 B_3) - P(B_2 B_3) + P(B_1 B_2 B_3)$。

一般公式为

$$Q(B) = \sum_{i=1}^{l} (-1)^{i-1} \sum_{1 \leqslant j \leqslant \cdots \leqslant j_k \leqslant n} P(A_{j1}, A_{j2}, \cdots, A_{jk})$$

网络系统可靠度为

$$R = 1 - Q(B) \tag{3-51}$$

例题 3.7　对于如图 3-20 所示的桥形网络系统 S,各弧的不可靠度分别为 $q_1 = 0.3, q_2 = 0.1, q_3 = 0.2, q_4 = 0.05, q_5 = 0.4$,求网络系统 S 的可靠度。

解　此网络系统共有 4 个最小割集,即 $B_1 | x_1, x_4 |$、$B_2 | x_1, x_5, x_3 |$、$B_3 | x_4, x_5, x_2 |$、$B_4 | x_2, x_3 |$,各个最小割集的不可靠度分别为

$Q(B_1) = q_1 q_4 = 0.3 \times 0.05 = 0.015$,　$Q(B_2) = q_1 q_5 q_3 = 0.3 \times 0.4 \times 0.2 = 0.024$

$Q(B_3) = q_4 q_5 q_2 = 0.05 \times 0.4 \times 0.1 = 0.002$,　$Q(B_4) = q_2 q_3 = 0.1 \times 0.2 = 0.02$

并且

$\quad Q(B_1 B_2) = 0.0012$,　$Q(B_1 B_3) = 0.0006$,　$Q(B_1 B_4) = 0.0003$,

$\quad Q(B_2 B_3) = 0.00012$,　$Q(B_2 B_4) = 0.0024$,　$Q(B_3 B_4) = 0.0004$,

$Q(B_2 B_3 B_4) = Q(B_1 B_3 B_4) = Q(B_1 B_2 B_4) = Q(B_1 B_2 B_3) = Q(B_1 B_2 B_3 B_4) = 0.00012$

则系统不可靠度为

$$Q(B) = (0.015 + 0.024 + 0.002 + 0.02) - (0.0012 + 0.0006 + 0.0003$$
$$+ 0.00012 + 0.0024 + 0.0004) + 4 \times 0.00012 - 0.00012 = 0.05634$$

系统可靠度为

$$R = 1 - Q(B) = 0.94366$$

第4章 可修系统可靠性模型

为了改善系统的可靠性,通常采用维修的手段。可修复系统是指系统的组成单元(或零部件)发生故障后,经过修理后系统可以恢复到正常工作状态,研究可修系统的主要数学工具是随机过程理论[20]。

由于故障发生的原因、部位和程度不同,系统所处的环境不同,以及维修设备和修理人员水平不同,因此修复所用的时间是一个随机变量,修复时间的长短和修复质量的高低都将影响设备(产品)的可靠性水平,因此可修复产品的可靠性既包含系统的狭义可靠性,又包含维修因素在内的广义可靠性。若构成系统各部件的寿命分布、故障后的修理时间分布、故障出现的有关分布均为指数分布时,只要适当定义系统的状态,这样的系统总可以用马尔可夫(Markov)过程来描述[21]。可修复系统可靠性特征量主要有首次平均无故障工作时间、平均无故障工作间隔时间,以及平均修复时间、修复率、系统的可用度等。显然,由于可修复系统的修复作用,使得对可修复系统的可靠性分析要比不可修复系统复杂得多。

4.1 马尔可夫过程

马尔可夫过程是 1907 年由马尔可夫提出来的,研究的是系统"状态"与"状态"之间相互转移的关系。假如系统完全由定义为"状态"的变量取值来描述,则说系统处于一个"状态"。假如描述系统的变量从一个状态的特定值变化到另一个状态的特定值时,则说系统实现了状态的转移。例如,对于某一设备系统,相对于运行这一状况,就存在着正常状态 S 和故障状态 F。处于 S 状态的系统由于故障会转移到 F 状态;相反,处于 F 状态的系统经过修复又会从 F 状态转移到 S 状态。这种状态转移如图 4-1 所示,其过程完全是随机的,也就是说,它不能以确定的规律转移,而只能按照某种概率转移。

图 4-1　状态转移示意图

4.1.1　马尔可夫过程基本概念

一般地讲，只要前一个状态 $X(t_{n-1})$ 决定，下一个状态 $X(t_n)$ 的概率即可决定，并与更前面的状态无关，这就是一步马尔可夫过程，即

$$P\{X(t_n)\mid X(t_{n-1})\}=P\{X(t_n)\mid X(t_1),X(t_2),\cdots,X(t_{n-1})\} \tag{4-1}$$

其中，$X(t_n)$ 表示出于时间 t_n 的状态，说明 $X(t_1),X(t_2),\cdots,X(t_{n-1})$ 这 $n-1$ 个状态下的条件概率等于 $X(t_{n-1})$ 状态下的条件概率。

可见，在此之前的各状态不影响现在状态的性质，就是所谓的马氏性，或称为无后效性。

举个例子，有一台机器运行到某一时刻 t 时，可能的状态有 e_1（正常运行）及 e_2（发生故障）。假设机器处于 e_1 状态的概率是 4/5，记为 $P_{11}=4/5=R(t)$，而 e_1 向 e_2 转移的概率 $P_{12}=F(t)=1-R(t)=1/5$。反过来，如果机器处于 e_2 状态，经过一段时间的修复返回到 e_1 状态的概率是 $M(\tau)$，$M(\tau)$ 称为维修度，$1-M(\tau)$ 为不可维修度。若 $P_{21}=M(\tau)=3/5$，那么它修不好仍然处于 e_2 的状态的概率是 $P_{22}=1-M(\tau)=2/5$，这一过程如图 4-2 所示。

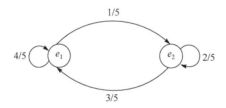

图 4-2　状态转移概率图

这样，可以将上述过程改写成矩阵形式，即

$$P=\begin{bmatrix}P_{11} & P_{12}\\ P_{21} & P_{22}\end{bmatrix}=\begin{bmatrix}4/5 & 1/5\\ 3/5 & 2/5\end{bmatrix}$$

这就是马尔可夫矩阵，或称为概率矩阵，转移矩阵中各元素 P_{ij} 为转移概率。

一般形式是，假设可能发生的状态有 e_j，在事件 e_i 发生后，事件 $e_j (j\neq i,i,j=1,2,\cdots,n)$ 发生的条件概率为 P_{ij}（转移概率）。若由最初的分布中随机地选出 e_i 的概率为 a_i，那么当此事件组的条件概率为一定值，且有关系式，即

$$P(e_1,e_2,\cdots,e_n)=a_i P_{ij}\cdots P_{in} \tag{4-2}$$

成立时，称此关系式为马尔可夫链。当可能的状态为有限数量时，称为马尔可夫链，其转移矩阵为

$$P = \begin{bmatrix} P_{11} & P_{12} & \cdots & P_{1n} \\ P_{21} & P_{22} & \cdots & P_{2n} \\ \vdots & \vdots & & \vdots \\ P_{n1} & P_{n2} & \cdots & P_{nn} \end{bmatrix}$$

转移矩阵具有如下性质。

① 矩阵中各元素为非负,且 $0 \leqslant P_{ij} \leqslant 1$。

② 矩阵中各行是一个概率向量,且各行元素之和为 1。

③ 概率矩阵是一个 $n \times n$ 的 n 阶方阵。

例题 4.1 已知 e_1, e_2, e_3 三个状态,其状态转移图如图 4-3 所示。初始状态为 $E(0) = (1,0,0)$,求由 e_1 出发至第二步转移后各状态的概率。

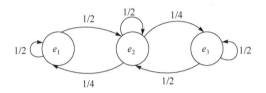

图 4-3 三状态转移图

解 由图 4-3 可以写出转移矩阵 P,即

$$P = \begin{bmatrix} 1/2 & 1/2 & 0 \\ 1/4 & 1/2 & 1/4 \\ 0 & 1/2 & 1/2 \end{bmatrix}$$

$$P^{(2)} = P^2 = \begin{bmatrix} 1/2 & 1/2 & 0 \\ 1/4 & 1/2 & 1/4 \\ 0 & 1/2 & 1/2 \end{bmatrix} \begin{bmatrix} 1/2 & 1/2 & 0 \\ 1/4 & 1/2 & 1/4 \\ 0 & 1/2 & 1/2 \end{bmatrix} = \begin{bmatrix} 3/8 & 1/2 & 1/8 \\ 1/4 & 1/2 & 1/4 \\ 1/8 & 1/2 & 3/8 \end{bmatrix}$$

可见,由 e_1 出发至第二步转移后,处于 e_1, e_2, e_3 状态的概率就是 $P^{(2)} = P^2$ 矩阵中第一行各元素 $P_{11}^{(2)}, P_{12}^{(2)}, P_{13}^{(2)}$,即 $3/8, 1/2, 1/8$。

本题也可利用公式 $P_{ij}^{(n)} = \sum P_{iv} P_{vj}^{(n)}$ 求出。

由 $P_{ij}^{(n)} = \sum P_{iv} P_{vj}^{(n)}, v = 1, 2, 3, n = 2$,得下式,即

$$P_{11}^{(2)} = P_{11} P_{11}^{(1)} + P_{12} P_{21}^{(1)} + P_{13} P_{31}^{(1)} = 1/2 \times 1/2 + 1/2 \times 1/4 + 0 \times 0 = 3/8$$
$$P_{12}^{(2)} = P_{11} P_{12}^{(1)} + P_{12} P_{22}^{(1)} + P_{13} P_{32}^{(1)} = 1/2 \times 1/2 + 1/2 \times 1/2 + 0 \times 1/2 = 1/2$$
$$P_{13}^{(2)} = P_{11} P_{13}^{(1)} + P_{12} P_{23}^{(1)} + P_{13} P_{33}^{(1)} = 1/2 \times 0 + 1/2 \times 1/4 + 0 \times 1/2 = 1/8$$

4.1.2 极限概率及各状态遍历性

一般地说,可以利用转移矩阵及系统的初始状态,求任意转移后设备的状

态,即

$$E(n)=E(0)P^n \tag{4-3}$$

其中,$E(0)$ 为设备初始状态向量;P 为一次转移矩阵;P^n 为 n 次转移矩阵;$E(n)$ 为 n 次转移后设备所处状态向量;n 为转移次数。

　　例题 4.2　某设备状态转移如图 4-4 所示,如果初始状态向量 $E(0)=[1,0]$,求各次转移后设备所处的状态。

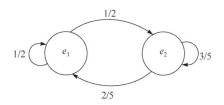

图 4-4　设备状态转移图

　　解　由图 4-4 可知,转移矩阵为

$$P=\begin{bmatrix} 1/2 & 1/2 \\ 2/5 & 3/5 \end{bmatrix}$$

　　当 $n=1$ 时,有 $E(1)=E(0)P=\begin{bmatrix} 1 & 0 \end{bmatrix}\begin{bmatrix} 1/2 & 1/2 \\ 2/5 & 3/5 \end{bmatrix}=\begin{bmatrix} 1/2 & 1/2 \end{bmatrix}$。

　　当 $n=2$ 时,有 $E(2)=E(0)P^2=E(1)P=\begin{bmatrix} 1/2 & 1/2 \end{bmatrix}\begin{bmatrix} 1/2 & 1/2 \\ 2/5 & 3/5 \end{bmatrix}=\begin{bmatrix} 9/20 & 11/20 \end{bmatrix}$。

　　依此类推,计算结果如表 4-1 所示。

表 4-1　n 次转移矩阵

转移次数 n	0	1	2	3	4	5	⋯
e_1(正常状态)	1	0.5	0.45	0.445	0.4445	0.44445	⋯
e_2(故障状态)	0	0.5	0.55	0.555	0.5555	0.55555	⋯

　　由表 4-1 可知。

　　① 随着转移次数 n 的增加,状态趋于稳定。稳定状态的概率称为极限概率。例如,在例题 4.2 中,当 n 足够大时,e_1 稳定状态极限概率为 4/9,e_2 稳定状态的极限概率 5/9。

　　② 既然稳定状态极限概率为定值,当 n 无限增大而取极限值时,n 次转移矩阵 P^n 将收敛于一个定概率矩阵,即

$$P^n = \begin{bmatrix} 4/9 & 5/9 \\ 4/9 & 5/9 \end{bmatrix}$$

这个稳定状态极限概率与初始状态无关，如初始状态 $E(0)=[1,0]$，则可计算出如表 4-2 所示的值。

表 4-2　n 次转移矩阵

转移次数 n	0	1	2	3	4	5	…
e_1（正常状态）	1	0.4	0.44	0.444	0.4444	0.44444	…
e_2（故障状态）	0	0.6	0.56	0.556	0.5556	0.55556	…

当 n 足够大时，e_1 稳定状态极限概率为 $4/9$，e_2 稳定状态极限概率为 $5/9$。

任何马尔可夫转移矩阵的极限概率与初始状态无关，称之为各态遍历（或历经）过程，这样的状态转移矩阵称为遍历矩阵。

如果转移矩阵经过 n 次相乘以后所得的矩阵的全部元素大于零，这样的马尔可夫链被称为正规链。正规链都是遍历矩阵。

如果概率矩阵 P 为正规的遍历转移矩阵，则 P 具有如下性质。

① 随着转移次数 n 的增加，P^n 趋于某一稳定矩阵，即各态转移的概率趋于稳定（收敛）。

② 稳定矩阵中的各元素都大于零。

③ 稳定矩阵各行是同一概率向量 $X=[x_1,x_2,\cdots,x_n]$，称为行向量 X，各元素和为 1，即 $\sum\limits_{i=1}^{n}=1$。

遍历矩阵经过 n 次转移后达到稳定状态，因此它是正规链。在这种情况下，其整体可用行向量 X 表示。在经过转移后，转移矩阵已经稳定（收敛），因此即使再转移下去，它的状态概率是不会变了，可以写为

$$XP=X \tag{4-4}$$

利用式（4-4）就可以求出行向量 X。X 称为对于 P 的固有向量，或称特征向量。

例题 4.3　求转移矩阵 $P=\begin{bmatrix} 0.5 & 0.25 & 0.25 \\ 0.5 & 0 & 0.5 \\ 0.25 & 0.25 & 0.5 \end{bmatrix}$ 的特征向量 X。

解　由式（4-4）及转移矩阵性质可以写出下式，即

$$\begin{cases} \begin{bmatrix} x_1 & x_2 & x_3 \end{bmatrix} \begin{bmatrix} 0.5 & 0.25 & 0.25 \\ 0.5 & 0 & 0.5 \\ 0.25 & 0.25 & 0.5 \end{bmatrix} = \begin{bmatrix} x_1 & x_2 & x_3 \end{bmatrix} \\ \sum_{i=1}^{3} x_i = 1 \end{cases}$$

即
$$\begin{cases} x_1 + x_2 + x_3 = 1 \\ 0.5x_1 + 0.5x_2 + 0.25x_3 = x_1 \\ 0.25x_1 + 0 + 0.25x_3 = x_2 \\ 0.25x_1 + 0.5x_2 + 0.5x_3 = x_3 \end{cases}$$

解方程可得下式,即

$$X = \begin{bmatrix} 0.4 & 0.2 & 0.4 \end{bmatrix}$$

4.1.3 过渡状态的概率

如果转移次数少,则可以简单进行计算;如果转移次数增加,则计算就复杂了。这时可以引入一个矩阵的列向量 X,然后找出矩阵 P 的属于特征值 k 的特征向量 X,即

$$PX = kX \tag{4-5}$$

其中,X 是列向量,$X = \begin{bmatrix} x_1 & x_2 & \cdots & x_n \end{bmatrix}^{\mathrm{T}}$;特征值 k 必须满足 P 的特征多项式,即

$$|P - kI| = 0 \tag{4-6}$$

式中,I 为单位矩阵,$I = \begin{bmatrix} 1 & & 0 \\ & \ddots & \\ 0 & & 1 \end{bmatrix}$。

由特征方程式(4-6)求出特征值 k,在概率矩阵中,k 至少有一个解为特征值 1,其余解一般小于 1。

设 P 的 m 个解(特征值)为 $k_1, k_2, \cdots, k_m$,把这些解放在矩阵 D 的对角线上形成对角矩阵 D,即

$$D = \begin{bmatrix} k_1 & 0 & \cdots & 0 \\ 0 & k_2 & \cdots & 0 \\ \vdots & \vdots & & \vdots \\ 0 & 0 & \cdots & k_m \end{bmatrix}$$

利用 D 可以写出

$$P = RDR^{-1} \tag{4-7}$$

其中，R 为矩阵，第 i 列是对应特征值 k_i，求出的矩阵 P 的特征向量，R^{-1} 是 R 的逆矩阵，且有

$$P^n = RD^nR^{-1} \tag{4-8}$$

因此，只要求出矩阵 R 及其逆矩阵 R^{-1}。对角矩阵 D 的 n 次方 D^n 易求，欲求 P^n，只要求出 RD^nR^{-1} 即可。

例题 4.4　已知概率矩阵 $P = \begin{bmatrix} 1-\lambda & \lambda \\ \mu & 1-\mu \end{bmatrix}$，求 P^n。

解　① 求特征值。

由特征方程 $|P - kI| = 0$，即

$$\begin{bmatrix} 1-\lambda-k & \lambda \\ \mu & 1-\mu-k \end{bmatrix} = 0$$

解得特征值为 $k_1 = 1, k_2 = 1-\lambda-\mu$。

② 求特征向量。

由式（4-5）可得下式，即

$$\begin{bmatrix} 1-\lambda & \lambda \\ \mu & 1-\mu \end{bmatrix} \begin{bmatrix} x_1 \\ x_2 \end{bmatrix} = k \begin{bmatrix} x_1 \\ x_2 \end{bmatrix}$$

得

$$\begin{cases} (1-\lambda)x_1 + \lambda x_2 = kx_1 \\ \mu x_1 + (1-\mu)x_2 = kx_2 \end{cases}$$

解得原特征向量为 $x_1 = \begin{bmatrix} 1 & 1 \end{bmatrix}^{\mathrm{T}}, x_2 = \begin{bmatrix} \lambda & -\mu \end{bmatrix}^{\mathrm{T}}$，则

$$D = \begin{bmatrix} 1 & 0 \\ 0 & 1-\lambda-\mu \end{bmatrix}$$

$$D^n = \begin{bmatrix} 1^n & 0 \\ 0 & (1-\lambda-\mu)^n \end{bmatrix} = \begin{bmatrix} 1 & 0 \\ 0 & (1-\lambda-\mu)^n \end{bmatrix}$$

$$R = \begin{bmatrix} x_1 & x_2 \end{bmatrix} = \begin{bmatrix} 1 & \lambda \\ 1 & -\mu \end{bmatrix}$$

$$R^{-1} = \begin{bmatrix} \dfrac{\mu}{\lambda+\mu} & \dfrac{\lambda}{\lambda+\mu} \\ \dfrac{1}{\lambda+\mu} & \dfrac{-1}{\lambda+\mu} \end{bmatrix} = \begin{bmatrix} u & d \\ \dfrac{1}{\lambda+\mu} & \dfrac{-1}{\lambda+\mu} \end{bmatrix}$$

其中, $u=\dfrac{\mu}{\lambda+\mu}$ 为可工作时间比; $d=\dfrac{\lambda}{\lambda+\mu}$ 为不可工作时间比。

$$P^n = RD^n R^{-1}$$

$$= \begin{bmatrix} 1 & \lambda \\ 1 & -\mu \end{bmatrix} \begin{bmatrix} 1 & 0 \\ 0 & (1-\lambda-\mu)^n \end{bmatrix} \begin{bmatrix} u & d \\ \dfrac{1}{\lambda+\mu} & \dfrac{-1}{\lambda+\mu} \end{bmatrix}$$

$$= \begin{bmatrix} u+d(1-\lambda-\mu)^n & d-d(1-\lambda-\mu)^n \\ u-u(1-\lambda-\mu)^n & d+u(1-\lambda-\mu)^n \end{bmatrix}$$

当 $n \to \infty$ 时,极限为 $P(\infty)=\begin{bmatrix} u & d \\ u & d \end{bmatrix}$。

可见, P^n 中的 $d(1-\lambda-\mu)^n$ 及 $u(1-\lambda-\mu)^n$ 均为过渡项,随着 n (或时间)增加而趋于 0。

4.1.4　吸收状态时的平均转移次数

当转移过程达到某一状态,再也不能向其他状态转移时,称此状态为吸收状态。为求在吸收状态时由 e_i 转移到 e_j 所需的平均转移次数(或平均时间),需先求矩阵 M,即

$$M=(I-Q)^{-1} \tag{4-9}$$

其中, I 为单位矩阵; Q 为由转移矩阵 P 中去掉吸收状态的行和列后的子矩阵。

这样求得的 M 矩阵的元素 m_{ij} 给出了在离散过程中由 e_i 转移到 e_j 所需的平均次数,对于连续过程是平均时间。

$M=(I-Q)^{-1}$ 称为基本矩阵,一般地讲, M 可以写为

$$M = \begin{bmatrix} m_{11} & m_{12} & \cdots & m_{1k} \\ m_{21} & m_{22} & \cdots & m_{2k} \\ \vdots & \vdots & & \vdots \\ m_{l1} & m_{ll} & \cdots & m_{lk} \end{bmatrix} \tag{4-10}$$

其中,元素 m_{ij} 表示离散过程从状态 e_i 出发到吸收状态时处于 e_j 状态的平均停留次数,也就是说,从 e_i 状态出发,平均在 e_1 状态停留 m_{i1} 次,在 e_2 状态停留 m_{i2} 次,……,在 e_n 状态停留 m_{in} 次。

因此,处于非吸收状态的平均转移次数(或平均时间)就可利用它们的和表示。为了利用矩阵表示它,只要将基本矩阵 M 乘以全部元素为 1 的列向量 C 就行了,即

$$MC = \begin{bmatrix} m_{11} & m_{12} & \cdots & m_{1k} \\ m_{21} & m_{22} & \cdots & m_{2k} \\ \vdots & \vdots & & \vdots \\ m_{l1} & m_{l2} & \cdots & m_{lk} \end{bmatrix} \begin{bmatrix} 1 \\ 1 \\ \vdots \\ 1 \end{bmatrix} = \begin{bmatrix} \sum\limits_{j=1}^{k} m_{1j} \\ \sum\limits_{j=1}^{k} m_{2j} \\ \vdots \\ \sum\limits_{j=1}^{k} m_{lj} \end{bmatrix} \qquad (4\text{-}11)$$

例题 4.5 3 个状态的状态转移矩阵如图 4-5 所示,其中 e_1 为正常状态,e_2 为故障状态(可修复),e_3 为吸收状态,失效后不能再修理了。求达到吸收状态时平均转移次数及各状态的停留次数。

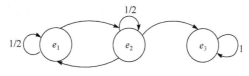

图 4-5 吸收状态图

解 ① 写出转移矩阵 P,即

$$P = \begin{bmatrix} 1/2 & 1/2 & 0 \\ 1/4 & 1/2 & 1/4 \\ 0 & 0 & 1 \end{bmatrix}$$

其中,元素 $P_{33}=1$ 表示吸收状态,所以矩阵 Q 为

$$Q = \begin{bmatrix} 1/2 & 1/2 \\ 1/4 & 1/2 \end{bmatrix}$$

② 求基本矩阵 M,即

$$M = (I-Q)^{-1} = \left[\begin{bmatrix} 1 & 0 \\ 0 & 1 \end{bmatrix} - \begin{bmatrix} 1/2 & 1/2 \\ 1/4 & 1/2 \end{bmatrix} \right]^{-1} = \begin{bmatrix} 1/2 & -1/2 \\ -1/4 & 1/2 \end{bmatrix}^{-1} = \begin{bmatrix} 4 & 4 \\ 2 & 4 \end{bmatrix}$$

即由工作状态 e_1 出发再到吸收状态时在 e_1 状态平均转移次数为元素 $m_{11}=4$ 次;由 e_2 状态出发到吸收状态时,在 e_1 状态平均转移次数为元素 $m_{21}=2$ 次。

③ 平均转移次数,即

$$MC = \begin{bmatrix} 4 & 4 \\ 2 & 4 \end{bmatrix} \begin{bmatrix} 1 \\ 1 \end{bmatrix} = \begin{bmatrix} 8 \\ 6 \end{bmatrix}$$

由计算结果可知,由 e_1 状态出发,平均经过 8 次转移达到吸收状态;由 e_2 状态出发,平均经过 6 次转移达到吸收状态。

4.1.5　连续型马尔可夫过程

连续型马尔可夫过程的转移概率是 t 和 $t+\Delta t$ 之间极小的 Δt 时间内的概率。如图 4-6 所示为连续型状态转移图。图中 e_1 为正常状态,e_2 为故障状态,其失效概率 λ 与修复率 μ 均为常数。根据图 4-6 可写出马尔可夫链的矩阵 $P(\Delta t)$ 为一微系数矩阵,即

$$P(\Delta t)=\begin{bmatrix}1-\lambda\Delta t & \lambda\Delta t \\ \mu\Delta t & 1-\mu\Delta t\end{bmatrix}$$

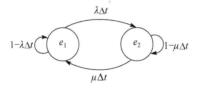

图 4-6　连续型状态吸收图

假定 $e_1=1$ 表示系统处于正常状态,$e_2=0$ 表示系统处于故障状态。由微系数矩阵可以写出 Δt 时间内的各转移概率为

$$\begin{cases}P_{11}(\Delta t)=P\{X(t+\Delta t)=1|X(t)=1\}=1-\lambda\Delta t+o(\Delta t) \\ P_{12}(\Delta t)=P\{X(t+\Delta t)=0|X(t)=1\}=\lambda\Delta t+o(\Delta t) \\ P_{21}(\Delta t)=P\{X(t+\Delta t)=1|X(t)=0\}=\mu\Delta t+o(\Delta t) \\ P_{22}(\Delta t)=P\{X(t+\Delta t)=1|X(t)=0\}=1-\mu\Delta t+o(\Delta t)\end{cases} \qquad (4\text{-}12)$$

其中,$o(\Delta t)$ 为一高阶无穷小项,表示在 $t\sim t+\Delta t$ 区间内,基本上不会发生一个以上的失效,数学上记为 $o(\Delta t)$。

令

$$P_1(t)=P\{X(t)=1\}, \quad P_2(t)=P\{X(t)=0\}$$

则利用全概率公式可得下式,即

$$\begin{cases}P_1(t+\Delta t)=P_1(t)P_{11}(\Delta t)+P_2(t)P_{21}(\Delta t)=(1-\lambda\Delta t)P_1(t)+\mu\Delta t P_2(t) \\ P_2(t+\Delta t)=P_1(t)P_{12}(\Delta t)+P_2(t)P_{22}(\Delta t)=\lambda\Delta t P_1(t)+(1-\mu\Delta t)P_2(t)\end{cases}$$
$$(4\text{-}13)$$

由于

$$\lim_{\Delta t\to 0}\frac{P_1(t+\Delta t)-P_1(t)}{\Delta t}=P_1'(t)$$

$$\lim_{\Delta t \to 0} \frac{P_2(t+\Delta t)-P_2(t)}{\Delta t}=P_2'(t)$$

则将式(4-13)整理后可以写成微分方程组,即

$$\begin{cases} P_1'(t)=-\lambda P_1(t)+\mu P_2(t) \\ P_2'(t)=\lambda P_1(t)-\mu P_2(t) \end{cases} \tag{4-14}$$

将式(4-14)写成矩阵形式,即

$$[P_1'(t) \quad P_2'(t)]=[P_1(t) \quad P_2(t)]\begin{bmatrix} -\lambda & \lambda \\ \mu & -\mu \end{bmatrix}$$

令

$$A=\begin{bmatrix} -\lambda & \lambda \\ \mu & -\mu \end{bmatrix}$$

对式(4-14)进行拉普拉斯变换后,得

$$\begin{cases} sP_1(s)-P_1(0)=-\lambda P_1(s)+\mu P_2(s) \\ sP_2(s)-P_2(0)=\lambda P_1(s)-\mu P_2(s) \end{cases} \tag{4-15}$$

系统初始状态 $P(0)=[P_1(0) \quad P_2(0)]=[1 \quad 0]$,带入式(4-15)可得

$$\begin{cases} (s+\lambda)P_1(s)-\mu P_2(s)=P_1(0) \\ -\lambda P_1(s)+(s+\mu)P_2(s)=P_2(0) \end{cases} \tag{4-16}$$

将式(4-16)写成矩阵形式为

$$[P_1(s) \quad P_2(s)]\begin{bmatrix} (s+\lambda) & -\lambda \\ -\mu & (s+\mu) \end{bmatrix}=[P_1(0) \quad P_2(0)] \tag{4-17}$$

可以简写为

$$P(s)(s\boldsymbol{I}-\boldsymbol{A})=P(0) \tag{4-18}$$

式(4-18)两边右乘$(s\boldsymbol{I}-\boldsymbol{A})^{-1}$,得

$$P(s)=P(0)(s\boldsymbol{I}-\boldsymbol{A})^{-1} \tag{4-19}$$

将$(s\boldsymbol{I}-\boldsymbol{A})^{-1}$按部分分式法展开,并对式(4-19)进行逆变换,可得 $P(t)=[P_1(t)$ $P_2(t)]$的值。

由上述分析,可以把解连续型状态转移关系的一般过程归纳如下。

① 写出微系数矩阵 $P(\Delta t)$ 及其对应的矩阵 P。

② 由 P 求 $\boldsymbol{A}$,即 $\boldsymbol{A}=P-\boldsymbol{I}$。

③ 求$(sI-A)$及其逆矩阵$(sI-A)^{-1}$。

④ 对$(sI-A)^{-1}$按部分分式法展开,并代入式(4-19)后对其进行逆变换,即可得到所求解。

4.2　单部件可修系统

单部件组成的可修复系统是简单的可修复系统,为有助于理解 4.1 节中一般结果的实际背景,我们将详细讨论这个系统,并求出各种可靠性指标。

假设系统由一个部件构成,当部件工作时,系统工作;当部件故障时,系统故障,部件的寿命 X 遵从指数分布,即

$$P\{X \leqslant t\} = 1 - e^{-\lambda t}, \quad t \geqslant 0, \quad \lambda > 0$$

部件故障后的修理时间 Y 遵从指数分布,即

$$P\{Y \leqslant t\} = 1 - e^{-\mu t}, \quad t \geqslant 0, \quad \mu > 0$$

假定 X 和 Y 相互独立,故障部件修复后的寿命分布与新的部件相同(简称为修复如新)。

上述系统可由工作和故障两个状态不断交替的过程来描述。假定用状态 0 表示系统正常,用状态 1 表示系统故障,因此有

$$E = \{0,1\}, \quad W = \{0\}, \quad F = \{1\}$$

令

$$X(t) = \begin{cases} 0, & \text{时刻 } t \text{ 系统工作} \\ 1, & \text{时刻 } t \text{ 系统故障} \end{cases}$$

显然,$\{X(t), t \geqslant 0\}$ 是一个连续时间 $t \geqslant 0$、有限状态空间 $E = \{0,1\}$ 的随机过程,由于指数分布的无记忆性,可以证明 $\{X(t), t \geqslant 0\}$ 是一个时齐马尔可夫过程。事实上,若已知 $X(t) = 0$(时刻 t 系统工作)或 $X(t) = 1$(时刻 t 系统故障),由于部件的寿命分布和修理时间分布是指数分布,因此时刻 t 以后系统发展的概率规律完全由时刻 t 系统是工作还是故障所完全决定,而与该部件在时刻 t 已工作了多长时间与已修理了多长时间无关。即时刻 t 以后系统发展的概率规律由 $X(t) = 0$,还是 $X(t) = 1$ 决定,而与时刻 t 以前的历史无关。此外,还可以类似地说明过程的时齐性。

对此马尔可夫过程,即

$$
\begin{cases}
P_{00}(\Delta t)=P\{X(t+\Delta t)=0\,|\,X(t)=0\}=1-\lambda\Delta t+o(\Delta t)\\
P_{01}(\Delta t)=P\{X(t+\Delta t)=1\,|\,X(t)=0\}=\lambda\Delta t+o(\Delta t)\\
P_{10}(\Delta t)=P\{X(t+\Delta t)=0\,|\,X(t)=1\}=\mu\Delta t+o(\Delta t)\\
P_{11}(\Delta t)=P\{X(t+\Delta t)=1\,|\,X(t)=1\}=1-\mu\Delta t+o(\Delta t)
\end{cases}
\tag{4-20}
$$

图 4-7 表示 Δt 时间内系统转移状态的概率,可以写出概率转移矩阵,即

$$
A=\begin{bmatrix} -\lambda & \lambda \\ \mu & -\mu \end{bmatrix}
$$

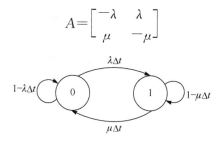

图 4-7　Δt 时间内系统转移状态的概率

当时刻 t 系统处于工作状态时,可以求得系统的瞬时可用度为

$$
A(t)=P_0(t)=\frac{\mu}{\lambda+\mu}+\frac{\lambda}{\lambda+\mu}\mathrm{e}^{-(\lambda+\mu)t}
\tag{4-21}
$$

当时刻 t 系统处于故障状态时,可以求得系统的瞬时可用度,即

$$
A=\frac{\mu}{\lambda+\mu}-\frac{\lambda}{\lambda+\mu}\mathrm{e}^{-(\lambda+\mu)t}
\tag{4-22}
$$

系统的稳态可用度为

$$
A=\frac{\mu}{\lambda+\mu}
\tag{4-23}
$$

令系统的故障状态 1 为吸收状态,即令 $\mu=0$。这就构成一个新的马尔可夫过程 $\{\widetilde{X}(t),t\geqslant 0\}$。这个过程的状态转移图如图 4-8 所示。令 $Q_j(t)=P\{\widetilde{X}(t)=j\}$, $j=0,1$,则有

$$
(Q_0'(t),Q_1'(t))=Q_0(t),Q_1(t)\begin{bmatrix} -\lambda & \lambda \\ 0 & 0 \end{bmatrix}
\tag{4-24}
$$

图 4-8　概率转移图

设在时刻 $t=0$，系统处在工作状态，即已知 $Q_0(0)=1$，$Q_1(0)=0$，解式(4-24)得

$$Q_0(t)=Q_0(0)\mathrm{e}^{-\lambda t}=\mathrm{e}^{-\lambda t} \tag{4-25}$$

从而系统首次故障前的平均时间为

$$\mathrm{MTTF}=\int_0^\infty R(t)\mathrm{d}t=\frac{1}{\lambda} \tag{4-26}$$

式(4-25)和式(4-26)是十分显然的，因为系统由一个部件构成，所以系统的首次故障前时间分布就是部件的寿命分布。

系统的瞬时故障频度为

$$m(t)=P_0(t)a_{01}=\lambda P_0(t) \tag{4-27}$$

若时刻 t 系统处于状态 0，则

$$m_0(t)=\lambda\left(\frac{\mu}{\lambda+\mu}+\frac{\lambda}{\lambda+\mu}\mathrm{e}^{-(\lambda+\mu)t}\right) \tag{4-28}$$

系统在 $(0,t]$ 中的平均故障次数为

$$M_0(t)=\int_0^t m_0(u)\mathrm{d}u=\frac{\lambda\mu}{\lambda+\mu}t+\frac{\lambda^2}{(\lambda+\mu)^2}\left[1-\mathrm{e}^{-(\lambda+\mu)t}\right] \tag{4-29}$$

稳态故障频度为

$$M=\frac{\lambda\mu}{\lambda+\mu} \tag{4-30}$$

同理，可得系统处于状态 1 的平均故障次数，即

$$M_1(t)=\int_0^t m_1(u)\mathrm{d}u=\frac{\lambda\mu}{\lambda+\mu}t-\frac{\lambda^2}{(\lambda+\mu)^2}\left[1-\mathrm{e}^{-(\lambda+\mu)t}\right] \tag{4-31}$$

稳态故障频度与式(4-30)相同。

4.3　典型可修复系统可用度

4.3.1　串联系统可用度

由 n 个单元构成的串联系统，每个单元的失效及维修时间均服从指数分布。n 个单元全部正常工作时系统处于正常状态，当其中某一个单元出现故障时，系统就处于故障状态，此时维修组立刻进行修复。修理期间，未发生故障的单元也处于停止工作。当故障单元修复后，n 个单元又进入工作状态，系统恢复正常工作。修复后的单元寿命仍然服从指数分布。

当 n 个单元失效相互独立,在 $t\sim t+\Delta t$, n 个单元失效率均为 λ,修复率均为 μ 时,该系统状态转移图如图 4-9 所示。e_1 为工作状态,e_2 为故障状态,其微系数矩阵为

$$P(\Delta t)=\begin{bmatrix} 1-n\lambda\Delta t & n\lambda\Delta t \\ \mu\Delta t & 1-\mu\Delta t \end{bmatrix}$$

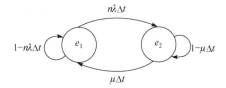

图 4-9　λ 相同时 n 个单元串联状态转移图

这时系统的状态在形式上与前述单一设备情况一样,只是 n 个单元以 $n\lambda\Delta t$ 的概率由 e_1 向 e_2 状态转移。因此,单一设备情况的可用度分析结果均可以用到这里,只要把 λ 改为 $n\lambda$ 即可,因此该系统的瞬时可用度和静态可用度分别为

$$A(t)=\frac{\mu}{n\lambda+\mu}+\frac{n\lambda}{n\lambda+\mu}e^{-(n\lambda+\mu)t} \tag{4-32}$$

$$A(\infty)=\frac{\mu}{n\lambda+\mu} \tag{4-33}$$

吸收状态时,系统可靠度及平均无故障工作时间为

$$R_S(t)=e^{-n\lambda t}$$

$$\theta_S=\frac{1}{n\lambda}$$

当 n 个单元的失效率分别为 λ_i, $i=1,2,\cdots,n$,修复率分别为 μ_i, $i=1,2,\cdots,n$ 时,其状态转移图如图 4-10 所示。e_0 为系统工作状态,e_i 为第 i 个单元处于故障状态,其余单元正常,此时系统处于故障状态。若发生故障后立刻进行修复(采用一组维修工),则在 $t\sim t+\Delta t$ 时间内的微系数转移矩阵为

$$P(\Delta t)=\begin{bmatrix} 1-\sum_{i=1}^{n}\lambda_i\Delta t & \lambda_1\Delta t & \lambda_2\Delta t & \cdots & \lambda_n\Delta t \\ \mu_1\Delta t & 1-\mu_1\Delta t & 0 & \cdots & 0 \\ \vdots & \vdots & & & \vdots \\ \mu_n\Delta t & 0 & 0 & \cdots & 1-\mu_n\Delta t \end{bmatrix}$$

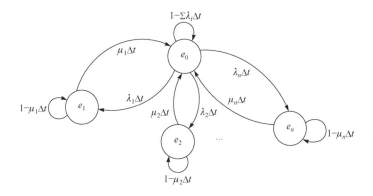

图 4-10　n 个不同单元串联状态转移图

利用拉普拉斯变换可求出稳态可用度,即

$$A(\infty) = \frac{1}{1 + \frac{\lambda_1}{\mu_1} + \cdots + \frac{\lambda_n}{\mu_n}} = \frac{1}{1 + \sum_{i=1}^{n} \rho_i} = \frac{1}{1 + \rho_s} \qquad (4\text{-}34)$$

其中,$\rho_i = \frac{\lambda_i}{\mu_i}$ 为第 i 个单元维修系数,$i = 1, 2, \cdots, n$;$\rho_s = \sum_{i=1}^{n} \rho_i$ 为系统的维修系数,即

$$\rho_s = \frac{\lambda_s}{\mu_s} = \sum_{i=1}^{n} \rho_i = \sum_{i=1}^{n} \frac{\lambda_i}{\mu_i} \qquad (4\text{-}35)$$

当单元失效服从指数分布时,$\lambda_s = \sum_{i=1}^{n} \lambda_i$,则

$$\mu_s = \frac{\lambda_s}{\rho_s} = \frac{\sum_{i=1}^{n} \lambda_i}{\sum_{i=1}^{n} \frac{\lambda_i}{\mu_i}} \qquad (4\text{-}36)$$

若系统的可靠度仍为系统的状态 $e_i, i = 1, 2, \cdots, n$。处于吸收状态时的可靠度,则得到系统首次故障前平均工作时间,即

$$\theta_S = \frac{1}{\lambda_S}$$

4.3.2　并联系统可用度

讨论 n 个相同单元并联,有一组维修人员情况。假设 n 个单元寿命分布平均

为参数为 λ 的指数分布,维修时间分布为参数为 μ 的指数分布,且 n 个单元的失效及维修时间均相互独立,故障单元修复后的寿命仍服从参数为 λ 的指数分布。系统的可能状态有 e_i, $i=0,1,\cdots,n$, i 表示失效单元数,这样系统的状态转移图如图 4-11 所示。

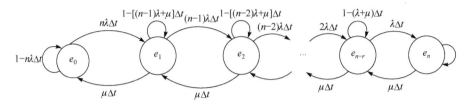

图 4-11　n 个相同单元并联状态转移图

其微系数转移矩阵为

$$P(\Delta t)=\begin{bmatrix} 1-n\lambda\Delta t & n\lambda\Delta t & 0 & \cdots & 0 & 0 \\ \mu\Delta t & 1-[(n-1)\lambda+\mu]\Delta t & (n-1)\lambda\Delta t & \cdots & 0 & 0 \\ 0 & \mu\Delta t & 1-[(n-2)\lambda+\mu]\Delta t & \cdots & 0 & 0 \\ \vdots & \vdots & \vdots & & \vdots & \vdots \\ 0 & 0 & 0 & \cdots & 1-(\lambda+\mu)\Delta t & \lambda\Delta t \\ 0 & 0 & 0 & \cdots & \mu\Delta t & 1-\mu\Delta t \end{bmatrix}_{n\times n}$$

经求解可得其稳态可用度 $A(\infty)$ 为

$$A(\infty)=\frac{\displaystyle\sum_{i=0}^{n-1}\frac{1}{(n-i)!}\left(\frac{\lambda}{\mu}\right)^i}{\displaystyle\sum_{i=0}^{n}\frac{1}{(n-i)!}\left(\frac{\lambda}{\mu}\right)^i} \tag{4-37}$$

若两个相同单元并联,有一组维修人员时,其他假设条件同 n 个相同单元并联一样,则状态转移图如图 4-12 所示。

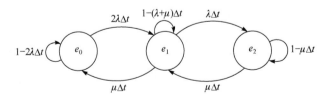

图 4-12　两个相同单元并联状态转移图

其微系数转移矩阵为

$$P(\Delta t) = \begin{bmatrix} 1-2\lambda\Delta t & 2\lambda\Delta t & 0 \\ \mu\Delta t & 1-(\lambda+\mu)\Delta t & \lambda\Delta t \\ 0 & \mu\Delta t & 1-\mu\Delta t \end{bmatrix}$$

经求解得到系统瞬时可用度及稳态可用度分别为

$$A(t) = \frac{2\lambda\mu+\mu^2}{\mu^2+2\lambda\mu+2\lambda^2} - \frac{2\lambda^2(s_2 e^{s_1 t} - s_1 e^{s_2 t})}{s_1 s_2(s_1 - s_2)} \tag{4-38}$$

其中

$$s_1, s_2 = \frac{1}{2}\left[-(3\lambda+2\mu)\pm\sqrt{\lambda^2+4\lambda\mu}\right]$$

$$A(\infty) = \frac{\mu^2+2\lambda\mu}{\mu^2+2\lambda\mu+2\lambda^2} \tag{4-39}$$

对于两个不同单元,有一组维修人员工作的并联系统,其单元失效率及修复率分别为λ_1,λ_2及μ_1,μ_2,其余条件同前述。这个系统共有 5 个可能的状态。

① 状态e_0。单元 1 和单元 2 都正常工作,系统正常工作状态。

② 状态e_1。单元 1 正常,单元 2 故障,系统正常工作状态。

③ 状态e_2。单元 2 正常,单元 1 故障,系统处于正常状态。

④ 状态e_3。单元 1 在修理,单元 2 处于待修,系统处于故障状态。

⑤ 状态e_4。单元 2 在修理,单元 1 处于待修,系统处于故障状态。

其状态转移如图 4-13 所示,微系数转移矩阵为

$$P(\Delta t) = \begin{bmatrix} 1-(\lambda_1+\lambda_2)\Delta t & \lambda_2\Delta t & \lambda_1\Delta t & 0 & 0 \\ \mu_2\Delta t & 1-(\lambda_1+\mu_2)\Delta t & 0 & 0 & \lambda_1\Delta t \\ \mu_1\Delta t & 0 & 1-(\lambda_2+\mu_1)\Delta t & \lambda_2\Delta t & 0 \\ 0 & \mu_1\Delta t & 0 & 1-\mu_1\Delta t & 0 \\ 0 & 0 & \mu_2\Delta t & 0 & 1-\mu_2\Delta t \end{bmatrix}$$

对上述情况经求解可得

$$P(t) = \begin{bmatrix} P_0(t) & P_1(t) & P_2(t) & P_3(t) & P_4(t) \end{bmatrix}$$

当$t\to\infty$时,$P_i(\infty) = \lim\limits_{t\to\infty} P_i(t), i = 0,1,2,3,4$,得

$$P_0(\infty) =$$

$$\frac{\mu_1\mu_2(\lambda_1\mu_1+\lambda_2\mu_2+\mu_1\mu_2)}{\lambda_1\mu_2(\mu_1+\lambda_2)(\lambda_1+\lambda_2+\mu_2)+\lambda_2\mu_1(\mu_2+\lambda_1)(\lambda_1+\lambda_2+\mu_1)+\mu_1\mu_2(\lambda_1\mu_1+\lambda_2\mu_2+\mu_1\mu_2)}$$

$$P_1(\infty) = \frac{\lambda_2(\lambda_1+\lambda_2+\mu_1)}{\lambda_1\mu_1+\lambda_2\mu_2+\mu_1\mu_2} P_0(\infty)$$

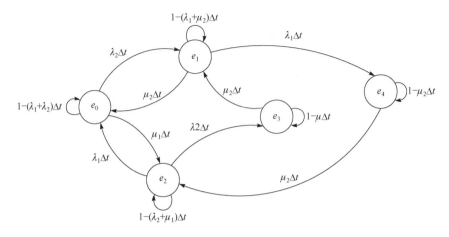

图 4-13　两个不同单元并联状态转移图

$$P_2(\infty)=\frac{\lambda_1(\lambda_1+\lambda_2+\mu_2)}{\lambda_1\mu_1+\lambda_2\mu_2+\mu_1\mu_2}P_0(\infty)$$

$$P_3(\infty)=\frac{\lambda_1\lambda_2(\lambda_1+\lambda_2+\mu_2)}{\mu_1(\lambda_1\mu_1+\lambda_2\mu_2+\mu_1\mu_2)}P_0(\infty)$$

$$P_4(\infty)=\frac{\lambda_1\lambda_2(\lambda_1+\lambda_2+\mu_2)}{\mu_2(\lambda_1\mu_1+\lambda_2\mu_2+\mu_1\mu_2)}P_0(\infty)$$

稳态可用度为

$$A(\infty)=P_0(\infty)+P_1(\infty)+P_2(\infty) \tag{4-40}$$

4.3.3　表决系统可用度

若系统由 n 个相同单元组成，单元寿命分布及故障后维修时间的分布均服从指数分布，n 个相同单元相互独立，且只有一组维修人员，那么当 1 个单元处于维修时，其他故障单元必然处于待修状态。

① 当且仅当至少 r 个单元工作时，系统处于正常工作状态。

② 当有 $n-r+1$ 个单元故障时，系统处于故障状态。未发生故障的 $r-1$ 个单元也停止工作，不再发生故障。直到有 1 个单元被修复后，又有 r 个单元同时进入工作状态时，系统才又重新进入工作状态。

一般来讲，r/n 表决系统，应有 $n-r+2$ 个不同的状态 $e_i,i=0,1,2,\cdots,n-r+1$，即

① 状态 e_0。n 个单元都处于工作状态，系统正常工作。

② 状态 e_1。$n-1$ 个单元处于工作状态，有 1 个单元失效，故障单元进入维修，

但系统还在正常工作。

③ 状态 e_2。$n-2$ 个单元处于工作状态，2 个单元失效，其中 1 个单元处于维修，另一个故障单元处于待修，但系统仍在工作状态。

④ 直到状态 e_{n-r}。r 个单元处于正常工作，$n-r$ 个单元失效，其中 1 个单元处于维修，另其余故障单元处于待修，但系统尚在工作状态。

⑤ 状态 e_{n-r+1}。$r-1$ 个单元处于正常状态，$n-r+1$ 个单元失效，系统处于故障状态。

因此，该系统状态转移图如图 4-14 所示。

图 4-14　相同单元 r/n 表决系统状态转移图

其微系数转移矩阵为

$P(\Delta t)$

$$
= \begin{bmatrix}
1-n\lambda\Delta t & n\lambda\Delta t & 0 & \cdots & 0 & 0 \\
\mu\Delta t & 1-[(n-1)\lambda+\mu]\Delta t & (n-1)\lambda\Delta t & \cdots & 0 & 0 \\
0 & \mu\Delta t & 1-[(n-2)\lambda+\mu]\Delta t & \cdots & 0 & 0 \\
\vdots & \vdots & \vdots & & \vdots & \vdots \\
0 & 0 & 0 & \cdots & 1-(r\lambda+\mu)\Delta t & r\lambda\Delta t \\
0 & 0 & 0 & \cdots & \mu\Delta t & 1-\mu\Delta t
\end{bmatrix}
$$

经求解可得系统瞬时可用度及稳态可用度。在此只给出稳态可用度公式，即

$$
A(\infty) = \frac{\displaystyle\sum_{j=0}^{n-r} \frac{1}{(n-j)!}\left(\frac{\lambda}{\mu}\right)^{j}}{\displaystyle\sum_{i=0}^{n-r+1} \frac{1}{(n-i)!}\left(\frac{\lambda}{\mu}\right)^{i}} \tag{4-41}
$$

4.3.4　旁联系统可用度

1. 转移装置完全可靠，贮备单元贮备期间也完全可靠

（1）两个相同单元且有一组维修人员的旁联系统

由两个相同单元组成的旁联系统，其中一个单元工作，另一个单元贮备。当工作单元发生故障时，贮备单元立刻替换进入工作状态，而故障单元立刻进行修复。

在顶替单元没有发生故障前,修复单元已修好并进入贮备状态,以此保证系统处于正常工作状态。若修复单元没修好时,顶替单元也发生了故障,则因只有一组维修人员,单元2只能处于待修状态,这时系统处于故障状态。当第一个故障单元修复后投入工作状态时,第二个故障单元则进入修复状态,这时系统又处于工作状态。假设转换开关是完全可靠的,而单元工作寿命服从参数为 λ 的指数分布,维修时间 τ 服从参数为 μ 的指数分布,且两个单元寿命及维修时间等随机变量均为相互独立。系统状态转移图如图 4-15 所示。

图 4-15　两个相同单元旁连系统状态转移图

图中 e_0 为没有失效单元;e_1 为一个单元工作,另一个单元修理;e_2 为两个单元失效。其微系数转移矩阵为

$$P(\Delta t)=\begin{bmatrix} 1-\lambda\Delta t & \lambda\Delta t & 0 \\ \mu\Delta t & 1-(\lambda+\mu)\Delta t & \lambda\Delta t \\ 0 & \mu\Delta t & 1-\mu\Delta t \end{bmatrix}$$

利用前述方法,得到瞬时可用度为

$$A(t)=\frac{\lambda\mu+\mu^2}{\lambda^2+\lambda\mu+\mu^2}-\frac{\lambda^2(s_2 e^{s_1 t}-s_1 e^{s_2 t})}{s_1 s_2(s_1-s_2)} \tag{4-42}$$

其中,s_1 和 s_2 是方程 $s^2+2(\lambda+\mu)s+(\lambda^2+\lambda\mu+\mu^2)=0$ 的两个根,即

$$s_1,s_2=-(\lambda+\mu)\pm\sqrt{\lambda\mu} \tag{4-43}$$

稳态可用度为

$$A(\infty)=\frac{\lambda\mu+\mu^2}{\lambda^2+\lambda\mu+\mu^2} \tag{4-44}$$

(2) 两个不同单元有一组维修人员的旁联系统

系统由单元1、单元2及一组维修人员构成,单元1及单元2的工作寿命分布服从参数为 λ_1 及 λ_2 的指数分布,维修时间分布服从参数为 μ_1 和 μ_2 的指数分布,其他假设条件同前。该系统可能的状态有6个。

① 状态 e_0。单元1工作,单元2处于贮备状态,系统正常工作状态。

② 状态 e_1。单元2工作,单元1处于贮备状态,系统正常工作状态。

③ 状态 e_2。单元 1 工作,单元 2 处于修理状态,系统正常工作状态。

④ 状态 e_3。单元 2 工作,单元 1 处于贮备状态,系统故障状态。

⑤ 状态 e_4。单元 1 在修理,单元 2 处于待修,系统故障状态。

⑥ 状态 e_5。单元 2 在修理,单元 1 处于待修,系统故障状态。

可见,状态 e_4 和 e_5 是故障状态,其余为系统工作状态。该系统状态转移图如图 4-16 所示。

其微系数转移矩阵为

$$P(\Delta t)=\begin{bmatrix} 1-\lambda_1\Delta t & 0 & 0 & \lambda_1\Delta t & 0 & 0 \\ 0 & 1-\lambda_2\Delta t & \lambda_2\Delta t & 0 & 0 & 0 \\ \mu_2\Delta t & 0 & 1-(\lambda_1+\mu_2)\Delta t & 0 & 0 & \lambda_1\Delta t \\ 0 & \mu_1\Delta t & 0 & 1-(\lambda_2+\mu_1)\Delta t & \lambda_2\Delta t & 0 \\ 0 & 0 & \mu_1\Delta t & 0 & 1-\mu_1\Delta t & 0 \\ 0 & 0 & 0 & \mu_2\Delta t & 0 & 1-\mu_2\Delta t \end{bmatrix}$$

类似地,解得系统稳态可用度为

$$A(\infty)=P_0(\infty)+P_1(\infty)+P_2(\infty)+P_3(\infty)$$

其中

$$P_0(\infty)=\left[1+\frac{\lambda_1}{\mu_2}+\frac{\lambda_1^2}{\mu_2^2}+\frac{\lambda_1(\lambda_1+\mu_2)}{\mu_2(\lambda_2+\mu_1)}+\frac{\lambda_1\lambda_2(\lambda_1+\mu_2)}{\mu_1\mu_2(\lambda_2+\mu_1)}+\frac{\lambda_1\mu_2(\lambda_1+\mu_2)}{\lambda_2\mu_1(\lambda_2+\mu_1)}\right]^{-1}$$

$$P_1(\infty)=\frac{\lambda_1\mu_2(\lambda_1+\mu_2)}{\lambda_2\mu_1(\lambda_2+\mu_1)}P_0(\infty)$$

$$P_2(\infty)=\frac{\lambda_1}{\mu_2}P_0(\infty)$$

$$P_3(\infty)=\frac{\lambda_1(\lambda_1+\mu_2)}{\mu_2(\lambda_2+\mu_1)}P_0(\infty)$$

2. 转换装置完全可靠,贮备单元在贮备期间不完全可靠

由于这种贮备系统可用度分析更为复杂,因此只介绍由两个相同单元组成的系统有一组维修人员,而且工作单元与贮备单元发生故障后的维修时间假定相同的简单情况。

工作单元的寿命服从参数为 λ 的指数分布,贮备单元的寿命服从参数为 λ_0 的指数分布,工作单元与贮备单元维修时间分布均服从参数为 μ 的指数分布。假定有关随机变量相互独立,则该系统可能有 3 个状态,即

① 状态 e_0。一个单元工作,另一个单元处于贮备状态。

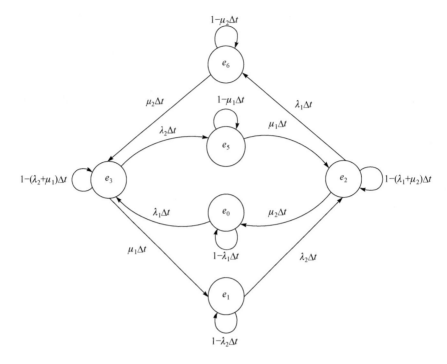

图 4-16　两个不同单元旁连系统状态转移图

② 状态 e_1。一个单元工作，另一个单元处于维修状态。

③ 状态 e_2。一个单元在修理，另一个单元待修。

状态 e_0 及 e_1 均为系统工作状态，状态 e_2 为系统故障状态。这是系统状态转移如图 4-17 所示。

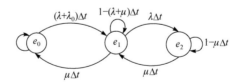

图 4-17　两个相同单元旁连，贮备期有失效的系统状态转移图

其微系数转移矩阵为

$$P(\Delta t)=\begin{bmatrix} 1-(\lambda+\lambda_0)\Delta t & (\lambda+\lambda_0)\Delta t & 0 \\ \mu\Delta t & 1-(\lambda+\mu)\Delta t & \lambda\Delta t \\ 0 & \mu\Delta t & 1-\mu\Delta t \end{bmatrix}$$

同样，对此问题经求解可得系统瞬时可用度，即

$$A(t) = \frac{\lambda\mu + \lambda_0\mu + \mu^2}{(\lambda+\lambda_0)(\lambda+\mu)+\mu^2} - \frac{\lambda(\lambda+\lambda_0)}{s_1 s_2(s_1-s_2)}(s_2 e^{s_1 t} - s_1 e^{s_2 t}) \qquad (4\text{-}45)$$

其中

$$s_1, s_2 = \frac{1}{2}\left[-(2\lambda+\lambda_0+2\mu) \pm \sqrt{4\lambda\mu+\lambda_0^2}\right] \qquad (4\text{-}46)$$

系统稳态可用度为

$$A(\infty) = \frac{\lambda\mu + \lambda_0\mu + \mu^2}{(\lambda+\lambda_0)(\lambda+\mu)+\mu^2} \qquad (4\text{-}47)$$

4.4　系统维修周期

4.4.1　定时拆修与定时报废

定时拆修(修复)指按一定周期对设备进行预防性维修,包括将设备进行分解清洗、更换故障或性能已劣化的部件,使设备恢复至规定的性能状态,因此一般可假定设备经定时拆修(如经过大修)后恢复如新。

定时报废工作是指设备使用到一定时间后予以报废并更换新品。按时间的计算方法不同,定时更换策略可分为每个设备的实际使用时间(龄期)进行的定时更换(工龄定时更换)和按设备投入使用的时刻起所经历的日历时间进行的定时更换(全部定时更换)两种。

在实际维修工作中,这两种更换策略是有明显区别的。

定时报废与定时修复一般只适用于有明显耗损期的设备,如果我们能够掌握设备的故障规律,特别是进入损耗期的工作时间,我们就可以在设备性能即将出现明显的劣化情况前采取预防性维修措施。采用定时修复的维修策略时,这两类预防性维修工作间隔期的确定原理是相同的,这里仅以定时报废为例进行介绍。

1. 工龄定时更换的间隔期

已知损耗期的工作时间及分布时,当设备故障有安全性影响和任务性影响,定时拆修和定时更换的有效性准则是维修工作的间隔期 T 应短于设备的平均损耗期 $\overline{Tw}$。由于设备的损耗期 Tw 是一个随机变量,如果知道它的分布,并给出工作间隔 T 内达到损耗期(发生故障)的概率 F 的可接受水平要求,即可确定维修工作周期 T。

例如,已知设备的损耗期 Tw 服从正态分布,允许故障发生的概率 $P \leqslant 0.1\%$,Tw 的均值 $\overline{Tw} = 900\text{h}$,方差 $\sigma = 20\text{h}$。按照概率论知识,我们知道服从正态分布的随机变量其值超出均值为中心的 3σ 界的概率仅为 0.003 左右,因此若不考虑偶然故障,取 $T \leqslant Tw - 3\sigma = 900 - 60 = 840$,可初步取工作间隔期 $T = 840h$(还要考虑工作组合)。

2. 按可靠度要求确定工作间隔期

已正常工作时间 t 以后的设备,在任务期间内使用一段时间 Δt 的任务可靠度为

$$R_M(t + \Delta t) = \frac{R(t + \Delta t)}{R(t)} = e^{-\int_t^{t+\Delta t} \lambda(t)dt} \tag{4-48}$$

对指数分布有

$$R_M(t + \Delta t) = e^{-\lambda \Delta t} \tag{4-49}$$

由此可知,指数分布时任务期间的任务可靠度与任务开始以前所累积的工作时间无关,因此不做定时修复或更换。

对于为威布尔分布,当位置参数 $\gamma = 0$ 时,有

$$R_M(t + \Delta t) = \frac{e^{-\frac{(t+\Delta t)^m}{\eta^m}}}{e^{-\frac{t^m}{\eta^m}}} = e^{-\frac{(t+\Delta t)^m - t^m}{\eta^m}} \tag{4-50}$$

当给定任务可靠度要求 R_0 时,按 $R_M(t + \Delta t) \geqslant R_0$ 即可求得定时更换间隔期 T。

3. 以平均可用度最大为目标的更换期

采用工龄更换指设备使用到规定的时间间隔期 T 时,即使无故障发生也要进行预防性更换,如果没有到规定的使用间隔期就发生故障,则进行故障后更换,并重新记录设备的工作时间。采用工龄更换策略的时序图如图 4-18 所示。

图 4-18　工龄更换策略时序图

由图 4-18 可见,设 T 为工龄更换周期,系统有可能正常使用到 T,也有可能工作到 T_1 时便发生故障($T_1 < T$),这两个事件是互斥事件,因此平均不能工作的时间 $\overline{T}_d$ 为

$$\overline{T}_d = R(T)\overline{M}_{\mathrm{pt}} + [1 - R(T)]\overline{M}_{\mathrm{ct}} \tag{4-51}$$

其中,$\overline{M}_{\mathrm{pt}}$ 为定时更换平均停机时间;$\overline{M}_{\mathrm{ct}}$ 为故障后更换平均停机时间;$R(T)$ 为 T 时刻系统的可靠度,即系统在 $(0,T)$ 不发生故障的概率;$[1-R(T)]$ 为 T 时刻系统的不可靠度;$R(T)\overline{M}_{\mathrm{pt}}$ 和 $[1-R(T)]\overline{M}_{\mathrm{ct}}$ 表示因定时更换和因故障后更换不能工作的平均时间。

每一预防性维修间隔期内,不发生故障条件下的平均无故障工作时间为 $R(T)T$,发生故障条件下的故障前的工作时间 T_1 的平均值为

$$\overline{T}_1 = \int_0^T tf(t)\,\mathrm{d}t$$

其中,$f(t)$ 为故障密度函数。

因此,维修间隔期内的故障平均工作时间的期望值为

$$\begin{aligned}
\overline{T}_u &= R(T)T + \int_0^T tf(t)\,\mathrm{d}t \\
&= R(T)T + \int_0^T \left(-t\frac{\mathrm{d}R(t)}{\mathrm{d}t}\right)\mathrm{d}t \\
&= R(T)T + [-tR(t)]\big|_0^T + \int_0^T R(t)\,\mathrm{d}t
\end{aligned} \tag{4-52}$$

系统的稳态可用度为

$$A = \frac{\overline{T}_u}{\overline{T}_u + \overline{T}_d} = \frac{\int_0^T R(t)\,\mathrm{d}t}{\int_0^T R(t)\,\mathrm{d}t + R(T)\overline{M}_{\mathrm{pt}} + [1-R(T)]\overline{M}_{\mathrm{ct}}} \tag{4-53}$$

为求可用度 A 最大为目标的最佳更换间隔 T,对 T 求导并化简,即

$$\frac{\overline{M}_{\mathrm{pt}}}{\overline{M}_{\mathrm{ct}} - \overline{M}_{\mathrm{pt}}} = \lambda(T)\int_0^T R(t)\,\mathrm{d}t - [1-R(T)], \quad \overline{M}_{\mathrm{ct}} > \overline{M}_{\mathrm{pt}} \tag{4-54}$$

利用上式中含 T 的项消去,无法解出 T,且 $\overline{M}_{\mathrm{pt}}=0$。这说明对指数分布的设备如果希望获得最大可用度,就不必进行定时更换。只有当 $\lambda(t)$ 是时间的增函数时,即存在损耗故障期才需对设备进行定时更换,其最佳预防更换时间间隔期常用实测统计数据作图的方法求出。系统可用度的计算公式可以写为

$$A = \frac{1}{1+\dfrac{\overline{T}_d}{\overline{T}_u}} = \frac{1}{1+\alpha} \tag{4-55}$$

其中,α 为不可用系数,即

$$\alpha = \frac{\overline{T}_d}{\overline{T}_u} = \frac{R(T)\overline{M}_{\text{pt}} + [1-R(T)]\overline{M}_{\text{ct}}}{\int_0^T R(t)\,\mathrm{d}t} \tag{4-56}$$

显然,要使可用度 A 最大就必须使用不可用系数最小。当设备的寿命为任意分布,且 $\lambda(t)$ 是时间的增函数时都可以采用上述方法。

若更换费用数据不全,则仍可用对安全性和任务性影响确定更换间隔期的方法,只是对设备可用性、可靠度的要求可低些。设已知定时更换一次的平均费用 Cp 和故障后更换一次的平均费用 Cc(Cc 包括故障后的损失费用,因此一般有 $Cc>Cp$)。

在间隔期 T 内,进行定时更换的概率仅为 $R(T)$,进行故障后更换的概率$[1-R(T)]$,因此更换间隔期内总期望费用为

$$C(T) = CpR(T) + Cc[1-R(T)] \tag{4-57}$$

每一间隔内平均可工作时间 $\overline{T}_u$ 为

$$C(T) = CpR(T) + Cc[1-R(T)] \tag{4-58}$$

因此,每单位工作时间的总费用为

$$\frac{C(T)}{\overline{T}_u} = \frac{CpR(T) + Cc[1-R(T)]}{\int_0^T R(t)\,\mathrm{d}t} \tag{4-59}$$

对 T 求导,化简后可得下式,即

$$\frac{Cp}{Cc-Cp} = \lambda(t)\int_0^T R(t)\,\mathrm{d}t - [1-R(T)] \tag{4-60}$$

由此可求得 T,显然上式与可用度为目标时得到的公式相似,只需将公式中的 Cp 和 Cc 换成 $\overline{M}_{\text{pt}}$ 和 $\overline{M}_{\text{ct}}$ 即可。

4.4.2　全部定时更换的间隔期

1. 对于安全性影响和任务性影响

全不定时更换策略指按设备批投入使用时刻起经历的日历时间进行的定时更换,与设备的实际使用时间无关。在间隔期期间设备故障发生后,只进行恢复性维修,全部定时更换策略的时序图如图 4-19 所示。

在图 4-19 中,$\overline{M}_{\text{pt}}$ 为全部定时更换的平均停机时间,$\overline{M}_{\text{ct}}$ 为故障后的那个更换的平均停机时间。在每一更换间隔期内,产品的故障被修复后故障率 λ 不变,平均不能工作时间 $\overline{T}_d$ 为

图 4-19　全部定时更换策略的时序图

$$\overline{T}_d = \overline{M}_{pt} + \overline{M}_{ct} \int_0^T \lambda(t)\,\mathrm{d}t \qquad\qquad (4\text{-}61)$$

其中，$\int_0^t \lambda(t)\,\mathrm{d}t$ 的物理意义是该间隔期内故障发生的次数。

设 $H(t)$ 为可修复设备在 $(0,t]$ 发生的平均故障次数，则故障率为

$$\lambda(t) = \frac{\mathrm{d}H(t)}{\mathrm{d}t} \qquad\qquad (4\text{-}62)$$

从而设备在 $(t_1, t_2]$ 的期望的故障次数为

$$\int_{t_1}^{t_2} \lambda(u)\,\mathrm{d}u$$

设每一更换间隔期内，平均能工作时间为 $\overline{T}_u$，所以可用度 A 为

$$A = \frac{\overline{T}_u}{\overline{T}_u + \overline{T}_d} = \frac{T - \overline{T}_d}{T} = \frac{T - \left(\overline{M}_{pt} + \overline{M}_{ct} \int_0^T \lambda(t)\,\mathrm{d}t\right)}{T} \qquad\qquad (4\text{-}63)$$

对 T 求导化简后可得下式，即

$$T\lambda(T) - \int_0^T \lambda(t)\,\mathrm{d}t = \frac{\overline{M}_{pt}}{\overline{M}_{ct}} \qquad\qquad (4\text{-}64)$$

设设备的寿命服从威布尔分布，有

$$\lambda(t) = \frac{m\,(t-\gamma)^{m-1}}{\eta^m} \qquad\qquad (4\text{-}65)$$

威布尔分布能较好的描述设备的一般故障规律，设备寿命时间从最初工作时刻 $t=0$ 开始计算，位置参数 $\gamma=0$。浴盆曲线中的早期可用形状参数 $m<1$ 的威布尔分布描述，而随机故障期和损耗故障期可以分别用形状参数 $m=1$ 和 $m>1$ 描述。

将上式代入可得下式,即

$$T = \eta \left[\frac{\overline{M}_{pt}}{\overline{M}_{ct}(m-1)} \right]^{1/m} \tag{4-66}$$

当 $m<1$ 时, $T<0$,早期故障期全部定时更换不合理;当 $m=1$ 时, $T=\infty$,随机故障期全部定时更换间隔期无限长,不必进行全部定时更换工作;当 $m>1$ 时,可确定 T ,损耗期故障期可进行全部定时更换。 T 为以可用度最大为目标的最佳更换间隔期。

2. 对于经济性影响,以平均费用最低为目标的更换期

设全部定时更换费用为 Cp ,故障后单个更换费用(含故障损失费用)为 Cc , T 为更换间隔期,则一个更换间隔期的总费用 $C(T)$ 为

$$C(T) = Cp + Cc \int_0^T \lambda(t) dt \tag{4-67}$$

将上式两边除以 T ,可得单位工作时间的平均费用,即

$$\frac{C(T)}{T} = \frac{Cp}{T} + \frac{Cc}{T} \int_0^T \lambda(t) dt \tag{4-68}$$

将上式等号右边对 T 求导,得

$$T\lambda(T) - \int_0^T \lambda(t) dt = \frac{Cp}{Cc} \tag{4-69}$$

式(4-69)和式(4-64)的形式完全相同,只是将其中的平均维修时间分别换成更换费用,因此前式的结论也同样适用于以平均费用最低为目标的最佳预防性维修间隔期计算,即

$$C(T) = CpR(T) + Cc[1 - R(T)] \tag{4-70}$$

3. 不知寿命分布,已知费用情况时,年平均费用最少的更换期

随着适用年限的增长,设备老化加剧。若知道由于设备的老化每年将等量增加续生费用(含保障期费用和贴现费用等) x 元,那么就可以在设备开始使用时,预测以年平均费用最省为目标的更换期 T 。假定设备经过使用之后的剩余价值不计, C_N 表示设备购置费用, C_0 为第一年的续生费用,那么使用 T 年后,对设备进行更换前的全寿命费用为

$$C(T) = C_N + TC_0 + x[1 + 2 + 3 + \cdots + (T-1)] \tag{4-71}$$

年均支付费用为

$$\frac{C(T)}{T} = \frac{C_N}{T} + C_0 + x\frac{T-1}{2} \tag{4-72}$$

若使设备年均支付费用最少,将式(4-72)右边对 T 求导并令其为零,可得更换期,即

$$T = \sqrt{\frac{2C_N}{x}} \tag{4-73}$$

本模型更适用于完整设备的更换。

第5章 复杂系统可靠性分析方法

针对复杂系统的认识可以是多角度和多层面的,从而可靠性分析方法与评估的研究方法也是不同的,于是导致相应的方法、技术和流程均有差别。

本章首先介绍针对系统及其组成单元的故障(失效)模式、影响与危害性的分析方法,然后介绍可靠性分析和风险评估最常用的分析方法,故障树分析法是建立在一种特殊的某个不希望发生的事件基础上的,用演绎方法找出各种可能的原因事件,直到最基本事件。由于一些复杂系统的试验信息总是不充分的,在复杂系统的可靠性研究中,利用系统和单元信息,通过单元和系统信息推断总体系统可靠性,将单元和系统信息融合,从而产生信息融合的可靠性方法,以及模糊系统信息的模糊分析法,利用先验历史信息的 Bayes 分析法,以及基于面向过程的动态 Petri 网分析法等。下面给出一些基本原理及应用分析。

5.1 故障模式、影响及危害性分析

5.1.1 概述

故障模式影响及危害性分析(failure mode effects and criticality analysis, FMECA)是分析系统中每一产品所有可能发生的故障模式及其对系统造成的所有可能影响,并按每一个故障模式的严重程度及其发生概率予以分类的一种归纳分析方法。

进行系统的 FMECA 一般按图 5-1 所示步骤进行。

图 5-1　FMECA 步骤

5.1.2 故障模式与影响分析

1. 故障模式分析

故障是产品或产品的一部分不能或将不能完成预定功能的事件或状态(对某些产品如电子元器件、弹药等称为失效)。故障模式是故障的表现形式,如短路、开路、过度耗损一般在研究产品的故障时往往是从产品的故障入手,进而通过故障模

式找出故障原因。

2. 故障原因分析

分析故障原因一般从两个方面着手，一方面是导致产品功能故障或潜在故障的产品自身的那些物理、化学或生物变化过程等直接原因；另一方面是由于其他产品的故障、环境因素和人为因素等引起的间接故障原因。直接故障原因又称为故障机理，如在晶体管内基片上有一个裂缝，可以导致集电极到发射极开路。集电极到发射极开路是故障模式，而晶体管内基片上有裂缝是故障机理。典型故障模式如表 5-1 所示。

表 5-1　典型故障模式

序号	故障模式	序号	故障模式	序号	故障模式
1	结构故障（破损）	12	超出允差（下限）	23	滞后运行
2	捆结或卡死	13	意外运行	24	错误输入（过大）
3	振动	14	间歇性工作	25	错误输入（过小）
4	不能保证正常位置	15	漂移性工作	26	错误输出（过大）
5	打不开	16	错误指示	27	错误输出（过小）
6	关不上	17	流动不畅	28	无输入
7	误开	18	错误动作	29	无输出
8	误关	19	不能关机	30	（电的）短路
9	内部泄漏	20	不能开机	31	（电的）开路
10	外部泄漏	21	不能切换	32	（电的）泄漏
11	超出允差（上限）	22	提前运行	33	其他

3. 故障影响分析

（1）约定层次的划分

图 5-2 给出了某型步话机的功能层次与结构层次的对应关系。

约定层次的划分应当从效能、费用、进度等方面进行综合权衡。在系统的不同研制阶段，由于 FMEA 的目的或侧重点不同，因此约定层次的划分不必强求一致。

（2）故障影响的定义

故障影响系指产品的每一个故障模式对产品自身或其他产品的使用、功能和状态的影响。通常将这些按约定层次划分的故障影响分别称为局部影响、高（上）一层次影响和最终影响，其定义如表 5-2 所示。

图 5-2 某型步话机的功能层次与结构层次示意图

表 5-2 故障影响定义

名称	定义
局部影响	某产品的故障模式对该产品自身和与该产品所在的约定层次相同的其他产品的使用、功能或状态的影响
高一层次影响	某产品的故障模式对该产品所在的约定层次的高一层次产品的使用、功能或状态的影响
最终影响	指系统中某产品的故障模式对初始约定层次产品的使用、功能或状态的影响

（3）严酷度定义

为了划分不同故障模式产生的最终影响的严重程度，在进行故障影响分析之前，一般需要对最终影响的后果等级进行预定义，从而对系统中各故障模式按其严重程度进行分级。

严重程度等级（严酷度类别）定义应考虑到故障所造成的最坏的潜在后果，并根据最终可能出现的人员伤亡、系统损坏或经济损失的程度来确定。表 5-3 和表 5-4 给出了武器系统和汽车产品常用的故障严重程度等级（严酷度类别）定义。

表 5-3 严酷度分类

严酷度类别	严重程度定义
Ⅰ类（灾难的）	这是一种会引起人员死亡或系统（如飞机、坦克、导弹及船舶等）毁坏的故障
Ⅱ类（致命的）	这种故障会引起人员的严重伤害、重大经济损失或导致任务失败的系统严重损坏
Ⅲ类（临界的）	这种故障会引起人员的轻度伤害、一定的经济损失或导致任务延误或降级的系统轻度损坏
Ⅳ类（轻度的）	这是一种不足以导致人员伤害、一定的经济损失或系统损坏的故障，但它会导致非计划性维护或修理

表 5-4　汽车产品故障严重程度定义

故障等级	严重程度定义
Ⅰ类(致命故障)	危及人身安全,引起主要总成报废,造成重大经济损失,对周围环境造成严重危害
Ⅱ类(严重故障)	引起主要零部件、总成严重损坏或影响行车安全,不能用易损备件和随车工具在短时间内(30 min)修复
Ⅲ类(一般故障)	不影响行车安全,非主要零部件故障,可用易损备件和随车工具在短时间内(30 min)修复
Ⅳ类(轻微故障)	对汽车正常运行无影响,不需要更换零件,可用随车工具在短时间内(5 min)轻易排除

（4）故障影响与严酷度等级确定

系统全面分析每一故障模式产生的局部影响、高一层次影响及最终影响,同时按最终影响的严重程度,对照严酷度定义,分析每一故障模式的严酷度等级。

4. 故障检测方法分析

针对分析找出的每一个故障模式,分析其故障检测方法,以便为系统的维修性、测试性设计,以及系统的维修工作提供依据。故障检测方法一般包括目视检查、离机检测、原位测试等手段,如 BIT(机内测试)、自动传感装置、传感仪器、音响报警装置、显示报警装置等。

5. 补偿措施分析

补偿措施分析是针对每个故障模式的原因、影响提出可能的补偿措施,是关系到能否有效地提高产品可靠性的重要环节,分为设计上的补偿措施和操作人员的应急补偿措施。

（1）设计补偿措施

① 产品发生故障时,能继续工作的冗余设备。

② 安全或保险装置(如监控及报警装置)。

③ 可替换的工作方式(如备用或辅助设备)。

（2）操作人员补偿措施

① 特殊的使用和维护规程,尽量避免或预防故障的发生。

② 一旦出现某故障,操作人员应采取的最恰当的补救措施。

6. 故障模式影响分析的实施

故障模式影响分析(FMEA)的实施一般通过填写 FMEA 表格进行,一种常用的表格形式如表 5-5 所示。

表 5-5　故障模式影响分析表

| 初始约定层次产品 | | 任务 | | 审核 | | 第 页 共 页 | | | | | | |
| 约定层次产品 | | 分析人员 | | 批准 | | 填表日期 | | | | | | |

代码	产品或功能标志	功能	故障模式	故障原因	任务阶段与工作方式	故障影响			严酷度类别	故障检测方法	补偿措施	备注
						局部影响	高一层次影响	最终影响				
1	2	3	4	5	6	7	8	9	10	11	12	13
对每一产品的每一故障模式采用一种编码体系进行标识	记录被分析产品或功能的名称与标志	简要描述产品或功能所具有的主要功能	根据故障模式分析的结果简要描述每一产品的所有故障模式	根据故障原因分析结果简要描述每一故障模式的所有故障原因	简要说明发生故障的任务阶段与该阶段产品的工作方式	根据故障影响分析的结果,简要描述每一个故障模式的局部、高一层次和最终影响并分别填入第7~第9栏			根据最终影响的分析结果按每个故障模式分析其严酷度类别	简要描述故障检测方法	简要描述补偿措施	本栏主要记录对其他栏的注释和补充说明

　　例如,在图 5-3 中某型飞机约定层次的划分是"飞机—系统—分系统—设备—部件",即初始约定层次产品为"整机(飞机)"。进行设备级的 FMEA 时,首先初始约定层次产品填"××飞机",约定层次产品填"液压柱塞泵 ZB-34",在 FMEA 表格中的分析对象(第 2 栏)依次填"泵轴"、"轴承组件"、"柱塞"等。

图 5-3　某型飞机约定层次的划分

5.1.3　危害性分析

　　危害性分析(CA)的目的是按每一故障模式的严重程度及该故障模式发生的

概率所产生的综合影响对系统中产品划等分类,以便全面评价系统中各种可能出现的产品故障的影响。常用的方法有风险优先数(risk priority number,RPN)法和危害性矩阵法。前者主要用于汽车等民用工业领域,后者主要用于航空、航天等军用领域。

1. 风险优先数法

某一产品故障模式的风险优先数 RPN 由故障模式发生概率等级(occurrence probability ranking,OPR)和影响严酷度等级(effect severity ranking,ESR)的乘积计算得出,即

$$RPN=OPR\times ESR$$

下面给出一组较常用的评分准则。

① 发生概率等级。发生概率等级用于评定某一特定的故障原因导致的某故障模式实际发生的可能性。表 5-6 给出了发生概率等级的评分准则示例,其中故障概率参考值是对应各评分等级给出的预计在产品的寿命周期内发生的故障数。

表 5-6　发生概率评分表

等级	故障发生的可能性		参考值
1	稀少	故障模式发生的可能性极低	$1/10^6$
2	低	故障模式发生的可能性相对较低	$1/20\,000$
3			$1/4000$
4	中等	故障模式发生的可能性中等	$1/1000$
5			$1/400$
6			$1/80$
7	高	故障模式发生的可能性高	$1/40$
8			$1/20$
9	非常高	故障模式发生的可能性非常高	$1/8$
10			$1/2$

② 严酷度等级。严酷度等级用于评定所分析的故障模式的最终影响。通常最终影响的描述对产品用户而言应是可见的。表 5-7 给出严酷度等级的评分准则示例。表 5-7 中的准则实质上是对表 5-3 和表 5-4 定义的细化。

表 5-7　严酷度评分准则

等级	故障影响的严重程度	
1	轻微	对系统的性能不会产生影响,用户注意不到的轻微故障
2,3	低	对系统性能有轻微影响的故障,用户可能会注意到并引起轻微抱怨

等级		故障影响的严重程度
4,5,6	中等	引起系统性能下降的故障,用户会感觉不舒适和不满意
7,8	高	中断操作的重大故障(如发动机不能启动)或提供舒适性的子系统不能工作的故障(空调子系统不能工作、遮阳顶棚电源故障等),用户会感到强烈不满意,但此类故障不会引起安全性后果也不违反政府法规
9,10	非常高	引起生命、财产损失的致命故障或不符合政府法规的故障

当需要进行工艺的 FMEA 时,还应增加一个评定因素,即检测难度等级(detection difficulty ranking,DDR),是用于评定通过企业内部预定的检验程序查出引起所分析的故障模式的各种原因的可能性。评分标准示例如表 5-8 所示。

表 5-8 检测难度评分准则

等级		检验程序查出故障的难度
1,2	非常低	检验程序可以查出的潜在设计缺陷
3,4	低	检验程序有较大机会检出的潜在设计缺陷
5,6	中等	检验程序可能检出的潜在设计缺陷
7,8	高	检验程序不大可能检出的潜在设计缺陷
9	非常高	检验程序不可能检出的潜在设计缺陷
10	无法检出	检验程序绝不可能检出的潜在设计缺陷

当增加检测难度等级后,RPN 的表达式为

$$RPN = OPR \times ESR \times DDR$$

对上述三个(或两个)因素等级的定性评分结果相乘后将得到 RPN 的值,从而可对各故障模式进行相对的危害性评定。

2. 危害性矩阵法

危害性矩阵法又分为两种方法,其一为定性分析法,其二为定量分析法。

① 定性分析法是将每一个故障模式的发生可能性分成离散的级别,然后分析人员按所定义的级别对每一个故障模式进行评定。

② 定量分析法是计算故障模式的危害度 C_m 和产品的危害度 C_r。

第一,故障模式危害度与产品危害度。为了按单一的故障模式评价其危害性,应计算每一故障模式的危害度 $C_m(j)$,即

$$C_m(j) = \alpha \times \beta \times \lambda_p \times t, \quad j = \text{I},\text{II},\text{III},\text{IV}$$

其中，$C_m(j)$ 代表产品在工作时间 t 内以某一故障模式发生第 j 类严酷度类别的故障次数。

为了评价某一产品的危害性，应计算该产品的危害度 C_r，即

$$C_r(j) = \sum_i^n C_m(j), \quad i = 1, 2, \cdots, n$$

其中，n 为该产品在第 j 类严酷度类别下的故障模式总数；$j = \mathrm{I}, \mathrm{II}, \mathrm{III}, \mathrm{IV}$；$C_r(j)$ 代表某一产品在工作时间 t 内产生的第 j 类严酷度类别的故障次数。

例题 5.1　如表 5-9 所示，假设火车制动系统的故障概率 $\lambda_p = 0.002$ 次/百万小时，工作时间为 $t = 15$ 小时，试分析各系统的危害度。

表 5-9　火车制动系统卡死的故障影响示例

产品名称	故障模式	故障模式频数 α	故障影响	严酷度	故障影响概率 β
制动系统	卡死	0.6	・火车滑轨并驶入火车站	II	0.85
			・火车脱轨	I	0.15
	效率降低	0.4	・火车不能有效减速	II	0.9
			・火车不能有效减速且发生安全事故	I	0.1

解　根据表 5-9，则第一个故障模式"制动系统卡死"的模式危害度 C_{m1} 为

$$C_{m1}(\mathrm{II}) = \alpha_1 \times \beta_{11} \times \lambda_p \times t = 0.6 \times 0.85 \times 0.02 \times 10^{-6} \times 15 = 1.53 \times 10^{-7}$$

$$C_{m1}(\mathrm{I}) = \alpha_1 \times \beta_{12} \times \lambda_p \times t = 0.6 \times 0.15 \times 0.02 \times 10^{-6} \times 15 = 2.7 \times 10^{-8}$$

第二个故障模式"制动效率降低"的模式危害度 C_{m2} 为

$$C_{m2}(\mathrm{II}) = \alpha_2 \times \beta_{21} \times \lambda_p \times t = 0.4 \times 0.9 \times 0.02 \times 10^{-6} \times 15 = 1.08 \times 10^{-7}$$

$$C_{m2}(\mathrm{I}) = \alpha_2 \times \beta_{22} \times \lambda_p \times t = 0.4 \times 0.1 \times 0.02 \times 10^{-6} \times 15 = 1.2 \times 10^{-8}$$

制动系统的产品危害度 $C_r(j)$ 分别为

$$C_r(\mathrm{I}) = C_{m1}(\mathrm{I}) + C_{m2}(\mathrm{I}) = 3.9 \times 10^{-8}$$

$$C_r(\mathrm{II}) = C_{m1}(\mathrm{II}) + C_{m2}(\mathrm{II}) = 2.62 \times 10^{-7}$$

③ 危害性矩阵图。

危害性矩阵是在某一特定严酷度级别下，产品各个故障模式危害程度或产品危害度相对结果的比较，因此危害性矩阵与 RPN 一样具有指明风险优先顺序的作用，如图 5-4 所示。

3. 危害性分析的实施

危害性分析的实施与 FMEA 的实施一样，均采用填写表格的方式进行。一种

图 5-4　危害性矩阵

典型的危害性分析表格如表 5-10 所示。

表 5-10　危害性分析表

初始约定层次产品			任　　务			审　核					第 页 共 页		
约定层次产品			分析人员			批准					填表日期		
代码	产品或功能标志	功能	故障模式	故障原因	任务阶段与工作方式	严酷度类别	故障概率等级或故障源数据	故障率 λ_p	故障模式频率比 α	故障影响概率 β	工作时间 t	故障模式危害度 $C_m(j)$	产品危害度 $C_r(j)$	备注
1	2	3	4	5	6	7	8	9	10	11	12	13	14	15

5.1.4　FMECA 应用示例

本节以一个简单的设计示例说明 FMECA 的过程和基本概念。

例题 5.2　某二次电源 5V 串联稳压电路设计如图 5-5 所示,其功能为向系统接收机提供 5V 的直流电源。用硬件的 FMECA 方法分析所设计的电路。

代码	元器件名称	型号	类型	功能	故障 10^{-6}/h
01	电容	$C1$	陶瓷电容	滤波	0.73
02	电容	$C2$	陶瓷电容	滤掉高频噪音	0.73
03	晶体管	$V1$	双极晶体管	提供输出电流	2.71
04	二极管	$V2$	齐纳二极管	为 V1 提供 0.6V 的偏置电压	2.42
05	电阻	$R1$	固定薄膜电阻	为 V1 提供限流保护	0.312
06	电阻	$R2$	固定薄膜电阻	为 V1 提供基极电流	0.312

5V 串联稳压电路 CA 表

代码	产品名称	任务模式	故障模式 编码	故障模式 内容	严酷度	故障率 λ 10^{-6}/h	故障模式频数 α	故障影响概率 β	工作时间 t	C_m (10^{-5})	C_r (10^{-6})
01	电容 C1	运行	011	短路	I	0.73	0.73	1	1	0.533	$C_r(\mathrm{I})=0.533$
			012	参数标移	IV		0.11	1	1	0.080	$C_r(\mathrm{IV})=0.080$
			013	开路	III		0.16	1	1	0.117	$C_r(\mathrm{III})=0.117$
02	电容 C2	运行	021	短路	I	0.73	0.73	1	1	0.533	$C_r(\mathrm{I})=0.533$
			022	参数标移	IV		0.11	1	1	0.080	$C_r(\mathrm{IV})=0.080$
			023	开路	III		0.16	1	1	0.117	$C_r(\mathrm{III})=0.117$
03	晶体管 V1	运行	031	短路	I	2.71	0.38	1	1	1.030	$C_r(\mathrm{I})=2.277$
			032	开路	I		0.46	1	1	1.247	
04	二极管 V2	运行	041	开路	I	2.42	0.25	1	1	0.605	$C_r(\mathrm{I})=1.718$
			042	参数标移	II		0.29	1	1	0.702	$C_r(\mathrm{II})=0.702$
			043	短路	I		0.46	1	1	1.113	
05	电阻 R1	运行	051	开路	I	0.312	0.919	1	1	0.287	$C_r(\mathrm{I})=0.287$
			052	参数标移	IV		0.081	1	1	0.025	$C_r(\mathrm{IV})=0.025$
06	电阻 R2	运行	061	开路	I	0.312	0.919	1	1	0.287	$C_r(\mathrm{I})=0.287$
			062	参数标移	III		0.081	1	1	0.025	$C_r(\mathrm{III})=0.025$

图 5-5　电路设计图

5.2　故障树分析

5.2.1　概述

故障树分析法(fault tree analysis,FTA)是 1961 年由贝尔电话实验室 Watson 提出的,目前已广泛应用于宇航、核能、电子、机械、化工和采矿等各个领域[22~24]。

1. 故障树分析方法特点

故障树分析法是一种图形演绎方法,是故障事件在一定条件下的逻辑方法。它是用一种特殊的倒立树状逻辑因果关系图,清晰地说明系统是怎样失效的。常用于分析复杂系统,因此它离不开计算机软件。

2. 故障树分析方法的应用范围

① 系统的可靠性分析。
② 系统的安全性分析与事故分析。
③ 改进系统设计,对系统的可靠性进行评价。
④ 概率风险评价,尤其是在核电站中的应用。
⑤ 系统在设计维修、运行各个重要阶段进行重要度分析。
⑥ 故障诊断与检修表的制定。
⑦ 系统最佳探测器的配置。
⑧ 故障树的模拟。
⑨ 管理人员、运行人员的培训。

3. 故障树分析的术语和符号

建造故障树需要一些表示逻辑关系的门符号和事件符号,表示事件之间的逻辑因果关系。
① 顶事件是指被分析的系统不希望发生的事件,位于故障树的顶端。
② 中间事件又称故障事件,位于顶事件和底事件之间,以矩形符号表示。事件符号如图 5-6(a)所示。

(a) 中间事件　　(b) 基本事件　　(c) 未探明事件　　(d) 结果事件　　(e) 开关事件　　(f) 条件事件

图 5-6　事件符号图

③ 底事件,位于故障树底部的事件,在已建成的故障树中,不必再要求分解了。故障树的底事件又分为基本事件和未探明事件。
④ 基本事件,已经探明或者尚未探明其发生原因,而有失效数据的底事件。基本元、部件的故障或者人为失误均可属于基本事件,符号如图 5-6(b)所示。
⑤ 未探明事件,一般可分为两类情况,一种是在一定条件下可以忽略的次要

事件;一种是未能探明,只能看做一种假想的基本事件,符号如图 5-6(c)所示。

⑥ 结果事件,由其他事件或事件组合所导致的事件称为结果事件,如图 5-6 (d)所示。结果事件由顶事件或中间事件组成。

⑦ 开关事件,位于故障树的底部,起开关作用,表示在正常工作条件下必然发生或必然不发生的特殊事件,如图 5-6(e)所示。

⑧ 条件事件,描述逻辑门起作用的具体限制事件称为条件事件。条件事件用长椭圆形符号表示,如图 5-6(f)所示。

⑨ 与门,表示事件关系的一种逻辑门,仅当所有输入与门的所有输入事件同时发生时,门的输出事件才发生,如图 5-7(a)所示。

⑩ 或门,表示至少一个输入事件发生时,输出事件才发生,如图 5-7(b)所示。

⑪ 非门,表示输出事件是输入事件的对立事件,如图 5-7(c)所示。

⑫ 表决门,表示仅当条件事件发生时,输入事件的发生方导致输出事件的发生,如图 5-7(d)所示。

图 5-7　逻辑门符号图

⑬ 顺序与门,表示仅当输入事件按规定的顺序发生时,输出事件才发生,如图 5-7(e)所示。

⑭ 异或门,表示仅当单个输入事件发生时,输出事件才发生,如图 5-7(f)所示。

⑮ 禁门,表示仅当条件事件发生时,输入事件的发生方导致输出事件的发生,如图 5-7(g)所示。

⑯ 转移符号,在故障树分析中,为了避免画图重复与使图形简明,使用转移符号,如图 5-7(h)所示。

转移符号分为相同转移符号与相似转移符号两种,分别介绍如下。

① 相同转移符号是由相同转向符号及相同转此符号组成的一对符号。相同转向符号表示下面转到以代号所指的子树上去;相同转此符号表示由具有相同字母数字的转向符号处转到这里来,如图 5-8(a)和图 5-8(b)所示。

② 相似转移符号是由相似转向符号及相似转此符号组成的一对符号。相似转向符号表示下面转到以字母数字为代号、结构相似而事件标号不同的子树上去,相似转向中的不同事件的标号在三角符号旁注明,相似转此符号表示相似转向符号所指子树与此处子树相似,但事件标号不同,如图 5-8(c)和图 5-8(d)所示。

(a) 相同转向　　　(b) 相同转此　　　(c) 相似转向　　　(d) 相似转此

图 5-8　转移符号图

5.2.2　建立故障树的方法

1. 建立故障树的程序

(1) 确定故障树分析的范围

明确所要确定的系统结构(包括系统的设计要求、硬件及软件结构、功能、接口、工作模式、环境条件、故障判据等),明确系统的工作条件(包括维修、安全条件)及使用条件,确定要研究的目的和内容。

(2) 掌握系统

建立故障树需要对研究的系统有详尽的正确理解。为此,需要系统设计人员、维修人员、使用人员、可靠性,及安全性工程师共同研究。一般情况下,在建立故障树前应进行系统的失效模式与效应分析(FMEA)分析,这是为掌握系统的故障特性及规律所必需的工作。

(3) 确定故障树的顶事件

在对系统的设计要求及系统特性已充分掌握的基础上,确定系统不希望发生的事件。系统不希望发生的事件很多,不能事无巨细地一起来进行故障树分析。

因此,需要从系统的主要技术指标、经济性、可靠性、安全性或其他重要特性出发,选定一个或几个最不希望发生的事件作为故障树分析的顶事件。顶事件必须有明确的定义,不能含混不清。例如,电视机的图像露边(包括卷边)是不希望发生的事件,但露边的程度必须有明确规定。我国彩电规定露边不能超过 6%,那么露边超过 6%就是一个明确定义了的顶事件。

(4) 建树

常用建树方法为演绎法。从顶事件开始,由上而下,逐级进行分析。

① 分析顶事件发生的直接原因,将顶事件作为逻辑门的输出事件,将所有引起顶事件发生的直接原因作为输入事件,根据它们之间的逻辑关系用适当的逻辑连接起来。

② 对每一个中间事件用①的方法进行分析处理。

③ 逐级向下分析,直到所有的输入事件已不能再向下分析,或基本事件不必再向下分析(这些输入事件即未探明事件)为止。

表示这些逻辑关系的图即为故障树。在建树中,必须对每一个结果事件的所有输入事件都列出来。如果遗漏了重要的输入软件,则故障树分析将失去意义。

在建立故障树的过程中,底事件及结果事件既包括软件故障,也包括硬件故障、人为差错、环境条件变化及工作条件变化等。例如,在研究车床故障时,要考虑到停电故障,这是工作条件故障,也要考虑到输电线路受到雷击引起底故障,这是环境条件故障等。

要注意到统一事件在一个故障树内必须用统一事件进行编号。如果它是中间事件,则为了简化故障树的图形,应该用相同的转移符号予以简化。

例题 5.3　已知造船厂工人从站台上坠落的诸事件含义定义如下。

X_1——安全带支撑物损坏;　　　　X_2——安全带损坏;

X_3——为转移工作地点卸除安全带;　X_4——工人疏忽未使用安全带;

X_5——工作台打滑;　　　　　　　X_6——工人身体失去平衡;

X_7——身体重心在站台之外;　　　X_8——站台高度超过若干米,下方无阻挡物;

E_1——安全带有缺陷;　　　　　　E_2——未用安全带;

E_3——安全带不起作用;　　　　　E_4——工人从站台失足坠下;

E_5——工人坠落;　　　　　　　　E_6——防护措施失效;

T——工人从站台死亡。

解　按建故障树的方法,分析顶事件发生的直接原因建立的故障树,如图 5-9 所示。

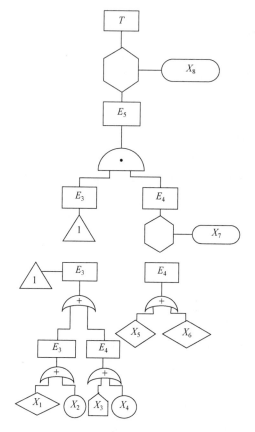

图 5-9　站台坠落故障树

　　仅含非特殊故障事件及与门、或门、非门三种逻辑门的故障树称为规范化故障树。这里由于包括禁门等特殊门，所以不是规范化故障树。

　　仅含非特殊故障事件以及与门、或门的故障树称为正规故障树，否则叫非正规故障树。这里是非正规故障树。

　　将特殊故障事件与特殊门进行转换或删减，故障树可以转换为规范化故障树。这个做法叫故障树的规范化。

　　2. 建立故障树的规范化原则

　　（1）特殊事件的规范化原则

　　① 未探明事件。根据事件的重要（如发生概率大，严重后果等）和数据的完备性，如果重要且数据完备，则当作基本事件；不重要数据不完备的则删去；其他情况由分析人员处理。

　　② 开关事件。将开关事件当做基本事件。

③ 条件事件。特殊门的处理原则。

（2）特殊门的规范化原则

① 顺序与门。输出事件不变，顺序与门变为与门，原来的输入事件仍为输入事件，但增加一个顺序条件事件作为新的输入事件。

② 表决门。将表决门变为或门、与门的组合。

③ 异或门。将异或门变成或门、与门、非门的组合。

④ 禁门。将禁门变换为与门，即把条件事件变成与门的一个输入。

（3）模块化

对于已经规范化和简化的故障树来说，还可以利用模块概念进一步简化。一个模块是两个或两个以上的集合（但不是所有底事件的集合）。这些底事件向上可以达到同一逻辑门，而且必须通过此门才能到达顶事件，且故障树的所有其他底事件向上均不能到达该逻辑门。

（4）利用布尔代数法则简化故障树

布尔代数是英国学者布尔（Boole）首创的一种逻辑运算方法。

设 I 为集合总体，它的子集合 $A,B,C,\cdots,O$ 为空集合，以 $A \cdot B$ 表示子集合 A 与 B 的逻辑积；$A+B$ 表示子集合 A 与 B 的逻辑和；$\overline{A}$ 表示 A 对于总体 I 的余集合，则有如下法则。

① 总体与空集合的关系，$A \cdot I=A$　　$A \cdot O=O$　　$A+O=A$　　$A+I=I$

② 回归律，$\overline{\overline{A}}=A$

③ 互补律，$A \cdot \overline{A}=O$　　　　　　　　　　　$A+\overline{A}=I$

④ 同一律，$A \cdot A=A$　　　　　　　　　　　　$A+A=A$

⑤ 交换率，$A \cdot B=B \cdot A$　　　　　　　　　$A+B=B+A$

⑥ 结合律，$A \cdot (B \cdot C)=(A \cdot B) \cdot C$　　　$A+(B+C)=(A+B)+C$

⑦ 分配律，$A \cdot (B+C)=A \cdot B+A \cdot C$　　$A+(B \cdot C)=(A+B) \cdot (A+C)$

⑧ 吸收律，$A \cdot (A+B)=A$　　　　　　　　$A+A \cdot B=A$

⑨ De Morgan 法则，$\overline{A \cdot B}=\overline{A}+\overline{B}$　　　　$\overline{A \cdot B}=\overline{A} \cdot \overline{B}$

⑩ 其他，$A+\overline{A} \cdot B=A+B$　　　　　　　$A \cdot (\overline{A}+B)=A \cdot B$

$$(A+B) \cdot (\overline{A}+C) \cdot (A+C)=A \cdot C+B \cdot C$$
$$A \cdot B+\overline{A} \cdot C+B \cdot C=A \cdot B=\overline{A} \cdot C$$

5.2.3　故障树的定性分析

1. 结构函数理论

结构函数理论是 Barlow 及 Proschan 最早加以系统化的故障树的基本理论。设 T 为故障树的顶事件，$X_1,X_2,\cdots,X_n$ 是故障树的 n 个相互独立的底事件。考虑

状态故障树,令

$$X=(X_1,X_2,\cdots,X_n) \tag{5-1}$$

顶事件出现与否取决于诸底事件的状态,因此 T 的取值决定于诸 X 的取值,因此必须有

$$\Phi=\Phi(X)=\Phi(X_1,X_2,\cdots,X_n) \tag{5-2}$$

这里的 X_i 及 Φ 的取值都只能是 0 和 1,$\Phi(x)$ 叫做该故障树的结构函数。

设 X 中的某一个 X_i 不论取值是 0 还是 1,其所对应的结构函数值不变,即

$$\Phi(X_1,X_2,\cdots,X_{i-1},0,X_{i+1},\cdots,X_n)=\Phi(X_1,X_2,\cdots,X_{i-1},1,X_{i+1},\cdots,X_n)$$

则 X_i 叫做与结构函数是无关联的。如果任意一个 X_i 与 $\Phi(x)$ 是无关联的,则从工程上来看,不论 X_i 事件出现与否,顶事件的出现均不受其影响,从而在分析研究中可以不考虑 X_i。

在本书的讨论中,所有的 X_i 与结构函数都看作可用度是关联的。设对于任何一组 X 的取值,其中任意一个 X_i 的值从 0 变成 1 都不会使 $\Phi(x)$ 的取值减小,则结构函数 $\Phi(x)$ 叫做单调关联的。由于 X_i 是一种故障事件,取值 0 表示此故障事件不出现,取值 1 表示此故障事件出现,因此某一个 X_i 的值从 0 变成 1 表示某一故障事件从不出现变成出现。如果相应的结构函数值减少,即从 1 变成 0,也就是顶事件这一故障事件反而从出现变成不出现。在工程上看,因某一组成部分出故障反使某一故障事件不出现。这是特殊情况,不予研究。

本书研究的故障树结构函数都是单调关联的。

(1) 结构函数的穷举表达式

在给定故障树后,求出它的结构函数是故障树分析的第一步。设 X 只有一个底事件 X_1,即 $\Phi(X)=\Phi(X_1)$。如果已知 $\Phi(0)$ 和 $\Phi(1)$ 的值,则有

$$\Phi(X)=\Phi(1)X_1+\Phi(0)(1-X_1) \tag{5-3}$$

设 X 只有两个底事件 X_1 和 X_2,即 $\Phi(X)=\Phi(X_1,X_2)$,如果已知 $\Phi(0,0)$,$\Phi(1,0)$,$\Phi(0,1)$,$\Phi(1,1)$ 的值,则有

$$\begin{aligned}
\Phi(X)=&\Phi(1,1)X_1X_2+\Phi(1,0)X_1(1-X_2)+\Phi(0,1)(1-X_1)X_2\\
&+\Phi(0,0)(1-X_1)(1-X_2)
\end{aligned} \tag{5-4}$$

依此类推,如果 X 有 n 个底事件 $X_1,X_2,\cdots,X_n$,则

$$\begin{aligned}
\Phi(X)=&\Phi(1,1,\cdots,1)X_1X_2\cdots X_n+\Phi(1,0,1,\cdots,1)X_1(1-X_2)X_3+\cdots X_n\\
&+\cdots\Phi(0,0,\cdots,0)(1-X_1)(1-X_2)\cdots(1-X_n)
\end{aligned} \tag{5-5}$$

这叫结构函数的穷举表达式。只要求得诸 $\Phi(X_1,X_2,\cdots,X_n)$ 的值,便可以得出结

构函数的穷举表达式。

例题 5.4　求如图 5-10 所示的故障树的结构函数。

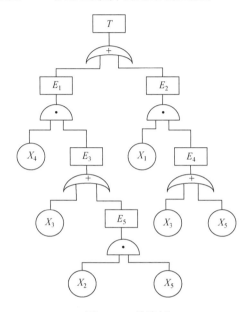

图 5-10　故障树

解　先求诸 $\Phi(X_1, X_2, \cdots, X_n)$ 值。

设 $X_1 = 1, X_2 = 0, X_3 = 0, X_4 = 1, X_5 = 1$

$E_5 = X_2 X_5 = 0 \times 1 = 0$

$E_3 = 1 - (1 - X_3)(1 - E_5) = 1 - (1 - 0)(1 - 0) = 0$

$E_1 = X_4 E_3 = 1 \times 0 = 0$

$E_4 = 1 - (1 - X_3)(1 - X_5) = 1 - (1 - 0)(1 - 1) = 1$

$E_2 = X_1 E_4 = 1 \times 1 = 1$

$T = 1 - (1 - E_1)(1 - E_2) = 1 - (1 - 0)(1 - 1) = 1$

现有 5 个底事件,共有 $2^5 = 32$ 种取值组合,求出诸 $\Phi(X_1, X_2, \cdots, X_n)$ 的值,如表 5-11 所示,写出结构函数。由于 $\Phi(X)$ 的项不存在,因此一共 17 项,即

$$\begin{aligned}
\Phi(X) = &(1 - X_1)(1 - X_2)X_3 X_4(1 - X_5) + (1 - X_1)(1 - X_2)X_3 X_4 X_5 \\
&+ (1 - X_1)X_2(1 - X_3)X_4 X_5 + \cdots + X_1 X_2 X_3 X_4(1 - X_5) \\
&+ X_1 X_2 X_3 X_4 X_5
\end{aligned}$$

表 5-11 　$\Phi(X_1,X_2,\cdots,X_n)$ 的值

X_1	X_2	X_3	X_4	X_5	Φ	X_1	X_2	X_3	X_4	X_5	Φ
0	0	0	0	0	0	1	0	0	0	0	0
0	0	0	0	1	0	1	0	0	0	1	1
0	0	0	1	0	0	1	0	0	1	0	0
0	0	0	1	1	0	1	0	0	1	1	1
0	0	1	0	0	0	1	0	1	0	0	1
0	0	1	0	1	0	1	0	1	0	1	1
0	0	1	1	0	1	1	0	1	1	0	1
0	0	1	1	1	1	1	1	0	0	1	1
0	1	0	0	0	0	1	1	0	0	0	0
0	1	0	0	1	0	1	1	0	1	1	1
0	1	0	1	0	0	1	1	0	1	0	0
0	1	0	1	1	1	1	1	1	0	1	1
0	1	1	0	0	0	1	1	1	0	0	1
0	1	1	0	1	0	1	1	1	0	1	1
0	1	1	1	0	Φ	1	1	1	1	0	1
0	1	1	1	1	1	1	1	1	1	1	1

(2) 最小割集及最小路集

根据 X 的一组取值将底事件 $X_1,X_2,\cdots,X_n$ 分为两个集合,即 $C_0(X)$ 为取值 0 的底事件的集合,$C_1(X)$ 为取值 1 的底事件的集合。

如果某一组 X 的取值能使 $\Phi(X)$,则 X 中 $C_1(X_1)$ 叫做一个割集。

最小割集是导致故障树事件发生的不能再缩减的底事件集合。如果某一个割集中任一个底事件删去后就不是一个割集,那么这个割集叫最小割集。

最小路集是导致故障树顶事件不能发生的不能缩减的底事件的集合,即某一路集中任一个底事件删去后就不是一个路集,则这个路集叫最小路集。

例题 5.5 求例题 5.4 的最小割集和最小路集。

解 设 $K=\{(1),(2),\cdots,(m)\}$,则 K 的结构函数为

$$K = X_1 X_2 X_3 \cdots X_n = j = \prod_{j=1}^{n} X_j = \prod_{j\in k_i} X_j$$

例题 5.4 的最小割集为

$$K_1 = X_3 X_4, \quad K_2 = X_2 X_4 X_5$$
$$K_3 = X_1 X_5, \quad K_4 = X_1 X_3$$

只要有一个最小割集出现,顶事件就会出现,因此故障树的结构函数是一个逻辑或门的输出,其输入为各个最小割集。于是设故障树有 m 个最小割集,则有

$$\Phi(X) = \bigcup_{i=1}^{m} K_r = \bigcup_{i=1}^{m} \prod_{j \in K_i} X_j$$

据此,例题 5.4 的故障树结构函数为

$$\Phi(X) = 1 - (1 - X_3 X_4)(1 - X_2 X_4 X_5)(1 - X_1 X_3)(1 - X_1 X_5)$$

设一个最小路集包括底事件 $X_1, X_2, \cdots, X_m$,则以 $p = \{1, 2, \cdots, m\}$ 表示这个最小路集。如果 $\{X_3, X_5\}$ 是一个最小的路集,则以 $P = \{3, 5\}$ 表示这个最小路集。

于是例题 5.4 的 3 个最小路集可以表示为 $P = \{1, 2, 3\}, P = \{1, 4\}, P = \{3, 5\}$。如果一个最小路集的底事件全不会出现,则顶事件就不会出现。因此,设故障树有 m' 个最小路集,则有

$$\Phi(X) = \prod_{i=1}^{m'} P_r = \prod_{i=1}^{m'} \bigcup_{j \in p_i} X_j$$

据此,例题 5.4 的故障树结构函数为

$$\Phi(X) = (1 - (1 - X_1)(1 - X_2)(1 - X_3))(1 - (1 - X_1)(1 - X_4))$$
$$\cdot (1 - (1 - X_3)(1 - X_5))$$

2. 故障树的定性分析

求出故障树的所有最小割集的方法有多种,最基本的是上行法和下行法。

（1）下行法

下行法的基本方法是对每一个输出事件而言,如果它是或门的输出,则将该或门的输入事件各排成一行;如果它是与门的输出,则将该与门的所有输入事件排在同一行。

下行法的工作步骤是从顶事件开始,由上而下逐个进行处理,处理的基本方法如前所述,直到所有的结构事件被处理。最后所得每一行的底事件集合都是故障树的一个割集,将这些割集进行比较,即可得出所有的最小割集。

（2）上行法

上行法的基本方法是对每一个输出事件而言,如果它是或门的输出,则将该或门的输入事件的布尔和表示此输出事件;如果它是与门的输出,则将该与门的诸输入事件的布尔积表示此输出事件。

上行法的工作步骤是从底事件开始，由下而上逐级进行处理，直到所有的结果事件都被处理为止，这样就得到一个顶事件的布尔表达式。根据布尔代数运算法则，将顶事件化成诸底事件积之和的最简式，其每一项包括的底事件集为一个最小割集，从而得出故障树的所有最小割集。

（3）对偶树

设 E_1 和 E_2 是两个故障事件，它们是一个或门的输入，E_3 是该或门的输出。这意味着，只要 E_1 和 E_2 中有一个故障事件发生，E_3 故障事件就发生，即只有 E_1 和 E_2 都不发生，E_3 才不发生。以 $\bar{E}_1$，$\bar{E}_2$，$\bar{E}_3$ 表示 E_1，E_2，E_3 的余事件，$\bar{E}_1$ 表示 E_1 的故障事件不发生等，只有当 $\bar{E}_1$ 和 $\bar{E}_2$ 都发生时，$\bar{E}_3$ 才发生，即 $\bar{E}_1$ 和 $\bar{E}_2$ 是一个与门的输入，$\bar{E}_3$ 是该与门的输出。

如果把故障树中或门的输入输出事件都换成它们的余事件，则或门须改成与门。仿此，把故障树中与门的输入输出事件都换成它们的余事件，则与门须改或门。经过这样变换后的故障树叫做成功树，顶事件变成希望不发生的事件。成功树也叫对偶故障树，简称对偶树。

最小割集是导致顶事件发生不能再缩减的底事件的集合。对成功树而言，成功树的顶事件发生即故障树的顶事件不发生，因此成功树按最小割集法求得的最小割集实际就是故障树的最小路集。

例题 5.6 以例题 5.3 规范化的站台坠落故障树为例，其对偶的成功树如图 5-11 所示，按下行法求最小割集。

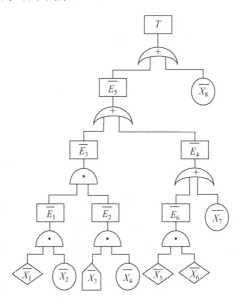

图 5-11　规范化的站台坠落故障树的对偶树

解　根据故障树有

$$\overline{T} \to \begin{bmatrix} \overline{E}_5 \\ \overline{X}_8 \end{bmatrix} \to \begin{bmatrix} \overline{E}_3 \\ \overline{E}_4 \\ \overline{X}_8 \end{bmatrix} \to \begin{bmatrix} \overline{E}_1 \cdot \overline{E}_2 \\ \overline{E}_4 \\ \overline{X}_8 \end{bmatrix} \to \begin{bmatrix} \overline{X}_1 \cdot \overline{X}_2 \cdot \overline{X}_3 \cdot \overline{X}_4 \\ \overline{E}_4 \\ \overline{X}_8 \end{bmatrix} \to \begin{bmatrix} \overline{X}_1 \cdot \overline{X}_2 \cdot \overline{X}_3 \cdot \overline{X}_4 \\ \overline{E}_6 \\ \overline{X}_7 \\ \overline{X}_8 \end{bmatrix}$$

$$\to \begin{bmatrix} \overline{X}_1 \cdot \overline{X}_2 \cdot \overline{X}_3 \cdot \overline{X}_4 \\ \overline{E}_6 \\ \overline{X}_7 \\ \overline{X}_8 \end{bmatrix}$$

于是得到的故障树的 4 个最小路集为 $\{X_1, X_2, X_3, X_4\}, \{X_5, X_6\}, \{X_7\}$, $\{X_8\}$。在很多情况下,利用成功树求故障树的最小路集比较方便。

5.2.4　故障树的定量分析

在故障树中,底事件、结果事件和顶事件等都是故障树。取值 1 表示事件出现;取值 0 表示事件不出现。

设底事件 X_i 出现的概率为 p_i,不出现的概率为 $q=1-p_i$,则

$$p_i = P(X_i = 1), \quad q = P(X_i = 0) \tag{5-6}$$

同样,设顶事件 T 的出现概率为 p,不出现的概率为 $q=1-p_i$,则

$$p_i = P(\Phi = 1), \quad q = P(\Phi = 0) \tag{5-7}$$

显然,如令 $p=(p_1, p_2, \cdots, p_n)$,$n$ 为底事件的总数,设诸底事件是相互独立的,则有

$$\varphi(x) = \varphi(p_1, p_2, \cdots, p_n) = \varphi(p) \tag{5-8}$$

$\varphi(x)$ 叫做故障树的概率组成函数。

例题 5.7　设 $X_1, X_2, \cdots, X_n$ 是一个与门的输入,T 是该与门的输出,求故障树的概率组成函数。

解　只有当所有的输入事件都出现,事件 T 才出现,这是一个可靠性并联系统,因此概率的组成函数为

$$\varphi(p) = \varphi(p_1, p_2, \cdots, p_n) = \prod_{i=1}^{n} p_i = p_1 p_2 \cdots p_n$$

设 $X_1, X_2, \cdots, X_n$ 是一个或门的输入,T 是该或门的输出,则故障树的概率函数为

$$\varphi(p) = \varphi(p_1, p_2, \cdots, p_n) = \bigcup_{i=1}^{n} p_i = 1 - \prod_{i=1}^{n} (1 - p_i) = 1 - \prod_{i=1}^{n} q_i$$

由此可见,故障树的结构函数与概率函数之间有如下对应关系,即

$$\prod_{i=1}^{n} X_i \Leftrightarrow \prod_{i=1}^{n} p_i$$

$$\bigcup_{i=1}^{n} X_i = 1 - \prod_{i=1}^{n} (1 - X_i) \Leftrightarrow \bigcup_{i=1}^{n} p_i = 1 - \prod_{i=1}^{n} (1 - p_i) = 1 - \prod_{i=1}^{n} q_i$$

根据结构函数的穷举表达式,设 X 有 n 个底事件 $X_1, X_2, \cdots, X_n$,则有穷举表达式为

$$\Phi(X) = \Phi(1, 1, \cdots, 1) X_1 X_2 \cdots X_n + \Phi(1, 0, 1, \cdots, 1) X_1 (1 - X_2) X_3 \cdots X_n$$
$$+ \cdots + \Phi(0, 0, \cdots, 0)(1 - X_1)(1 - X_2) \cdots (1 - X_n)$$
$$X_1 X_2 \cdots X_n$$

穷举表达式有 2^n 项组成,第一项中 $X_1, X_2, \cdots, X_n$ 取值 1 表示 $X_1, X_2, \cdots, X_n$ 全取值 1;第二项中 $X_1, (1 - X_2), X_3, \cdots, X_n$ 全取 1,但 X_2 取 0;……。依此类推,它们各表示一个事件。这 2^n 个事件是相互独立的,即任两个事件不会同时发生。

由于

$$p = P(\Phi = 1) = E[\Phi]$$

把结构函数的穷举表达式两端取期望值,得

$$p = E[\Phi(X)]$$
$$= \Phi(1, 1, \cdots, 1) p_1 p_2 \cdots p_n + \Phi(1, 0, 1, \cdots, 1) p_1 (1 - p_2) \cdots p_n$$
$$+ \cdots + \Phi(0, 0, \cdots 0)(1 - p_1)(1 - p_2) \cdots (1 - p_n)$$

这就是故障树概率组成函数的穷举表达式。

按照概率法则,设 A 和 B 为任意两件事,$A \cdot B$ 为两件事的积事件,即两件事同时出现;$A + B$ 是两件事的和事件,即两件事至少出现一件,则概率法则为

$$P(A + B) = P(A) + P(B) - P(A \cdot B)$$

对任意三件事 A, B, C 而言,有

$$P(A + B + C) = P(A) + P(B) + P(C) - P(A \cdot B) - P(A \cdot C)$$
$$- P(B \cdot C) + P(A \cdot B \cdot C)$$

依此类推,只有当 $A_1, A_2, \cdots, A_n$ 相互独立时,$P(A_i \cdot A_j) = 0, P(A_i \cdot A_j \cdot A_k) = 0, \cdots$,才有 $P(A_1 + A_2 + \cdots + A_n) = P(A_1) + P(A_2) + \cdots + P(A_n)$。因此,设故障树一共有 m 个最小割集 $K_1, K_2, \cdots, K_m$,以 F_1 表示这些最小割集出现的概率之和,

以 F_2 表示这些最小割集两两同时出现(即交集)的概率之和,以 F_3 表示这些最小割集三三交集出现的概率之和,……,则按概率法则,顶事件出现的概率 p 为

$$p = F_1 - F_2 + F_3 - F_4 + \cdots + (-1)^{m-1} F_m$$

① 底事件的重要度。设故障树有 n 个底事件,它的概率组成函数为 $p = \varphi(p) = \varphi(p_1, p_2, \cdots, p_n)$,对于给定的一组 $p_0 = (p_{10}, p_{20}, \cdots, p_{n0})$ 而言,有相应的 $I_{P_0}(5) = 0.010$。

如果第 i 个底事件 X_i 的出现概率在 p_0 基础上有增长的单位,则相应 p_0 的增长率为

$$I_{P_0}(i) = \frac{\partial \varphi(p)}{\partial p_i} \bigg|_{P = P_0} = 0.048$$

② 相对重要度。概率重要度的相对值,即

$$I_{P_0}^{CR}(i) = \frac{\varphi(p)}{p_i} I_{P_0}(i)$$

③ 结构重要度。元部件在系统中所处位置的重要程度,与元部件本身故障率毫无关系,其数学表达式为

$$I_i^{\phi} = \frac{1}{2^{n-1}} n_i^{\phi}$$

其中

$$n_i^{\phi} = \sum_{2^{n-1}} \left[\Phi(1, \overline{X}) - \Phi(0_i, \overline{X}) \right]$$

I_i^{ϕ} 为第 i 个元部件的结构重要度;n 为系统所含部件数量。

5.2.5　故障树和可靠性框图的关系

可靠性框图(RBD)和故障树(FTD)最基本的区别在于,可靠性框图从系统工作的角度分析是系统成功的集合,而 FTD 的工作从系统角度看是故障的集合。在某些实际工程中,用可靠性框图描述系统合适,还是用故障树描述合适? 下面介绍两种方法之间的转换问题。

在可靠性框图中,通过一个框图的连接意味着单元是正常工作的,当然也意味着该单元有关的一个或多个故障不会发生。在故障树中,底事件的定义为单元同样的失效模式的事件发生,当顶事件定义为系统失败,则对于上述底事件的定义,容易得到一个串联系统的故障树是由与门构成的。同样,对于并联系统的故障树是由或门构成的,如图 5-12 所示。

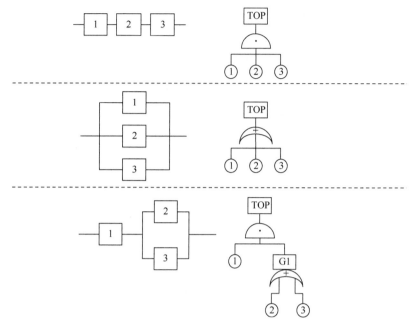

图 5-12　简单可靠性框图系统及其故障树

例题 5.8　桥路是一种复杂的可靠性框图,以图 5-13 表示这样的桥路,请将它转化成故障树图。

解　桥路用故障树表示,需要利用复制事件,因为门能表示元件以串联和并联的方式。检查该系统发现任何下列集合发生故障,将会引起整个系统故障。

① 元件 1 和 2 发生故障。

② 元件 3 和 4 发生故障。

③ 元件 1,5 和 4 发生故障。

④ 元件 2,5 和 3 发生故障。

这些事件的集合为最小割集。故障树如图 5-12 所示。

可见故障树分析法和可靠性框图分析法都可以用来分析系统的可靠性,但也存在比较大的区别。

① FTA 是以系统故障为导向,以不可靠度为分析对象,而可靠性框图分析法是以系统正常为导向,以可靠度为分析对象。

② FTA 不仅可分析硬件,而且可分析人为因素、环境,以及软件的影响,而可靠性框图仅限于分析硬件的影响。

③ FTA 能分析两状态单调关联系统、两状态非单调关联系统和多态系统,而可靠性框图分析法仅限于分析两状态单调关联系统。

④ FTA 能将导致系统故障的基本原因和中间过程利用故障树清楚地表示出

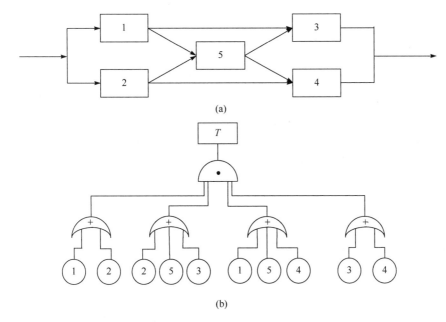

图 5-13 复杂可靠性框图——桥路

来,而可靠性框图分析法仅能表示系统和部件之间的联系,中间的情况难以表示。

⑤ FTA 在故障树建模时受人为因素影响较大,不同的人建立的故障树可能会出现较大的差别,互相之间不易核对,并且容易遗漏或重复。可靠性框图分析法按系统原图来建模,所以不同的人建立的模型差别不会很大,易于检查核对,而且可靠性框图与系统原理图的对应关系使得建模得到简化,同时不会有遗漏。

⑥ 故障树重点在于找出造成系统故障的原因,因此在故障树中可以很清晰地看到系统存在的故障隐患以及它们之间的逻辑关系;可靠性框图则更侧重于反映系统的原貌,图中的元素几乎与系统中的部件或元素一一对应,能明显地描述出大多数部件或系统之间的作用和关系。

对大多数系统来说,RBD 分析法和 FTA 法都能进行很好的模拟实际过程的成功和失效,只是侧重点不同。对于特殊的系统,如航空、航天、航海、核能等,故障树分析法有其独特的优越性,能更准确地描述系统,使分析得到简化,从而更方便和直观。

5.3 基于 Bayes 方法的可靠性分析

Bayes 可靠性分析方法有两类,一类是 Bayes 统计分析方法,即应用概率统计相关理论知识和手段对产品或系统的可靠性进行数据分析以及可靠性评估、预测;

另一类则是 Bayes 网络分析方法。

5.3.1　Bayes 统计分析方法

经典的统计推断理论是基于频率解释，贝叶斯推断则不同。每次试验的结果被认为是关于待估参数的新的信息，通过贝叶斯定理，新的信息可以和参数在试验之前的已有的信息结合起来，从而实现对待估参数信度的更新。在贝叶斯统计推断中，待估参数的信息是通过一个概率密度函数来表征的。贝叶斯统计推断的核心是贝叶斯定理，可以实现通过收集到的数据对已有信息的更新[25,26]。

1. Bayes 定理

令 $B_i(i=1,2,\cdots,n)$ 为一互斥的完备群，存在事件 A，其条件概率的值为已知，又假定概率已知。它代表先验概率，在离散情况下，贝叶斯定理可以表示为

$$P(B_i|A)=\frac{P(B_i)P(A|B_i)}{P(A)},\quad P(A)\neq 0 \tag{5-9}$$

其中，$P(A)$ 为 A 出现必与 B_i 中的一个同时出现的概率，即

$$P(A) = P(A\mid B_1)P(B_1)+P(A\mid B_2)P(B_2)+\cdots+P(A\mid B_n)P(B_n)$$
$$= \sum_{i=1}^{n} P(A\mid B_i)P(B_i)$$

因此，

$$P(B_i\mid A) = \frac{P(B_i)P(A\mid B_i)}{\sum_{i=1}^{n} P(A\mid B_i)P(B_i)} \tag{5-10}$$

这就是离散状态下的 Bayes 定理。

在连续条件下，贝叶斯定理可以表示为

$$\pi(\theta\mid X) = \frac{f(X\mid\theta)\pi(\theta)}{\int_{-\infty}^{\infty} f(X\mid\theta)\pi(\theta)\mathrm{d}\theta} \tag{5-11}$$

其中，θ 为随机变量；$\pi(\theta)$ 为验前分布的概率密度函数；$\pi(\theta|X)$ 为验后分布的概率密度函数；$f(X|\theta)$ 为观测统计量 X 的条件分布。

由此可见，观测统计量或抽样数据结合验前信息形成验后信息，即

$$验后概率 = \frac{验前概率\times条件概率}{\sum(验前概率\times条件概率)} \tag{5-12}$$

　　与经典方法比较,贝叶斯方法的主要特色是充分利用验前信息,尤其对于昂贵小子样产品能够利用工程经验、专家意见和历史经验信息。

　　从贝叶斯公式可以看出,验前信息的获取、相容性检验、信息融合、验前分布的表示等是贝叶斯方法研究的关键。

　　2. 先验信息的获取与检验

　　(1) 先验信息的一般形式

　　先验信息是贝叶斯分析方法应用的前提,大量可信的先验信息是贝叶斯方法统计推断优良性的保证,以下讨论先验信息的获取问题。先验信息的来源多种多样,按其来源一般分为以下几类。

　　① 从产品设计及定型前历次试验积累下来的历史资料。这是一类最可靠的先验信息。问题的关键是如何运用这些多试验阶段下变母体的历史信息。

　　② 工程专家通过长期的现场工作实践积累下来的经验知识。由于经验知识带有一定的主观性,必然给贝叶斯推断和决策带来一定的风险。运用较少的试验数据进行统计推断同样存在风险,因此只要前者带来的风险小于后者带来的风险,该先验信息就是可以利用的。

　　③ 通过理论分析或仿真而获得的先验信息。这种方法应注意仿真模型的可信性验证,只有当模型是可信时,该先验信息才是可用的。另外,对于仿真数据的运用要注重使用量的问题。

　　若按信息的表现形式,则可分为历史试验数据;可靠性参数本身的统计特性,如各阶矩、置信区间、分位数等;仿真数据;专家知识。

　　贝叶斯方法之所以能够提高小样本条件下产品可靠性评估的置信度,在于其充分利用各种先验信息,扩大产品可靠性评估的信息量。

　　(2) 先验信息的检验

　　相容性检验。一般而言,现场试验子样是完全可信赖的,而先验信息是通过历史资料信息、理论分析和仿真试验等方法得到的,这些信息未必是可信的或与现场试验的信息未必是相容的,即使是相容的,也只能在一定的置信度下认为它们是相容的,这就是先验信息的相容性问题或一致性问题。

　　当在贝叶斯公式中直接使用历史数据时,实际上是将历史数据与当前的现场试验数据等权看待,这要冒很大的风险,因此必须进行先验信息与现场数据的相容性检验,工程中常用 Wilcoxon-Mann-Whitney 的秩和检验法。

　　假设先验数据样本为 $X=(X_1, X_2, \cdots, X_n)$,现场数据样本为 $Y=(Y_1, Y_2, \cdots, Y_m)$,考虑对立假设,即 H_0: X 与 Y 属于同一母体;H_1: X 与 Y 不属于同一母体。将 X 和 Y 两个样本混合,然后由小到大排序,得到次序统计量,即

$$Z_1 < Z_2 < \cdots < Z_{n+m} \qquad (5\text{-}13)$$

如果 $X_k = Z_j$,即先验数据样本 X 的第 k 个元素 X_k。在混合排序中的次序为 j,则称 X_k 的秩为 j,记为 $r_k(X) = j$。Wilcoxon 等提出可以用先验信息样本 X 的秩和作为检验的统计量,即

$$T = \sum_{k=1}^{n} r_k(X) \tag{5-14}$$

检验统计量 T 有如下关系,即

$$P(T_1 < T < T_2 | H_0) = 1 - \alpha \tag{5-15}$$

其中,α 为显著性水平。

给定 α,如果 $T \leqslant T_1$ 或 $T \geqslant T_2$,则认为两个样本不属于同一母体;否则,认为两个样本属于同一母体,其置信度为 $1 - \alpha$。

(3) 先验分布的确定方法

在贝叶斯统计方法中,将总体分布的未知参数看做随机变量,这个随机变量的分布函数总结了试验前对未知参数的所有认识,称为先验分布。通常装备的研制试验按照"设计-试验-改进-再试验"分阶段、分批次进行,且装备可靠性不断增长,即

$$0 \leqslant R_1 \leqslant R_2 \leqslant \cdots \leqslant R_{m-1} \leqslant R_m \leqslant 1 \tag{5-16}$$

在上述约束条件下,针对动态分布参数的贝叶斯分析,需要研究先验分布对试验数据的合理描述问题。并非所有场合都能得到确切的验前分布,因此在获取先验信息后,将先验信息表示为先验分布函数是贝叶斯分析的关键问题之一。

无信息先验分布。Reformation 方法、Box-Tiao 方法等是基于参数在总体分布中的地位确定先验分布。此外,无先验信息如果是指在现场试验之前,没有做过类似的试验,无历史试验数据可利用,则不能认为没有先验信息,因为研制过程中存在大量关于装备的知识,如相似系统的可靠性信息、分系统的信息或仿真信息等。如果以上信息的可信度不高,可以不予采纳,而采用无信息先验分布。

例题 5.9　设某元件的可靠性为 R,现进行 N 次独立试验,其中成功 S 次,试估计该元件的可靠性。

解　① 经典统计学方法。

进行 N 次独立试验,成功 S 次,则试验数据的似然函数为

$$L(S|R) = C_N^S R^S (1-R)^{N-S}$$

所以

$$\ln L = \ln C_N^S + S \ln R + (N-S)\ln(1-R)$$
$$\Rightarrow \hat{R} = \frac{S}{N}$$

② Bayes 估计。

设对该元件可靠性无任何已知信息,即 R 等可能取值于$(0,1)$,即 $R \sim U(0,1)$,作为元件的可靠性先验分布,即

$$\pi(R) = \begin{cases} 1, & 0 < R < 1 \\ 0, & \text{其他} \end{cases}$$

由 Bayes 估计可知,R 的后验分布为

$$\begin{aligned} \pi(R \mid S) &= \frac{L(S \mid R)\pi(R)}{\int_0^1 \pi(R) L(S \mid R) \mathrm{d}R} \\ &= \frac{C_N^S R^S (1-R)^{N-S}}{\int_0^1 C_N^S R^S (1-R)^{N-S} \mathrm{d}R} \\ &= \frac{R^S (1-R)^{N-S}}{\int_0^1 R^{(S+1)} (1-R)^{(N-S+1)-1} \mathrm{d}R} \\ &= \frac{\Gamma(N+2)}{\Gamma(S+1)\Gamma(N-S+1)} R^S (1-R)^{N-S}, \quad 0 < R < 1 \end{aligned}$$

用后验分布的期望值作为成功率 R 的估计,即

$$\hat{R} = E(R \mid S) = \frac{S+1}{N+2}$$

矩方法确定先验分布。在假定先验分布形式已知的条件下,在确定先验分布中的超参数时,可先由历史数据估计边缘密度的各阶矩,如期望和方差,而后估计先验分布的超参数,该方法通常称为矩方法。

共轭先验分布。运用共轭先验分布时,未知参数的先验分布和后验分布具有相同的分布类型,计算十分方便。先验分布的先验超参数一般具有明确的物理意义,该类先验分布在工程中应用较普遍。

例如,正态分布均值(σ 方差已知)的共轭分布是正态分布 $N(\mu, \tau^2)$(μ, τ 为已知),其后验均值为

$$\mu_1 = \frac{\bar{x}\sigma^{-2} + \mu\tau^{-2}}{\sigma^{-2} + \tau^{-2}} = \gamma\bar{x} + (1-\gamma)\mu$$

其中,$\gamma = \dfrac{\sigma^{-2}}{\sigma^{-2} + \tau^{-2}}$ 为方差倒数组成的权。

其验后均值可解释为样本均值 $\bar{x}$ 与验前均值 μ 的加权平均。

近年来,一些学者指出共轭先验的假设并不总是适合的,并提出运用共轭先验

分布的线性组合做出先验分布的新方法。

工程中常用的共轭分布如表 5-12 所示。

表 5-12　常用共轭先验分布

总体分布	参数	共轭分布
二项分布	成功概率	贝塔分布 $Be(\alpha,\beta)$
泊松分布	均值	伽马分布 $Ga(\alpha,\beta)$
指数分布	失效率	伽马分布 $Ga(\alpha,\beta)$
正态分布（方差已知）	均值	正态分布 $N(\mu,\tau^2)$
正态分布（均值已知）	方差	逆伽马分布 $IGa(\alpha,\beta)$
正态分布	方差、均值	正态-逆伽马分布

由于共轭先验分布仅给出了未知参数的分布类型，其先验分布超参数还需确定，以下阐述了由先验信息确定先验分布超参数的方法。工程中最为常见的先验信息是相似产品信息或专家知识，以及未知参数的统计特性。下面以二项分布和指数寿命型分布说明先验超参数的确定方法。

第一，由专家知识确定先验超参数。

可靠度的先验信息通常以连续区间的形式给出。例如，根据类似产品信息或专家经验，可以给出第 k 个试验阶段内产品的可靠度 $R_k \in (R_{k,L}, R_{k,H})$。在确定先验超参数时，首先以均匀分布描述产品的先验信息，然后以先验参数为变量，将均值作为约束，方差作为目标，利用最优化方法求出与该均匀分布最接近的一般贝塔分布，由此作为产品的先验分布，如图 5-14 所示。

图 5-14　均匀分布于 Beta 分布等效图

第二,由分位数确定先验超参数。

对于指数型产品,其失效率 λ 的共轭分布为伽马分布,即

$$\pi(\lambda \mid a,b) = \frac{b^a}{\Gamma(a)}\lambda^{a-1}\exp(-b\lambda) \tag{5-17}$$

其中,$\lambda>0,a>0,b>0,a$ 和 b 为先验分布超参数,需要通过先验信息来确定。

对于不同的置信度 γ_1 和 γ_2,假设由先验信息可以确定产品失效率的随机化最优精确置信下限 λ_1 和 λ_2,以此作为失效率 λ 先验分布的置信度为 γ_1 和 γ_2 的分位数,即

$$\begin{cases} \int_0^{\lambda_1} \pi(\lambda \mid a,b)\mathrm{d}\lambda = \gamma_1 \\ \int_0^{\lambda_2} \pi(\lambda \mid a,b)\mathrm{d}\lambda = \gamma_2 \end{cases} \tag{5-18}$$

例题 5.10　设某元件的可靠性为 R,现对该产品进行 N 次试验,其中有 S 次成功,取可靠性 R 的共轭先验分布为 Beta 分布,求可靠性 R 的 Bayes 估计。

解　设 N 次抽样,有 S 次成功的似然函数为

$$L(S \mid R) = C_N^S R^S (1-R)^{N-S}, \quad S=0,1,2,\cdots,N$$

取 Beta 分布为 R 的先验分布,因此

$$\pi(R) = \frac{1}{B(a,b)}R^{a-1}(1-R)^{b-1}$$

$$B(a,b) = \int_0^1 x^{a-1}(1-x)^{b-1}\mathrm{d}x, \quad 0<R<1, \quad a,b \text{ 为已知常数}$$

由 Bayes 定理可得 R 的后验分布,即

$$\begin{aligned} \pi(R \mid S) &= \frac{L(S \mid R)\pi(R)}{\int_0^1 L(S \mid R)\pi(R)\mathrm{d}R} \\ &= \frac{C_N^S R^S (1-R)^{N-S}\dfrac{1}{B(a,b)}R^{a-1}(1-R)^{b-1}}{\int_0^1 C_N^S R^S (1-R)^{N-S}\dfrac{1}{B(a,b)}R^{a-1}(1-R)^{b-1}\mathrm{d}R} \\ &= \frac{R^{(S+a-1)}(1-R)^{N-S+b-1}}{\int_0^1 R^{(S+a-1)}(1-R)^{N-S+b-1}\mathrm{d}R} \\ &= \frac{R^{(S+a-1)}(1-R)^{N-S+b-1}}{B(S+a,N-S+b)} \end{aligned}$$

因此,R 的后验分布还是 Beta 分布,即 Beta 分布为共轭先验分布,R 的 Bayes 估计

为

$$\hat{R} = E(R \mid S)$$
$$= \int_0^1 \pi(R \mid S) R \mathrm{d}R$$
$$= \frac{B(S+a+1, N-S+b)}{B(S+a, N-S+b)}$$
$$= \frac{\tau(S+a+1)\tau(N-S+b)}{\tau(N+a+b+1)} \cdot \frac{\tau(N+a+b)}{\tau(S+a)\tau(N-S+b)}$$
$$= \frac{S+a}{N+a+b}$$
$$= (1-v)\frac{a}{a+b} + v\frac{S}{N}, \quad v = \frac{N}{a+b+N}$$

5.3.2　Bayes 网络分析方法

贝叶斯网络是一种概率网络，是基于概率推理的图形化网络，而贝叶斯公式则是这个概率网络的基础。贝叶斯网络是基于概率推理的数学模型。所谓概率推理就是通过一些变量的信息来获取其他概率信息的过程，基于概率推理的贝叶斯网络是为了解决不定性和不完整性问题提出的，对于解决复杂设备不确定性和关联性引起的故障有很大的优势，在多个领域中获得广泛应用[27~29]。

贝叶斯网络是一个有向无环图，由代表变量的节点及连接这些节点的有向边构成。节点代表论域中的变量，有向弧代表变量间的关系，通过图形表达不确定性知识，通过条件概率分布的注释，可以在模型中表达局部条件的依赖性[30,31]。

贝叶斯网络基础理论需要研究三个问题。

① 对给定的概率模式 M，研究变量 $X_1, X_2, \cdots, X_n$ 之间的条件独立性。

② 对给定的图形模式 G，研究结点之间的 d-separation 性。

③ 条件独立性和 d-separation 之间的联系。

（1）概率模式中的条件独立性

定义 5.1　概率模式 $M, U = \{X_1, X_2, \cdots, X_n\}$ 是一随机变量集，A、B 和 C 是 U 的三个互不相交变量子集，如果对 $\forall X_i \in A$，$\forall X_j \in B$ 和 $\forall X_k \in C$ 都有 $p(x_i \mid x_j, x_k) = p(x_i \mid x_k)$，且 $p(x_j, x_k) > 0$，称给定 C 时 A 和 B 条件独立，记为 $I(A, C, B)_M$ [或简记为 $I(A, C, B)$]。

对概率模式 M，两个随机变量之间的依赖关系如图 5-15 所示。

设 X_i 和 X_j 是两个随机变量，$C(X_i \notin C, X_j \notin C)$ 是一个随机变量集。

绝对依赖：$I(X_i, \phi, X_j)$ 不成立，而且对任意的 $C, I(X_i, C, X_j)$ 也不成立。

条件依赖：$I(X_i, \phi, X_j)$ 成立，但存在 C，使 $I(X_i, C, X_j)$ 不成立。

绝对独立：$I(X_i, \phi, X_j)$ 成立，而且对任意的 $C, I(X_i, C, X_j)$ 也成立。

条件独立：$I(X_i, \phi, X_j)$ 不成立，但存在 C，使 $I(X_i, C, X_j)$ 成立。

定义 5.2　对一个变量 $X_i \in U$ 和变量子集 $S \subseteq U, X_i \notin S$，如果 $I(X_i, S, U - S - X_i)$，称为 X_i 的马尔可夫毯（Markov blanket），最小的马尔可夫毯称为马尔可夫边界（Markov boundary）。

图 5-15　变量之间的依赖关系

（2）图形模式中的 d-separation 性

在图形模式中，与变量条件独立性相对应的是结点 d-separation 性。对互不相交的结点子集 A、B 和 C，如果相对于 A、B 和 C 满足 d-separation 条件，就称 C d-separate A 和 B。在 1988 年，Pearl 建立了下面的 d-separation 标准定义与 d-separation 检验的方法。

定义 5.3　对有向无环图 G，设 A、B 和 C 是 G 的三个互不相交结点子集，如果不存在 A 中一个结点和 B 中一个结点之间的一条通路满足如下条件：每一个具有汇聚箭头的结点均在 C 中，或者有一个子孙结点在 C 中；所有其他结点都不在 C 中，则称 C d-separate A 和 B，记为 $\langle A|C|B \rangle_G$，也称 C 为 A 和 B 的切割集，能够 d-separate A 和 B 的最小结点集称为 A 和 B 的最小 d-separation 集。

定理 5.1　设 X_j 不是 X_i 的祖先结点，X_j 的父结点集为 $\prod_j$，是 X_i 和 X_j 的 d-separation 集。

定理 5.2　提供一种确定 d-separation 集的方法，当父结点集较大时，可以对父结点集进行简化。

（3）贝叶斯网络基本定理

贝叶斯网络基本定理是解决给定一个概率分布，是否存在对应的贝叶斯网络，以及给定一个有向无环图，对应的概率分布存在与否这两个基本问题。Pearl 给出了下面的贝叶斯网络基本定理，为贝叶斯网络研究奠定了理论基础。

定理 5.3　对概率分布 $p(x_1, x_2, \cdots, x_n)$ 和确定的结点顺序，存在对应的贝叶斯网络 G_B，这用 $\prod_i \subseteq \{X_1, X_2, \cdots, X_{i-1}\}$ 表示 X_i 的父结点集，使

$$p(x_1,x_2,\cdots,x_n)=\prod_{i=1}^{n}p(x_i\mid x_1,x_2,\cdots,x_{i-1})=\prod_{i=1}^{n}p(x_i\mid \pi_i,G_B)$$

如果 $p(x_1,x_2,\cdots,x_n)>0$,贝叶斯网络唯一存在。

定理 5.4　给定有向无环图 G,存在一个概率分布 P,使得相对于 d-separation 标准,G 是 P 的完全图。

定理 5.5　关于贝叶斯网络 G_B 和对应的概率分布 P,对于 G_B 中的结点 X,由 X 的父结点、子结点和子结点的父结点构成的结点集是 X 的马尔可夫毯;如果 G_B 是 P 的完全图,马尔可夫毯还是马尔可夫边界。

例题 5.11　如图 5-16(a)所示为某阀门控制系统,系统功能定义为从 A 到 B 流体通道畅通,阀正常状态为"通"、失效状态为"断",其故障树如图 5-16(b)所示,图中 t 表示系统故障的顶事件,x_i 表示部件 i 的状态,m 为中间事件,图 5-16(c)为相应的贝叶斯网络模型。表 5-13 为系统元件 V_1,V_2,V_3 的故障概率。

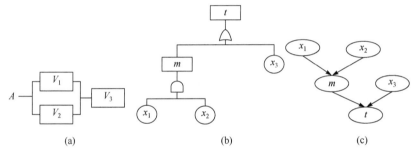

图 5-16　贝叶斯网络的建立过程

表 5-13　失效率

系统元件	X_1	X_2	X_3
故障概率	0.04	0.02	0.01

解　应用 Bucket Elimination 方法,得到的顶事件发生的概率为

$$P(t)=1-(1-0.0008)\cdot(1-0.01)=0.010792$$

系统的可靠度为

$$R_s=1-P(t)=1-0.010792=0.98920$$

进行诊断推理时,假定系统故障情况下,各元件故障的条件概率如表 5-14 所示。例如,计算系统故障情况下,元件 X_2 的故障概率的公式为

$$P(x_2=1\mid t=1)=\frac{P(t=1,x_2=1)}{P(t=1)}=0.0926$$

表 5-14 系统故障时各元件的故障概率(诊断)

系统元件	X_1	X_2	X_3
故障概率	0.1115	0.0926	0.9259

进行因果推理时,假定各元件故障情况下,系统节点的故障概率如表 5-15 所示,为节点 T 和节点 M 的故障概率。例如,在计算元件 X_2 故障条件下,系统节点 T 的故障概率为

$$P(t=1 \mid x_2=1)=\frac{P(t=1, x_2=1)}{P(x_2=1)}$$

表 5-15 各元件故障时系统节点的故障概率(因果)

故障元件	(系统)	节点
X_1	0.0298	0.0200
X_2	0.05	0.0404
X_3	1	0

由表 5-14 和表 5-15 可以看出,各元件在系统可靠性中所起作用的大小。虽然元件 V_3 的故障概率最小,但由于它是串联系统的一个环节,必然导致系统故障,因此在系统故障时的条件概率也是最大的,为 0.9259,当 V_3 故障时系统故障概率为 1。元件 V_1 的故障概率最大,但由于它和 V_2 组成了并联结构,因此在系统故障时的条件概率并不是最大的。

由于贝叶斯网络结构的特点和双向推理的优势,在进行系统可靠性研究中,可以直接计算一个元件或多个元件故障树对系统故障的影响,以及系统故障条件下元件的故障概率,这样就避免了最小割集和重要度的计算。这些研究使得 BN 在可靠性、安全性分析方面的应用迅速发展起来[32,33]。

5.4 模糊可靠性分析方法

5.4.1 模糊可靠性的基本概念

经典可靠性定义包括对象、条件、时间、功能和能力等。这个定义的前 3 项(对象、条件和时间)是可靠性的前提,是不允许模糊化的,因此改造经典可靠性定义的工作只能从第 4 项和第 5 项内容入手。如果将原定义中"保持其规定功能"改变成"在某种程度上保持其规定功能",就实现了产品"功能"的模糊化。至于第 5 项内容(能力),本身就是模糊概念,只要用模糊指标描述就行了[34]。

通过上述改造获得的模糊可靠性定义与经典可靠性定义是相对应的。显然,

前者是后者的拓展,后者是前者的特例。这个定义能否反映模糊可靠性的内涵呢?从概率论的角度将有关模糊可靠性的种种问题归纳为 3 大类,即模糊事件、精确概率;清晰事件、模糊概率;模糊事件、模糊概率。显然,前面直接改造经典可靠性定义获得的结果与模糊可靠性内涵包括的这 3 个内容是一致的。因此,将模糊可靠性定义为产品在规定的使用条件下,在预期的使用时间内,某种程度上保持某规定功能的能力。同时,将这个定义中用"某种程度"模糊化了的产品功能称为模糊功能。

为了解决如何用模糊子集表示模糊功能的问题,必须应用模糊数学中关于模糊语言的组成规则。在模糊数学中,关于模糊语言的组成规则将语言算子分成 3 类。

(1) 语气算子

将"比较""很""极"这 3 个语气算子作为单词大和小的前缀词,就得到了 6 个模糊子集,加上原来没有语气算子的 2 个模糊的模糊子集,共得到 8 个表示不同模糊功能的模糊子集。

语气算子用 H_λ 表示(λ 是一个实数),其运算规则为

$$\mu_{(H_\lambda \widetilde{A})}(u) \triangleq \left[\mu_{\widetilde{A}}(u)\right]^\lambda \tag{5-19}$$

其中,$\mu_{\widetilde{A}}(u)$ 表示论域中任一元素 u 隶属于模糊子集 $\widetilde{A}$ 的程度的量,称之为 u 对于 $\widetilde{A}$ 的隶属度。

一般,$H_{1/2}$ 称为"比较",H_2 称为"很",H_4 称为"极"。

(2) 模糊化算子

将模糊化算子"大概"作为前缀词加到前面的 8 个模糊子集上,又可以得到 8 个新的模糊子集。这样,已经得到了 16 个模糊子集。

模糊化算子用 F 表示,其运算规则为

$$\mu_{F\widetilde{A}}(u) \triangleq \mu_{(\widetilde{E} \circ \widetilde{A})}(u) = \mathop{\upsilon}_{V \in U}\left[\mu_{\widetilde{E}}(u,\upsilon) \wedge \mu_{\widetilde{A}}(\upsilon)\right] \tag{5-20}$$

其中,$\widetilde{E}$ 是 U 上的一个相似关系。

当 $U \to (-\infty, +\infty)$ 时,常取

$$\mu_{\widetilde{E}}(u,\upsilon) = \begin{cases} \mathrm{e}^{-(u-\upsilon)^2}, & |u-\upsilon| < \delta \\ 0, & |u-\upsilon| \geqslant \delta \end{cases} \tag{5-21}$$

式中,δ 为参数。

(3) 判定化算子

将判定化算子"倾向于"作为前缀词加到前面的 16 个模糊子集上,又可以得到新的 16 个模糊子集,加上原来的 16 个模糊子集,就得到了 32 个模糊子集。

判定化算子"倾向于"或"倾向"用 $P_{1/2}$ 表示,其运算规则为

$$\mu_{(P_{1/2}\tilde{A})}(u) \triangleq P_{1/2}[\mu_{\tilde{A}}(u)] = \begin{cases} 0, & u > u_{1/2} \\ 1, & u \leqslant u_{1/2} \end{cases} \tag{5-22}$$

其中，$u_{1/2}$ 是使 $\mu_{\tilde{A}}(u) = \dfrac{1}{2}$ 的那个 u 值。

5.4.2　模糊可靠性基本指标

与经典可靠性的主要指标类似，模糊可靠性的主要指标也有可靠度、故障率、平均寿命等，不过这些指标的内涵远比经典可靠性的指标丰富、复杂。在讨论模糊可靠性的定义时，从模糊概率论的角度可以将模糊可靠性涉及的内容和指标分为三类。

① 模（糊事件）-精（确概率）型指标。
② 清（晰事件）-模（糊概率）型指标。
③ 模（糊事件）-模（糊概率）型指标。

下面讨论模糊可靠性最简单而又常用的模-精型指标。

1. 模糊可靠度 $\tilde{R}$

产品在规定的使用条件下，预期的使用时间内，在某种程度上保持其规定功能的概率，称为产品关于 $\tilde{A}_i$ 的模糊可靠度，并记为 $\tilde{R}(\tilde{A}_i)$，简记为 $\tilde{R}$。$\tilde{A}_i$ 表示要讨论的某一模糊功能子集。

这里所说的概率，既可以是精确的概率数据，也可以是模糊的语言概率值，所以这个意义对三种类型都适用。

假设用 A 表示经典可靠性定义中"产品在……保持其规定功能"这一清晰事件，用 $\tilde{A}_1, \tilde{A}_2, \cdots, \tilde{A}_n$ 分别表示各个模糊功能子集代表的模糊事件。显然，A 在不同程度上分别属于 $\tilde{A}_1, \tilde{A}_2, \cdots, \tilde{A}_n$。由上述定义可知，需要注意的不是 $\tilde{A}_n$ 出现的概率，而是 A 出现时属于 $\tilde{A}_i$ 的概率。因此，模糊可靠度不是 $\tilde{P}(\tilde{A}_i)$，而是 $P(A \triangle \tilde{A}_i)$。

由模糊条件概率的定义可得下式，即

$$\tilde{P}(A \triangle \tilde{A}_i) = P(\tilde{A}|A)P(A) \tag{5-23}$$

根据经典可靠度 R 和模糊可靠度 $\tilde{R}$ 的定义有

$$P(A) = R, \quad \tilde{P}(A \triangle \tilde{A}_i) = \tilde{R} \tag{5-24}$$

其中，符号 $\triangle$ 为三角范算子（代数积）。

将式(5-24)代入式(5-23)，可得

$$\tilde{R} = P(\tilde{A}_i|A)R \tag{5-25}$$

其中，$P(\widetilde{A}_i|A)$表示在 A 出现的条件下，$\widetilde{A}_i$ 出现的概率。

隶属函数 $\mu_{\widetilde{A}_i}(A)$ 在此可以理解为模糊条件概率，因此可由 $\mu_{\widetilde{A}_i}(A)$ 代替 $P(\widetilde{A}_i|A)$。A 出现的可能性是由概率 R 表示的，所以 $\mu_{\widetilde{A}_i}(A)$ 可由 $\mu_{\widetilde{A}_i}(R)$ 表示。这时，式(5-25)可以改写为

$$\widetilde{R} = \mu_{\widetilde{A}_i}(R)R \tag{5-26}$$

2. 模糊故障率 $\widetilde{\lambda}$

产品工作到某时刻 t，在单位时间内发生某类模糊故障的概率，称为产品关于该类产品的模糊故障率，并记为 $\lambda(\widetilde{A}_i)$，简记为 $\widetilde{\lambda}$。

假设用 $\widetilde{B}_1$ 表示产品在 $[0,t]$ 内无某类故障，用 $\widetilde{B}_2$ 表示产品在 $(t,t+\mathrm{d}t)$ 内发生该类故障，则由模糊条件概率的定义得

$$P(\widetilde{B}_2|\widetilde{B}_1) = P(\widetilde{B}_1\Delta\widetilde{B}_2)/P(\widetilde{B}_1) \tag{5-27}$$

若用 T 表示产品无某类故障的工作时间，则

$$\widetilde{B}_1\Delta\widetilde{B}_2 = {}''t < T \leqslant t+\mathrm{d}t''$$
$$\widetilde{B}_1 = {}''T > t''$$

将以上两式代入式(5-27)得

$$\begin{aligned}
P(\widetilde{B}_2|\widetilde{B}_1) &= \frac{P(t < T \leqslant t+\mathrm{d}t)}{P(T > t)} \\
&= \frac{P(T \leqslant t+\mathrm{d}t) - P(T \leqslant t)}{P(T > t)} \\
&= \frac{\widetilde{F}(t+\mathrm{d}t) - \widetilde{F}(t)}{P(T > t)} \\
&= \frac{\mathrm{d}\widetilde{F}(t)}{P(T > t)}
\end{aligned} \tag{5-28}$$

其中，$\widetilde{F}(t)$—T 的分布函数为

$$P(T > t) = \widetilde{R}$$

根据分布函数的定义，即

$$\widetilde{F}(t) \triangleq P(T \leqslant t) = 1 - P(T > t) = 1 - \widetilde{R} \tag{5-29}$$

因此，又称 $\widetilde{F}(t)$ 为模糊不可靠度。

将式(5-29)代入式(5-28)，得

$$P(\widetilde{B}_2|\widetilde{B}_1) = \frac{\mathrm{d}(1-\widetilde{R})}{\widetilde{R}} = -\frac{\mathrm{d}\widetilde{R}}{\widetilde{R}}$$

因此

$$\tilde{\lambda} = \frac{-\mathrm{d}\widetilde{R}}{\widetilde{R}\,\mathrm{d}t} \tag{5-30}$$

式(5-30)是 $\tilde{\lambda}$ 的数学表达式,表示模糊故障率与模糊可靠度之间的数学关系,现在讨论用 $\tilde{\lambda}$ 表示 $\widetilde{R}$ 的问题。由式(5-30)得

$$\tilde{\lambda}\,\mathrm{d}t = -\mathrm{d}\widetilde{R}/\widetilde{R}$$

在$[0,t]$区间积分上式,得

$$\widetilde{R} = \exp\left(-\int_0^t \tilde{\lambda}\,\mathrm{d}t\right)$$

当 $\tilde{\lambda}$ 为常数时,上式可以改写为

$$\widetilde{R} = \mathrm{e}^{-\tilde{\lambda}t} \tag{5-31}$$

将式(5-25)代入式(5-30),得

$$\begin{aligned}
\tilde{\lambda} &= \frac{\mathrm{d}\left[\mu_{\widetilde{A}_i}(R)R\right]}{\mu_{\widetilde{A}_i}(R)R\,\mathrm{d}t} \\
&= \frac{-R\mathrm{d}\mu_{\widetilde{A}_i}(R) - \mu_{\widetilde{A}_i}(R)\mathrm{d}R}{\mu_{\widetilde{A}_i}(R)R\,\mathrm{d}t} \\
&= \lambda - \frac{\mathrm{d}\mu_{\widetilde{A}_i}(R)}{\mu_{\widetilde{A}_i}(R)\,\mathrm{d}t}
\end{aligned} \tag{5-32}$$

3. 模糊平均寿命 $\tilde{\theta}$

产品无某类模糊故障工作时间的数学期望,称为关于该类故障的模糊平均寿命,并记为 $\tilde{\theta}(\widetilde{A}_i)$,简记为 $\tilde{\theta}$。

由经典概率论关于数学期望的定义,得

$$\tilde{\theta} = \int_0^{+\infty} t\left(\frac{\mathrm{d}\widetilde{F}(t)}{\mathrm{d}t}\right)\mathrm{d}t = \int_0^{+\infty} t\,\frac{\mathrm{d}(1-\widetilde{R})}{\mathrm{d}t}\mathrm{d}t = -\int_0^{+\infty} t\mathrm{d}\widetilde{R} = \int_0^{+\infty} \widetilde{R}\,\mathrm{d}t \tag{5-33}$$

将 $\widetilde{R} = \exp\left(-\int_0^{+\infty} \tilde{\lambda}\,\mathrm{d}t\right)$ 代入式(5-33),得

$$\tilde{\theta} = \int_0^{+\infty} \widetilde{R}\,\mathrm{d}t = \int_0^{+\infty} \exp\left(-\int_0^t \tilde{\lambda}\,\mathrm{d}t\right)\mathrm{d}t \tag{5-34}$$

当 $\tilde{\lambda}$ 为常数时,上式可以改写为

$$\tilde{\theta} = \int_0^{+\infty} \exp\left(-\int_0^t \tilde{\lambda}\,\mathrm{d}t\right)\mathrm{d}t = \frac{1}{\tilde{\lambda}}$$

用同样的思路和方法,还可以定义平均模糊故障间隔时间、模糊维修度、模糊维修率和模糊故障修复时间等指标。

例题 5.12　钢丝绳收到拉伸力,已知钢丝绳的承受能力和所受的载荷均为正态分布,承载能力 $Q \sim N(907\ 200, 13\ 600)$,载荷 $F \sim N(544\ 300, 113\ 400)$,求其模糊失效概率。

解　① 求出经典可靠性以作比较。由于承受能力及载荷均为正态分布,因此有

$$\beta = \frac{\mu_Q - \mu_F}{\sqrt{\sigma_Q^2 + \sigma_F^2}} = 2.0494$$

得经典失效率和经典可靠度为 $P_F = 0.02018, R = 0.9798$。

② 求其模糊可靠度,即

$$\mu_z = \mu_x - \mu_y = 362\ 900, \quad \sigma_z = \sqrt{(\sigma_x^2 + \sigma_y^2)} = 1.77 \times 10^5$$

首先确定隶属函数

$$\mu(z) = \begin{cases} \exp[-(z-z_m)^2/k], & |z - z_m| \leqslant \delta \\ 0, & |z - z_m| > \delta \end{cases}$$

δ 表示在一定程度上这个模糊概念的定量值,一般根据实验数据或经验给出,这里取 $\delta = 0.15, \mu_z = 54\ 435$。

根据 fuzzy 公理,当 $\mu(z) = 0.5$ 时边界最模糊,即最难确定 $z \widetilde{<} 0$ 这一模糊判断是否属于完全失效状态。

取 $z_m = 0$,可以求得当 $k = 4.2749 \times 10^9$ 时,$z \in [-54\ 435, 54\ 435]$,该模糊判据的隶属度 $\mu(z) \geqslant 0.5$。

确定隶属函数为

$$\mu(z) = \begin{cases} \exp\left(-\dfrac{z^2}{4.2749 \times 10^9}\right), & |z| \leqslant 54\ 435 \\ 0, & |z| \leqslant 54\ 435 \end{cases}$$

则模糊失效概率为

$$P_{\widetilde{F}} = \sqrt{\frac{k}{2\sigma_z^2 + k}} \exp\left[-\frac{(z_m - \mu_z)^2}{2\sigma_z^2 + k}\right][\Phi(y_2) - \Phi(y_1)] = 0.02537$$

其模糊可靠度为

$$\widetilde{R} = 1 - P_{\widetilde{F}} = 0.9746$$

由此可以看出,在选定 $\delta \in [-0.15\mu_z, 0.15\mu_z]$ 时,其模糊可靠度小于普通可靠度。

5.4.3　模糊可靠性模型

1. 串联系统模型

系统只有当其所有组成单元都正常工作时,整个系统才能正常工作;反之,当其中任一单元发生故障,整个系统就发生故障。串联系统是最常见,也是最简单的模型之一。设由 n 个单元 $C_1, C_2, \cdots, C_n$ 组成一个串联系统,并假定各单元发生模糊故障是相互独立的。

系统模糊可靠度 $\widetilde{R}_s(t)$ 为

$$\widetilde{R}_s(t) = \prod_{j=1}^{n} \widetilde{R}_j(t) = \widetilde{R}_1(t) \otimes \widetilde{R}_2(t) \otimes \cdots \otimes \widetilde{R}_n(t)$$

其中,$\widetilde{R}_j(t)$ 表示第 j 个单元的模糊可靠度。

系统的模糊失效率 $\widetilde{\lambda}_s$ 为

$$\widetilde{\lambda}_s = \sum_{j=1}^{n} \widetilde{\lambda}_j = \widetilde{\lambda}_1 \oplus \widetilde{\lambda}_2 \oplus \cdots \oplus \widetilde{\lambda}_n$$

其中,$\widetilde{\lambda}_j$ 为第 j 单元的模糊失效率。

当各单元的寿命分布为指数分布时,系统的模糊可靠度为

$$\widetilde{R}_s(t) = e^{-\widetilde{\lambda}_s t}$$

系统的模糊平均寿命 $\widetilde{\mathrm{MTTF}}$ 为

$$\widetilde{\mathrm{MTTF}}_s = \cfrac{1}{\displaystyle\sum_{j=1}^{n} \cfrac{1}{\widetilde{\mathrm{MTTF}}_j}}$$

其中,$\widetilde{\mathrm{MTTF}}_j$ 是单元 j 的模糊平均寿命。

系统的模糊平均故障间隔时间 $\widetilde{\mathrm{MTTF}}_s$ 为

$$\widetilde{\mathrm{MTBF}}_s = \frac{1}{\widetilde{\lambda}_s}$$

上述的加、减、乘、除运算都是基于扩展原理的模糊数之间的运算,下同。

2. 并联系统模型

系统由一些具有相同功能的单元组成,只要其中任一单元正常工作,整个系统就能正常工作;反之,只当所有单元发生故障时,整个系统才发生故障。并联系统

是最简单的冗余系统。设有 n 个单元 $C_1,C_2,\cdots,C_n$ 组成一个并联系统,并假定各单元发生模糊故障是相互独立的。现在我们来建立这种系统的模糊可靠性计算模型。

系统模糊可靠度 $\widetilde{R}_s(t)$ 为

$$\begin{aligned}\widetilde{R}_s(t) &= 1 - \prod_{j=1}^{n}(1-\widetilde{R}_j(t)) \\ &= 1 - (1-\widetilde{R}_1(t)) \otimes (1-\widetilde{R}_2(t)) \otimes \cdots \otimes (1-\widetilde{R}_n(t))\end{aligned}$$

其中,$\widetilde{R}_j(t)$ 表示第 j 个单元的模糊可靠度。

当各单元的寿命分布为指数分布时,系统的模糊可靠度为

$$\widetilde{R}_s(t) = 1 - \prod_{j=1}^{n}(1-\mathrm{e}^{-\tilde{\lambda}_j t})$$

其中,$\tilde{\lambda}_j$ 为第 j 单元的模糊失效率。

系统的模糊平均寿命 $\mathrm{M\widetilde{T}TF}_s$ 为

$$\mathrm{M\widetilde{T}TF}_s = \int_0^{\infty}\widetilde{R}_s\mathrm{d}t = \int_0^{\infty}\mu_{\widetilde{A}_s}(R_j)\left[1-\prod_{j=1}^{n}\left(1-\frac{\mathrm{e}^{-\int_0^1\tilde{\lambda}_j\mathrm{d}t}}{\mu_{\widetilde{A}_i}(R_j)}\right)\right]\mathrm{d}t$$

其中,$\mu_{\widetilde{A}_i}(R_s)$ 为系统可靠度对于 $\widetilde{A}_i$ 的隶属度;$\mu_{\widetilde{A}_i}(R_j)$ 为第 j 个单元可靠度对于 $\widetilde{A}_i$ 的隶属度。

系统的模糊平均故障间隔时间 $\mathrm{M\widetilde{T}TF}_s$ 为

$$\mathrm{M\widetilde{T}BF}_s = \sum_{i=k}^{n}\frac{1}{i\tilde{\lambda}_i} = \frac{1}{\tilde{\lambda}_1} \oplus \frac{1}{2\tilde{\lambda}_2} \oplus \cdots \oplus \frac{1}{n\tilde{\lambda}_n}$$

其中,$\tilde{\lambda}_i$ 为第 i 单元的模糊失效率。

系统模糊失效率 $\tilde{\lambda}_s$ 为

$$\tilde{\lambda}_s = \frac{1}{\mathrm{M\widetilde{T}BF}_s}$$

3. 混联系统模型

系统由串联子系统和并联子系统简单组合而成,该系统又称组合系统。下面分别介绍两种最常见的混联系统,即串并联系统和并串联系统。

(1) 串并联系统模型

设由 n 个单元 $A_1,A_2,\cdots,A_n$ 组成一个串联部分和由 m 个单元 $B_1,B_2,\cdots,B_m$ 组成一个并联部分组成的串并联系统,如图 5-17 所示。

将 A 和 B 两个单元模糊可靠度相乘,可得该系统的模糊可靠度 $\widetilde{R}_s(t)$ 为

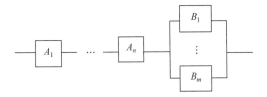

图 5-17　串并联系统图

$$\widetilde{R}_s(t) = \mu_{\widetilde{A}_i}(R_{s1}) \prod_{j=1}^{n} \frac{\widetilde{R}_{j1}}{\mu_{\widetilde{A}_i}(R_{j1})} \mu_{\widetilde{B}_i}(R_{s2}) \Big[1 - \prod_{j=1}^{m} (1 - \widetilde{R}_{j2}/\mu_{\widetilde{B}_i}(R_{j2})) \Big]$$

其中,$\mu_{\widetilde{A}_i}(R_{s1})$为串联部分可靠度对于 $\widetilde{A}_i$ 的隶属度;$\mu_{\widetilde{A}_i}(R_{j1})$为串联部分第 j 个单元可靠度对于 $\widetilde{A}_i$ 的隶属度;$\mu_{\widetilde{B}_i}(R_{s2})$为并联部分可靠度对于 $\widetilde{B}_i$ 的隶属度;$\mu_{\widetilde{B}_i}(R_{j2})$为并联部分第 j 个单元可靠度对于 $\widetilde{B}_i$ 的隶属度。

按普通串联系统的模糊可靠度的求法来求。该系统的模糊可靠度 $\widetilde{R}_s(t)$ 为

$$\widetilde{R}_s(t) = \mu_{\widetilde{C}_i}(R_s) \prod_{j=1}^{n} \widetilde{R}_{j1} \Big[1 - \prod_{j=1}^{m} (1 - \widetilde{R}_{j2}) \Big]$$

其中,$\mu_{\widetilde{C}_i}(R_s)$ 是 R_s 对 $\widetilde{C}_i$ 的隶属函数;$\widetilde{C}_i$ 是该串联系统的模糊功能子集。

(2) 并串联系统模型

设一个并串联系统由 n 个单元 $A_1, A_2, \cdots, A_n$ 组成的一个并联部分和 m 个单元 $B_1, B_2, \cdots, B_m$ 组成的一个串联部分组成,如图 5-18 所示。

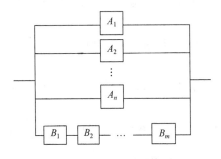

图 5-18　并串联系统图

根据普通的并串联系统的可靠度计算方法,先将串并联单元子系统化为一个等效的并联系统,然后再按并联系统计算。该并串联系统可以等效为由两个单元组成的并联系统。

为方便,设对任意的 $0 \leqslant p_i \leqslant 1, i=1,2,\cdots,n$ 有

$$\prod_{i=1}^{n} p_i = 1 - \prod_{i=1}^{n}(1 - p_i)$$

系统中 A 单元(即并联子系统)的模糊可靠度为

$$\widetilde{R}_{s1} = \prod_{j=1}^{n} \mu_{\widetilde{A}_i}(R_{j1}) \prod_{j=1}^{m} \frac{\widetilde{R}_{j1}}{\mu_{\widetilde{A}_i}(R_{j1})}$$

其中,$\widetilde{A}_i$ 表示某个模糊功能子集,$i=1,2,\cdots,n$;R_{s1} 表示系统的普通可靠度;$\widetilde{R}_{s1}$ 表示系统的模糊可靠度;R_{j1} 表示第 j 个单元的可靠度;$\widetilde{R}_{j1}$ 表示第 j 个单元的模糊可靠度;$\mu_{\widetilde{A}_i}(R_{s1})$ 表示系统可靠度对于 $\widetilde{A}_i$ 的隶属度;$\mu_{\widetilde{A}_i}(R_{j1})$ 表示第 j 个单元可靠度对于 $\widetilde{A}_i$ 的隶属度。

系统中 B 单元(即串联子系统)的模糊可靠度为

$$\widetilde{R}_{s2} = \prod^{m} \widetilde{R}_{j2}$$

其中,$\widetilde{B}_i$ 表示某个模糊功能子集,$i=1,2,\cdots,n$;R_{s2} 表示系统的普通可靠度;$\widetilde{R}_{s2}$ 表示系统的模糊可靠度;R_{j2} 表示第 j 个单元的可靠度;$\widetilde{R}_{j2}$ 表示第 j 个单元的模糊可靠度;$\mu_{\widetilde{B}_i}(R_{s2})$ 表示系统可靠度对于 $\widetilde{B}_i$ 的隶属度;$\mu_{\widetilde{B}_i}(R_{j2})$ 表示第 j 个单元可靠度对于 $\widetilde{B}_i$ 的隶属度。

下面求该并串联系统的模糊可靠度,由上述结果可得

$$\widetilde{R}_s = \left\{ 1 - \left[1 - \mu_{\widetilde{A}_i}(R_{s1}) \right] \left[1 - \mu_{\widetilde{B}_i}(R_{s1}) \right] \right\} \cdot \left\{ 1 - \left[1 - \frac{\widetilde{R}_{s1}}{\mu_{\widetilde{A}_i}(R_{s1})} \right] \left[1 - \frac{\widetilde{R}_{s2}}{\mu_{\widetilde{B}_i}(R_{s2})} \right] \right\}$$

根据单元的模糊可靠度 $\widetilde{R}_j$ 与模糊失效率 $\widetilde{\lambda}_j$ 之间的关系式,$\widetilde{R}_j = \mathrm{e}^{-\int_0^t \widetilde{\lambda}_j \mathrm{d}t}$,可得

$$\widetilde{R}_s = \prod_{j=1}^{n} \mu_{\widetilde{A}_i}(R_{j1}) \prod_{j=1}^{n} \frac{\mathrm{e}^{-\int_0^t \widetilde{\lambda}_{j1} \mathrm{d}t}}{\mu_{\widetilde{A}_i}(R_{j1})}$$

若 $\widetilde{\lambda}_{j1}$ 为常数且都等于 $\widetilde{\lambda}$,$R_{j1} = R$,$\mu_{\widetilde{A}_i}(R_{j1}) = \mu_{\widetilde{A}_i}(R)$,则

$$\widetilde{R}_s = \left[1 - (1 - \mu_{\widetilde{A}_i}(R))^n \right] \cdot \left[1 - \left(1 - \frac{\mathrm{e}^{-\widetilde{\lambda}t}}{\mu_{\widetilde{A}_i}(R)} \right)^n \right]$$

对于并串联系统的模糊平均寿命的计算方法是先将串联系统转化为一个等效的并联系统,然后再按并联系统进行模糊平均寿命计算。

系统模糊平均寿命 $\mathrm{M\widetilde{T}TF}_s$ 为

$$\mathrm{M\widetilde{T}TF}_s = \int_0^\infty \widetilde{R}_s \mathrm{d}t = \int_0^\infty \prod_{j=1}^{n} \mu_{\widetilde{A}_i}(R_{j1}) \prod_{j=1}^{n} \frac{\mathrm{e}^{-\int_0^t \widetilde{\lambda}_{j1} \mathrm{d}t}}{\mu_{\widetilde{A}_i}(R_{j1})} \mathrm{d}t$$

若 $\widetilde{\lambda}_{j1}$ 为常数,且 $\mu_{\widetilde{A}_i}(R_{j1})$ 随时间 t 的变化不大,可用它的平均值 $\mu_{\widetilde{A}_i}(R_{j1})_m$ 代替,即

$$\mathrm{M\widetilde{T}TF}_s = \int_0^\infty \prod_{j=1}^n \mu_{\widetilde{A}_i}\, (R_{j1})_m \prod_{j=1}^n \frac{\mathrm{e}^{-\widetilde{\lambda}_{j1}t}}{\mu_{\widetilde{A}_i}\, (R_{j1})_m}\mathrm{d}t$$

4. 旁联系统模型

系统由相同功能的单元组成,在同一时刻只有一个单元工作,其余单元作为备份。只有当参加工作的那个单元发生故障时,备份单元通过转换装置逐个参加工作。旁联系统又是一非工作贮备系统,如图 5-19 所示。

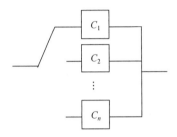

图 5-19　旁联系统图

当转换装置绝对可靠时,系统模糊平均故障间隔时间 $\mathrm{M\widetilde{T}BF}_s$ 等于各单元模糊平均故障间隔时间 $\mathrm{M\widetilde{T}BF}_s$ 之和,即

$$\mathrm{M\widetilde{T}BF}_s = \sum_{i=1}^n \mathrm{M\widetilde{T}BF}_i$$

当系统各单元的寿命服从指数分布时,有

$$\mathrm{M\widetilde{T}BF}_s = \sum_{i=1}^n 1/\widetilde{\lambda}_i$$

其中,$\widetilde{\lambda}_i$ 为第 i 单元的模糊失效率。

当系统的各单元都相同时,有

$$\mathrm{M\widetilde{T}BF}_s = n/\widetilde{\lambda}$$

其中,$\widetilde{\lambda}$ 为各单元的模糊失效率。

系统模糊可靠度 $\widetilde{R}_s(t)$ 为

$$\widetilde{R}_s(t) = \widetilde{R}(t)\sum_{i=0}^{n-1}(\lambda t)^i/i! = \mathrm{e}^{-\widetilde{\lambda}t}(1+\widetilde{\lambda}t+(\widetilde{\lambda}t)^2/2!+\cdots+(\widetilde{\lambda}t)^{n-1}/(n-1)!)$$

5. 表决系统模型

系统由 $n(n>2)$ 个相同单元组成,只有当 $k(k<n+1)$ 个单元正常工作时,系统

才正常工作;反之,系统将发生故障。该模型又称工作贮备模型,如图 5-20 所示。

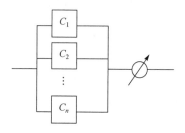

图 5-20　表决系统图

系统模糊可靠度 $\widetilde{R}_s(t)$ 为

$$\widetilde{R}_s = \sum_{i=k}^{n} C_n^i \widetilde{R}_i^i (1 - \widetilde{R}_i)$$

其中,$\widetilde{R}_i(t)$ 为第 i 个单元的模糊可靠度。

系统的模糊平均故障间隔时间 $\text{M}\widetilde{\text{T}}\text{BF}_s$ 为

$$\text{M}\widetilde{\text{T}}\text{BF}_s = \sum_{i=k}^{n} 1/\widetilde{\lambda}_i$$

其中,$\widetilde{\lambda}_i$ 为第 i 单元的模糊失效率。

系统模糊失效率 $\widetilde{\lambda}_s$ 为

$$\widetilde{\lambda}_s = \frac{1}{\text{M}\widetilde{\text{T}}\text{BF}_s}$$

例题 5.13　已知某并串联系统,由一个 1 号部件,一个 3 号部件和三个 2 号部件串联而成的子系统组成,其模糊故障率为 $\lambda_1 = \lambda_3 = 0.03(1/10^4\text{h})$,$\lambda_2 = 0.01(1/10^4\text{h})$。可靠度为 $R_1 = R_3 = 0.995, R_2 = 0.998$。

$$\mu_{极可靠}(0.995) = 0.90, \mu_{很可靠}(0.995) = 0.75, \mu_{较可靠}(0.995) = 0.40$$

$$\mu_{极可靠}(0.9999) = 0.999, \mu_{很可靠}(0.9999) = 0.500, \mu_{较可靠}(0.9999) = 0.100$$

试求该串并联系统在工作 100 小时时的模糊可靠性指标。

解　由前文推导得

$$\lambda_{222} = \sum_{j=1}^{3} \lambda_{2j} = 0.03(1/10^4\text{h})$$

又由普通可靠度理论知

$$R_{222} = \sum_{j=1}^{3} R_{2j} = 0.995$$

因为 $R_1 = R_{222} = R_3$，而 $R_s = 1 - (1-R_1)^3 = 1 - (1-0.995)^3 = 0.9999$。显然，$\mu_{极可靠}$ $(0.9999) > \mu_{很可靠}(0.9999) > \mu_{较可靠}(0.9999)$。

根据最大隶属原则，可以判定这个系统目前正处于极可靠的工作阶段，这时它的模糊可靠度为 $R_s = \mu_{极可靠}(0.9999)$，$\cdot R_s = 0.9989$。

下面计算该并串联系统在极可靠工作状态的模糊平均寿命。由已知 $\mu_{极可靠}$ $(0.995)_m = 0.90, \lambda_1 = \lambda_{222} = \lambda_3 = 0.03(1/10^4 \mathrm{h})$，得

$$\widetilde{\mathrm{MTTF}}_s = \frac{1-(1-0.90)^3}{0.03 \times 10^{-4}} \left\{ \frac{1}{0.90} + \frac{1}{2}\left(1 - \left(1 - \frac{1}{0.90}\right)^2\right) + \frac{1}{3}\left(1 - \left(1 - \frac{1}{0.90}\right)^3\right)\right\}$$
$$= 64.56 \times 10^4 (\mathrm{h})$$

从上面计算可知，这个并串联系统目前正处在极可靠的工作阶段，这个阶段长为 64.56×10^4 小时。

5.4.4　系统模糊可靠性分析

系统的性能指标是系统的重要质量指标，其满足程度将直接影响系统运行的经济性和有效性。众所周知，系统在运行过程中，除了其组成零部件的故障导致系统故障之外，通常还存在功能退化的问题，即除少数影响系统的零部件故障造成系统不能工作外，大部分故障只是造成系统的功能下降。此时，系统虽能继续工作，但我们从某种意义上仍视其为一种故障——退化故障或功能故障。这类问题的研究对改善系统的工作性能、提高产品质量，以及对系统完成任务能力的评估等具有重要意义。以前，对系统运行过程中普遍存在的功能退化问题没有给予足够的重视，从而忽略了功能退化对产品质量可靠性的影响[35]。

在工程实践中，经常会遇到两种不确定性问题。一种是由于工程变量和因素的离散性而引起的事件发生的不确定性，即随机性问题；另一种是由于受客观条件限制或概念外延不清而产生的事件本身的不确定性，即模糊性问题[36]。传统的可靠性方法（即经典可靠性理论）是建立在概率假设和二态假设基础上的，它能够有效地解决工程设计中的随机性问题，但对模糊性问题却无能为力。因此，开展对模糊可靠性的研究，在传统可靠性理论的基础上，借助模糊集理论来处理可靠性工程中的模糊现象，是可靠性研究发展的一个必然趋势。研究模糊可靠性并不意味着放弃传统的可靠性理论，而是在于建立能够同时有效地处理工程中两种不确定性的可靠性理论和方法[37,38]。

针对上述状况，应用模糊集理论，将性能指标模糊化运用功能树分析的方法，对系统性能退化问题进行分析，重点研究系统模糊性能可靠性问题，给出较为通用的分析处理方法。

1. 功能树的建造

功能树是指为了研究系统性能指标对系统某功能的影响而建立的一种树形层状逻辑框图[39]。建立正确、合理的功能树是功能树分析方法的关键，需要对所研究的系统进行全面、深入的分析与研究，透彻其间的功能逻辑关系。功能树又可以分为功能成功树（顶事件和基本事件均为成功事件）和功能故障树（顶事件和基本事件均为故障事件）。对同一系统或产品，研究目的不同，功能树通常具有不同的形式。现将建造功能树的方法简述如下。

步骤 1，根据研究目的和系统的主要功能（性能指标），确定顶事件 S。

步骤 2，依系统功能，逐级找出相互独立的、影响系统功能（性能指标）的基本事件 $S_1, S_2, \cdots, S_n$。

步骤 3，按照 S 与 $S_1, S_2, \cdots, S_n$ 之间的功能逻辑关系，从顶事件 S 开始自上而下逐层完成功能树。

图 5-21 为由三个基本事件构成的一棵功能树的例子。由于本章研究的是系统的性能可靠性，因此功能树中顶事件及基本事件应为其对应性能参数不满足某一要求这类事件。由此可知，功能树表示系统性能参数及各子系统性能参数之间的一种逻辑关系。图 5-21 中的 M 为中间事件。

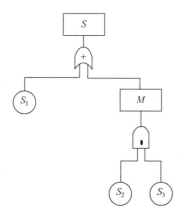

图 5-21　功能树示意图

2. 模糊事件的概率模型

在性能可靠性研究中，产品是否发生故障是用性能失效判据决定的。由于工作环境及各种偶然因素（如气温、机械应力、电应力等）的影响，性能指标的抽样通常是一些不精确的带有某种随机性的数据。同时，影响系统功能的性能指标的范围（水平或阈值）往往是根据任务剖面考虑适当的余度（指标余量或安全系数）及设计经验等人为规定的,不是系统本身固有的,因此又存在模糊语言评价或大致估计,就是说这些性能指标又具有模糊性。因此,考虑模糊性后,S 及 $S_1, S_2, \cdots, S_n$ 对应的性能指标就变为模糊事件,分别用 $\underset{\sim}{A}$ 及 $\underset{\sim}{A}_1, \underset{\sim}{A}_2, \cdots, \underset{\sim}{A}_n$ 表示。此时,系统模糊性能指标的概率可以表示为

$$P(\underset{\sim}{A}) = \int_U \mu_{\underset{\sim}{A}}(u) \mathrm{d}F(u) = E[\mu_{\underset{\sim}{A}}(u)], \quad u \in U \tag{5-35}$$

其中,U 为论域;$\mu_{\underset{\sim}{A}}(u)$ 为隶属函数,$F(u)$ 为 u 的概率分布。

若 $\mu_{\underset{\sim}{A}}(u)$ 和 $F(u)$ 为实数域 **R** 上的可积函数,则式(5-35)可以表示为

$$P(\underset{\sim}{A}) = \int_R \mu_{\underset{\sim}{A}}(x) \mathrm{d}F(x) = \int_R \mu_{\underset{\sim}{A}}(x) f(x) \mathrm{d}x = E[\mu_{\underset{\sim}{A}}(x)], \quad x \in R \tag{5-36}$$

其中,$f(x)$ 是性能指标 x 的密度函数。

推广到 n 维空间 R^n 的情况,有

$$P(\underset{\sim}{A}) = \int_{R^n} \mu_{\underset{\sim}{A}}(x) \mathrm{d}F(x) = E[\mu_{\underset{\sim}{A}}(x)], \quad x \in R^n \tag{5-37}$$

此处的积分是 R^n 中的 Lebesgue-Stieljes 积分。

由 Fubini 定理,式(5-37)可以进一步写为

$$P(\underset{\sim}{A}) = \int_{R^n} \mu_{\underset{\sim}{A}}(x) \mathrm{d}F(x) = \int_{X_n} \cdots \int_{X_1} \mu_{\underset{\sim}{A}}(x_1, x_2, \cdots, x_n) \mathrm{d}F(x_1) \mathrm{d}F(x_2) \cdots \mathrm{d}F(x_n) \tag{5-38}$$

3. 隶属函数的确定

由式(5-36)和式(5-37)可知,求模糊事件 $\underset{\sim}{A}$ 的概率,实际上就是求隶属函数的数学期望,因此确定 $\mu_{\underset{\sim}{A}}(x)$ 是求解 $P(\underset{\sim}{A})$ 的关键。

由式(5-36)和式(5-37)可知,求模糊事件 $\underset{\sim}{A}$ 的概率,实际上就是求隶属函数的数学期望,因此确定 $\mu_{\underset{\sim}{A}}(x)$ 是求解 $P(\underset{\sim}{A})$ 的关键。

隶属函数的确定有多种方法。在工程技术领域,基本上都是以实数域为论域,此时最常用也是最简单的方法是根据讨论对象的性质,选用符合实际的、最接近的模糊分布作为所需的隶属函数。在工程实际中,对性能指标的规定通常是当其达到某一水平或域值时,系统或子系统满足设计要求,否则就认为其退化为功能故障。设性能指标 X 为 R 上的随机变量,a 为 R 上的实数,则性能指标经模糊化处理后共有 5 种基本情况。

$$A_g = \{X \underset{\sim}{\geq} a\} \tag{5-39}$$

$$A_l = \{X \underset{\sim}{\leqslant} a\} \tag{5-40}$$

$$A_e = \{X \underset{\sim}{=} a\} \tag{5-41}$$

$$A_{ge} = \{X \underset{\sim}{\geqslant} a\} = 1 - A_l \tag{5-42}$$

$$A_{le} = \{X \underset{\sim}{\leqslant} a\} = 1 - A_g \tag{5-43}$$

其中,A_g 表示$\{X$ 模糊大于 $a\}$事件,其余类推。

通常 A_g 可选用偏大型分布,A_l 可选用偏小型分布,A_e 可选用中间型分布,而 A_{ge} 和 A_{le} 可由式(5-42)和式(5-43)确定。

系统或顶事件隶属函数的确定,可根据基本事件的隶属函数求得。设 $\mu_{A_{sj}}(x_j)$ 和 $\mu_{A_{fj}}(x_j)$ 分别表示某逻辑元件(或门或与门)第 $j(j=1,2,\cdots,m)$ 个输入的成功隶属函数和故障隶属函数,则功能树逻辑元件输出的隶属函数可以表示如下。

或门的隶属函数为

$$\mu_{\underset{\sim}{A_{sor}}}(x) = \mu_{\underset{\sim}{A_{sor}}}(x_1, x_2, \cdots, x_m) = 1 - \prod_{j=1}^{m} \left[1 - \mu_{\underset{\sim}{A_{sj}}}(x_j)\right], \quad 功能成功树 \tag{5-44}$$

$$\mu_{\underset{\sim}{A_{for}}}(x) = \mu_{\underset{\sim}{A_{for}}}(x_1, x_2, \cdots, x_m) = 1 - \prod_{j=1}^{m} \left[1 - \mu_{\underset{\sim}{A_{fj}}}(x_j)\right], \quad 功能故障树 \tag{5-45}$$

与门的隶属函数为

$$\mu_{\underset{\sim}{A_{sand}}}(x) = \mu_{\underset{\sim}{A_{sand}}}(x_1, x_2, \cdots, x_m) = \prod_{j=1}^{m} \mu_{\underset{\sim}{A_{sj}}}(x_j), \quad 功能成功树 \tag{5-46}$$

$$\mu_{\underset{\sim}{A_{fand}}}(x) = \mu_{\underset{\sim}{A_{fand}}}(x_1, x_2, \cdots, x_m) = \prod_{j=1}^{m} \mu_{\underset{\sim}{A_{fj}}}(x_j), \quad 功能故障树 \tag{5-47}$$

由式(5-44)~式(5-47)可以看出,逻辑门的隶属函数实际上是对二态逻辑门结构函数的一种拓广。

在研究系统的模糊性能可靠性时,经常会遇到某一参数是其他参数函数的情况,此时隶属函数可根据扩展原理来确定。

① 函数 $y=f(x)$ 时隶属函数的确定。

由模糊数学扩展原理,设有映射 $f:X \rightarrow Y$,$\underset{\sim}{A}$ 是 X 中的模糊集合,$x \in X$,$y \in Y$,则 $\underset{\sim}{A}$ 在 f 下的象 $f(\underset{\sim}{A})$ 是 Y 中的模糊集合,其隶属函数为

$$\mu_{f(\underset{\sim}{A})}(y) = \begin{cases} \underset{x \in f^{-1}(y)}{\vee}(\mu_{\underset{\sim}{A}}(x)), & f^{-1}(y) \neq \varnothing \\ 0, & f^{-1}(y) = \varnothing \end{cases} \tag{5-48}$$

当 f 是一一映射(对每一 $x_1, x_2 \in X$,$x_1 \neq x_2$,$f(x_1) \neq f(x_2)$)时,上式可简

化为

$$\mu_{f(\underset{\sim}{A})}(y)=\begin{cases}\mu_{\underset{\sim}{A}}(x), & f^{-1}(y)\neq\varnothing \\ 0, & f^{-1}(y)=\varnothing\end{cases} \tag{5-49}$$

② 函数 $y=f(x_1,x_2,\cdots,x_n)$ 时隶属函数的确定。设有映射 $f:X_1\times X_2\times\cdots\times X_n\to Y,X=X_1\times X_2\times\cdots\times X_n=\{(x_1,x_2,\cdots,x_n)\,|\,x_1\in X_1,x_2\in X_2,\cdots,x_n\in X_n\}$ 是笛卡儿乘积集, $A_1,A_2,\cdots,A_n$ 分别是 $X_1,X_2,\cdots,X_n$ 中的模糊集合,则笛卡儿乘积 $\underset{\sim}{A_1}\times\underset{\sim}{A_2}\times\cdots\times\underset{\sim}{A_n}$ 为 X 中的模糊集合,其隶属函数为

$$\mu_{\underset{\sim}{A_1}\times\underset{\sim}{A_2}\times\cdots\times\underset{\sim}{A_n}}(x_1,x_2,\cdots,x_n)=\wedge(\mu_{\underset{\sim}{A_1}}(x_1),\mu_{\underset{\sim}{A_2}}(x_2),\cdots,\mu_{\underset{\sim}{A_n}}(x_n)) \tag{5-50}$$

根据扩展原理,由 $\underset{\sim}{A_1}\times\underset{\sim}{A_2}\times\cdots\times\underset{\sim}{A_n}$ 通过映射 f 导出的 Y 中的模糊集合 $\underset{\sim}{B}=f(\underset{\sim}{A_1},\underset{\sim}{A_2},\cdots,\underset{\sim}{A_n})$ 的隶属函数为

$$\mu_{\underset{\sim}{B}}(y)=\begin{cases}\underset{f(x_1,x_2,\cdots,x_n)=y}{\vee}(\mu_{\underset{\sim}{A_1}\times\underset{\sim}{A_2}\times\cdots\times\underset{\sim}{A_n}}(x_1,x_2,\cdots,x_n)), & f^{-1}(y)\neq\varnothing \\ 0, & f^{-1}(y)=\varnothing\end{cases} \tag{5-51}$$

将式(5-50)代入式(5-51),可得

$$\mu_{\underset{\sim}{B}}(y)=\begin{cases}\underset{f(x_1,x_2,\cdots,x_n)=y}{\vee}(\wedge(\mu_{\underset{\sim}{A_1}}(x_1),\mu_{\underset{\sim}{A_2}}(x_2),\cdots,\mu_{\underset{\sim}{A_n}}(x_n))), & f^{-1}(y)\neq\varnothing \\ 0, & f^{-1}(y)=\varnothing\end{cases}$$

$$\tag{5-52}$$

其中, $\vee$ 和 $\wedge$ 为 Zadeh 算子。

4. 功能树逻辑元件的模糊性能可靠性

对由 2 个相互独立基本事件组成的逻辑与门结构(两基本事件都功能故障时,逻辑与门输出事件功能故障)。设 $\mu(x)$ 表示逻辑门的故障隶属函数, $\mu_1(x_1)$ 和 $\mu_2(x_2)$ 分别表示基本事件 S_1 和 S_2 对应性能指标 x_1 和 x_2 的故障隶属函数,由式(5-47)有

$$\mu(x)=\mu(x_1,x_2)=\mu_1(x_1)\mu_2(x_2)$$

由式(5-37)或式(5-38)可得功能故障树逻辑与门输出事件的概率,即模糊性能不可靠度为

$$\begin{aligned}\underset{\sim}{F}&=\int_{X_2}\!\!\int_{X_1}\mu(x_1,x_2)f_{12}(x_1,x_2)\mathrm{d}x_1\mathrm{d}x_2 \\ &=\int_{X_2}\!\!\int_{X_1}\mu_1(x_1)\mu_2(x_2)f_1(x_1)f_2(x_2)\mathrm{d}x_1\mathrm{d}x_2 \\ &=\int_{X_1}\mu_1(x_1)f_1(x_1)\mathrm{d}x_1\!\int_{X_2}\mu_2(x_2)f_2(x_2)\mathrm{d}x_2\end{aligned}$$

$$= \underset{\sim}{F_1}\, \underset{\sim}{F_2}$$

其中，$f_{12}(x_1,x_2)$表示S_1和S_2对应性能指标x_1和x_2的联合概率密度函数；$f_1(x_1)$和$f_2(x_2)$分别表示S_1和S_2对应性能指标x_1和x_2的概率密度函数；$\underset{\sim}{F_1}$和$\underset{\sim}{F_2}$分别表示S_1和S_2对应性能指标x_1和x_2的模糊性能不可靠度。

因此，功能故障树时，逻辑与门的模糊性能可靠度为

$$\underset{\sim}{R}=1-\underset{\sim}{F}=1-\underset{\sim}{F_1}\,\underset{\sim}{F_2}=1-(1-\underset{\sim}{R_1})(1-\underset{\sim}{R_2})$$

同理，可推广到相互独立的m个输入，功能故障树逻辑与门的模糊性能可靠度为

$$\underset{\sim}{R}=1-\prod_{j=1}^{m}(1-\underset{\sim}{R_j}) \tag{5-53}$$

其中，$\underset{\sim}{R_j}$为第j个基本事件S_j的模糊性能可靠度。

对由2个相互独立基本事件组成的逻辑或门结构(只要有一个基本事件功能故障，逻辑或门输出事件即发生功能故障)。设$\mu(x)$表示逻辑门的故障隶属函数，$\mu_1(x_1)$和$\mu_2(x_2)$分别表示基本子事件S_1和S_2对应性能指标x_1和x_2的故障隶属函数，由式(5-45)，有

$$\mu(x)=\mu(x_1,x_2)=1-(1-\mu_1(x_1))(1-\mu_2(x_2))$$

由式(5-37)或式(5-38)可得功能故障树时逻辑或门输出事件的概率，即模糊不可靠度为

$$
\begin{aligned}
\underset{\sim}{F} &= \int_{X_2}\int_{X_1}\mu(x_1,x_2)f_{12}(x_1,x_2)\mathrm{d}x_1\mathrm{d}x_2 \\
&= \int_{X_2}\int_{X_1}\big[1-(1-\mu_1(x_1))(1-\mu_2(x_2))\big]f_1(x_1)f_2(x_2)\mathrm{d}x_1\mathrm{d}x_2 \\
&= 1-\int_{X_1}(1-\mu_1(x_1))f_1(x_1)\mathrm{d}x_1\int_{X_2}(1-\mu_2(x_2))f_2(x_2)\mathrm{d}x_2 \\
&= 1-(1-\underset{\sim}{F_1})(1-\underset{\sim}{F_2})
\end{aligned}
$$

因此，功能故障树逻辑或门的模糊性能可靠度为

$$\underset{\sim}{R}=1-\underset{\sim}{F}=(1-\underset{\sim}{F_1})(1-\underset{\sim}{F_2})=\underset{\sim}{R_1}\,\underset{\sim}{R_2}$$

同理，可推广到相互独立的m个输入，功能故障树逻辑或门的模糊性能可靠度为

$$\underset{\sim}{R}=\prod_{j=1}^{m}\underset{\sim}{R_j} \tag{5-54}$$

由式(5-53)和式(5-54)可以看出，功能故障树逻辑与门和逻辑或门的模糊性能可靠度公式实际上是并联结构和串联结构模型可靠性计算公式的一种拓广。

与功能故障树逻辑元件的模糊性能可靠性推导类似，可推得功能成功树逻辑

元件的模糊性能可靠性计算公式。

相互独立的 m 个输入,功能成功树逻辑与门输出事件的概率,即模糊性能可靠度为

$$\mathop{R}\limits_{\sim} = \prod_{j=1}^{m} \mathop{R}\limits_{\sim j} \tag{5-55}$$

相互独立的 m 个输入,功能成功树逻辑或门输出事件的概率,即模糊性能可靠度为

$$\mathop{R}\limits_{\sim} = 1 - \prod_{j=1}^{m} (1 - \mathop{R}\limits_{\sim j}) \tag{5-56}$$

5. 系统模糊性能可靠性计算简例

求出系统隶属函数之后,当随机变量的概率分布或密度函数已知时,可以求出系统模糊性能的概率,这一概率根据功能树性质的不同,可以是系统的模糊性能可靠度(功能成功树),也可以是系统的模糊性能不可靠度(功能故障树)。以图 5-21 所示的功能树为功能故障树为例,进一步说明系统模糊性能功能树分析方法的基本步骤。

设 $\mu_{\mathop{A}\limits_{\sim}_{sj}}(x_j)$ 是基本事件 $S_j(j=1,2,3)$ 对应性能指标 x_j 功能故障的隶属函数,$\mu_{\mathop{A}\limits_{\sim}_{sf}}(x)$ 表示图 5-21 为功能故障树时顶事件功能故障的隶属函数,则有

$$\mu_{\mathop{A}\limits_{\sim}_{sf}}(x) = \mu_{\mathop{A}\limits_{\sim}_{sf}}(x_1, x_2, x_3) = 1 - [1 - \mu_{\mathop{A}\limits_{\sim}_{s1}}(x_1)][1 - \mu_{\mathop{A}\limits_{\sim}_{s2}}(x_2)\mu_{\mathop{A}\limits_{\sim}_{s3}}(x_3)]$$

此时,系统顶事件发生的概率或模糊性能不可靠度为

$$\begin{aligned}
\mathop{F}\limits_{\sim}_{sf} &= P(\mathop{A}\limits_{\sim}_{sf}) \\
&= E[\mu_{\mathop{A}\limits_{\sim}_{sf}}(x)] \\
&= E[\mu_{\mathop{A}\limits_{\sim}_{sf}}(x_1, x_2, x_3)] \\
&= \int_{X_3} \int_{X_2} \int_{X_1} \mu_{\mathop{A}\limits_{\sim}_{sf}}(x_1, x_2, x_3) g_{123}(x_1, x_2, x_3) \mathrm{d}x_1 \mathrm{d}x_2 \mathrm{d}x_3 \\
&= \int_{X_3} \int_{X_2} \int_{X_1} \{1 - [1 - \mu_{\mathop{A}\limits_{\sim}_{s1}}(x_1)][1 - \mu_{\mathop{A}\limits_{\sim}_{s2}}(x_2)\mu_{\mathop{A}\limits_{\sim}_{s3}}(x_3)]\} g_1(x_1) g_2(x_2) g_3(x_3) \mathrm{d}x_1 \mathrm{d}x_2 \mathrm{d}x_3
\end{aligned}$$

系统的模糊性能可靠度为

$$\mathop{R}\limits_{\sim}_{sf} = 1 - \mathop{F}\limits_{\sim}_{sf}$$

其中,$g_{123}(x_1, x_2, x_3)$ 表示基本事件 S_1、S_2 和 S_3 所对应性能指标 x_1、x_2 和 x_3 的联合概率密度函数;$g_1(x_1)$、$g_2(x_2)$ 和 $g_3(x_3)$ 分别表示基本事件 S_1、S_2 和 S_3 所对应性能指标 x_1、x_2 和 x_3 的概率密度函数。

当基本事件 S_1、S_2 和 S_3 所对应性能指标 x_1、x_2 和 x_3 的模糊性能可靠度已知时,也可由式(5-53)和式(5-54)直接求出系统顶事件的模糊性能可靠度为

$$\underset{\sim}{R}_{sf}=\underset{\sim}{R}_1\big[1-(1-\underset{\sim}{R}_2)(1-\underset{\sim}{R}_3)\big]$$

5.5　信息融合的可靠性分析法

对于民用飞机等复杂系统来说,直接可用的可靠性数据往往很稀缺,呈现出小子样特性。然而,在其全生命周期或相似产品中却又存在很多可用的可靠性数据,如系统或设备供应商提供的可靠性数据、运营商积累的可靠性数据等。此外,通过可靠性数据手册,甚至仿真都可以得到很多可靠性数据,就可靠性数据具有多源性。按其来源,可分为外场数据和试验数据。外场数据是系统运行产生的数据,试验数据则主要由系统、设备供应商提供。对于存在多个数据来源的系统、设备或部件,通过数据融合的方法综合利用多种可靠性数据,可以更精确地确定其可靠性水平,提高数据可信性、降低模糊不确定性[40]。

5.5.1　多来源可靠性数据分析

信息融合技术由于强大的信息提取和综合能力,已经被广泛用于多来源可靠性数据的综合分析领域,极大地提高了分析结果的可信性。目前,常用的融合方法有加权融合法、基于信息熵理论的融合方法和基于 Bayes 理论的融合方法等。

1. 加权融合法

设 $\theta_1,\theta_2,\cdots,\theta_n$ 为来自 n 个数据源的可靠性参数估计值,假设各数据源之间是独立的,则各数据源的可靠性参数之间较好地满足线性关系。融合后的可靠性参数估计值为

$$\theta=\sum_{i=1}^{n}\omega_i\theta_i$$

其中,ω_i 为第 i 个信息源可靠性参数的权值,$\omega_i\in[0,1]$,且 $\omega_1+\omega_2+\cdots+\omega_n=1$,$i=1,2,\cdots,n$,$\omega_i$ 的求取应根据数据源的特点来进行。

例如,在数据源样本个数确定的情况下,可以将 ω_i 取为该数据源的样本 N_i 在总样本数中所占的比例,即

$$N_i=\frac{N_i}{N_1+N_2+\cdots+N_n} \tag{5-57}$$

目前,常用的权重确定方法还有基于专家经验、信息源可信度、先验信息和现

场子样相关性等。

2. 基于信息熵理论的融合方法

熵的概念源于信息论,用来表示某种分布包含的信息量的均值。连续函数 $f(x)$ 的熵为

$$S = \int_{-\infty}^{+\infty} f(x)\ln f(x)\mathrm{d}x$$

将信息量的可加性与可靠性工程理论相结合,根据总信息量相等的原理,即可得到融合后的可靠性信息。相对熵也被应用于可靠性信息的融合,分布 $p(x)$ 与 $q(x)$ 之间的相对熵表达式为

$$h(p,q) = \int p(x)\ln \frac{p(x)}{q(x)}\mathrm{d}x \qquad (5\text{-}58)$$

定义不同概率分布之间距离的度量,选择与各个分布距离最小的分布为融合后的分布。设有 n 个不同来源的分布 $p_i(x)(i=1,2,\cdots,n)$,融合后的分布为 $q(x)$,定义

$$I_1(q) = \sum_{i=1}^{n} h(q,p_i) \qquad (5\text{-}59)$$

$$I_2(q) = \sum_{i=1}^{n} h(p_i,q) \qquad (5\text{-}60)$$

可以通过求取 $\min\{I_1(q)\}$ 或 $\min\{I_2(q)\}$ 或 $\min\{I_1(q)+I_2(q)\}=\min\{J(q)\}$(或其中的组合)得到融合后的分布。

3. 基于 Bayes 理论的融合方法

Bayes 方法是一种基于总体信息、样本信息和先验信息进行统计推断的数学方法,基本思路如图 5-22 所示。该方法与经典统计方法的主要差别在于对先验信息的利用,在使用样本信息的差异上倒是其次了。

设总体的一个样本为 $x=(x_1,x_2,\cdots,x_n)$,将依赖于未知参数 θ 的密度函数记为 $p(x|\theta)$,表示在随机变量 θ 为给定值时,总体观测值指标 X 的条件分布。$\pi(\theta)$ 表示 θ 的先验分布,可由先验信息确定。从而,样本 x 和参数 θ 的联合分布为

$$h(x,\theta)=p(x|\theta)\pi(\theta) \qquad (5\text{-}61)$$

设 $m(x)$ 是 x 的边缘密度,则

$$m(x) = \int_{\Theta} h(x,\theta)\mathrm{d}\theta = \int_{\Theta} p(x\mid\theta)\pi(\theta)\mathrm{d}\theta \qquad (5\text{-}62)$$

图 5-22　Bayes 融合法基本原理

从而 Bayes 公式可以表示为

$$h(\theta \mid x) = \frac{h(x,\theta)}{m(x)} = \frac{p(x \mid \theta)\pi(\theta)}{\int_{\Theta} p(x \mid \theta)\pi(\theta)\mathrm{d}\theta} \tag{5-63}$$

$h(\theta|x)$ 为结合先验信息和样本信息得到的后验分布,Bayes 学派认为根据后验分布 $h(\theta|x)$ 进行统计推断得到的结果更可信。

需要说明的是,不同时间段(阶段)和环境剖面下的可靠性信息必须折合为现场条件下的数据之后才能和现场数据进行融合分析。

5.5.2　先验数据信息融合分析

有效利用先验信息,并通过对先验分布的融合来实现对多源信息的融合,因此在数据融合中得到广泛应用。应用该方法的关键,一是先验分布的确定;二是多种先验分布的融合[41]。

1. 根据先验信息确定先验分布

在基于 Bayes 理论的融合方法中,只有经过相容性检验的先验信息才是可用的。在先验信息为小样本时,可以通过 Bootstrap 方法对样本进行扩充来求取先验分布,做法如下。

设有来自总体 F 的样本 $X = (x_1, x_2, \cdots, x_n)$,$x_1, x_2, \cdots, x_n$ 已按照升序排列。

① 获取 Bootstrap 样本。通过线性同余法产生 $1\sim n$ 的 N 个随机整数,以这些整数为下标,从原样本中抽出对应的 N 个数据组成 Bootstrap 样本。重复 B 次,即可得到 B 组 Bootstrap 样本。

② 估计分布特征参数。设 $\theta = \theta(F)$ 是总体分布 F 的某个参数,F_n^* 是 Bootstrap 样本的分布函数,$\hat{\theta}(F)$、$\hat{\theta}(F_n)$ 和 $\hat{\theta}(F_n^*)$ 分别为该参数在总体、原始样本和 Bootstrap 样本中的估计。计算统计量为

$$\begin{cases} R(X,F)=\hat{\theta}(F_n)-\hat{\theta}(F) \\ R^*(X^*,F)=\hat{\theta}(F_n^*)-\hat{\theta}(F_n) \end{cases} \tag{5-64}$$

从而，$\hat{\theta}(F)=\hat{\theta}(F_n)-R(X,F)\approx\hat{\theta}(F_n)-R^*(X^*,F)$。采用 $R^*(X^*,F)$ 代替 $R(X,F)$ 是因为在小样本情况下 $\hat{\theta}(F)$ 的估计不可信。对 B 组 Bootstrap 再生样本使用上述处理方法，便可得到 B 个 θ 的估计值。

③ 确定先验分布。通过对多个 Bootstrap 再生样本特征参数的分布拟合与拟合优度检验，便可以确定先验分布。在保证计算结果可信的前提下，也可以采用共轭先验分布，其特征参数也可以通过 Bootstrap 再生样本估计得到。

需要注意的是，在样本容量多于 5 的情况下，Bootstrap 方法比较有效，而样本容量少于 5 时，应用 Bootstrap 再抽样方法得到的结果不再可信。

2. 多源先验分布加权融合的稳健性

在获得多个先验信息源的先验分布之后，通过对多个先验分布的融合，可以实现多来源先验信息的融合。在先验分布的融合方法中，加权融合法应用较广泛，有线性加权融合和非线性加权融合两种。其中关于线性加权融合研究较多，该方法的基本思路如下。

融合后的先验分布为

$$\pi(\theta)=\omega_1\pi_1(\theta)+\omega_2\pi_2(\theta)+\cdots+\omega_n\pi_n(\theta) \tag{5-65}$$

其中，$\pi_i(\theta)$ 表示由第 i 个数据源得到的先验分布；ω_i 为其权重，且 $\sum\limits_{i=1}^{n}\omega_i=1$。

事实上，在取定子样 x 之后，对于任一先验分布 $\pi_i(\theta)$，如果其具有良好的稳健性，则产生边缘分布，即

$$m(x\mid\pi_i)=\int_{\Theta}p(x\mid\theta)\pi_i(\theta)\mathrm{d}\theta \tag{5-66}$$

其中，$m(x\mid\pi_i)$ 值不会太小，即有 $m_i(x\mid\pi_i)\geqslant m_0(x)$，$m_0(x)$ 是先验分布具有良好稳健性时边缘密度的最小值；$p(x\mid\theta)$ 是子样的似然函数。

对满足稳健性要求的多个先验分布，按照式(5-65)进行加权融合，则有

$$\pi(\theta)\geqslant\min(\pi_1(\theta),\pi_2(\theta),\cdots,\pi_n(\theta))=\pi_k(\theta)$$

其中，$\pi_k(\theta)$ 表示 $\pi_i(\theta)$ 中的最小值。从而有

$$m(x\mid\pi)=\int_{\Theta}p(x\mid\theta)\pi(\theta)\mathrm{d}\theta\geqslant\int_{\Theta}p(x\mid\theta)\pi_k(\theta)\mathrm{d}\theta=m(x\mid\pi_k) \tag{5-67}$$

因此，采用线性加权融合得到的融合先验分布具有良好的稳健性，线性加权进行多个先验分布的融合较为合适。

3. 边缘分布密度在线性加权融合中的应用

设现场试验样本为 $x=(x_1,x_2,\cdots,x_n)$，在参数 θ 下的似然函数为

$$p(x\mid\theta)=\prod_{i=1}^{n}p(x_i\mid\theta)$$

θ 的先验分布密度为 $\pi(\theta)$，则 θ 的后验分布为

$$\pi(\theta\mid x)=\frac{p(x\mid\theta)\pi(\theta)}{\int_{\Theta}p(x\mid\theta)\pi_k(\theta)\mathrm{d}\theta} \tag{5-68}$$

记 $m(x)=\int_{\Theta}p(x\mid\theta)\pi(\theta)\mathrm{d}\theta$，称为 x 在 $\pi(\theta)$ 下的边缘分布密度。

经验 Bayes 理论认为，边缘密度的大小反映了在该先验分布之下样本发生可能性的平均大小。因此，可以考虑以样本在各个先验分布之下的边缘分布密度的大小为度量来确定线性加权融合中的权重。即先验分布 $\pi_i(\theta)$ 的权重 ω_i 为

$$\omega_i=\frac{m(x\mid\pi_i)}{\displaystyle\sum_{j=1}^{n}m(x\mid\pi_j)} \tag{5-69}$$

由上式确定的 ω_i 满足线性加权融合所要求的 $\displaystyle\sum_{i=1}^{n}\omega_i=1$。

例题 5.14 某寿命服从正态分布的飞机高速组件定型试验样本量为 12,故障时间分别为 1.3802,1.5963,1.8667,1.5624,1.5335,1.5442,1.4813,1.1091,1.3025,1.1319,1.3900,1.7236。有一组历史数据和相似产品的使用寿命数据分别为(1.4195,1.4482,1.7837,1.6548,1.5374,1.3466,1.5730,1.3831,1.6512,1.4419) 和 (1.4654,1.4353,1.4954,1.5863,1.4346,1.3999,1.5080,1.5135,1.5685,1.4605,1.5050,1.4765,1.5121,1.6735)。这两组数据均已通过与定型试验数据的相容性检验(单位:万小时)。采用文中方法对该组件寿命做出的推断如下。

(1) 确定定型数据分布

对试验数据进行分布拟合和拟合优度检验,确定其服从 $N(1.47,0.09)$,即分布密度函数为

$$p(x\mid\mu,\sigma)=\frac{1}{\sqrt{2\pi}\times0.224}\mathrm{e}^{-\frac{(x-1.47)^2}{0.1}}$$

（2）确定先验分布

选取共轭分布为先验分布，则先验分布为正态分布。对两种先验信息均抽取 10 000 个 Bootstrap 样本，计算其均值和方差。于是由历史数据得到的先验分布为

$$\pi_1(\theta) = \frac{1}{\sqrt{2\pi} \times 0.134} e^{-\frac{(x-1.524)^2}{0.0036}}$$

由相似产品数据得到的先验分布为

$$\pi_2(\theta) = \frac{1}{\sqrt{2\pi} \times 0.056} e^{-\frac{(x-1.5025)^2}{0.00067}}$$

对样本均值进行分布拟合，结果如图 5-23 所示。可以看出，两先验分布近似为正态分布，这表明我们选取共轭先验分布是合适的。

图 5-23　两种先验分布曲线

（3）融合先验分布

将 $\pi_1(\theta)$ 和 $\pi_2(\theta)$ 分别代入式（5-69），可以得到

$$\omega_1 = 0.6042, \quad \omega_2 = 0.3958$$

从而由式（5-65）得到

$$\pi(\theta) = 0.6042 \times \pi_1(\theta) + 0.3958 \times \pi_2(\theta) = \frac{1}{\sqrt{2\pi} \times 0.027} e^{-\frac{(x-1.5155)^2}{0.0014}}$$

（4）Bayes 推断

将 $p(x|\mu,\sigma)$、$\pi(\theta)$，以及现场试验样本代入式（5-68），得到后验分布，即

$$\pi(\theta|x) = \frac{1}{\sqrt{2\pi} \times 0.065} e^{-\frac{(\theta-1.488)^2}{0.0084}}$$

(5) 可靠性寿命估计

将 $\pi(\theta|x)$ 代入可得均值寿命为 1.488 万小时。这个寿命在样本均值寿命和先验均值之间,可见样本信息是对先验信息的一种修正。

采用 Bootstrap 方法或随机抽样法确定先验分布,克服了先验分布确定的主观性。采用 Bootstrap 方法产生的样本观测值局限于原样本的范围内,因此受原样本的影响较大,在样本容量较小时需慎用。以样本的边缘密度函数值为尺度确定线性加权融合中的权重,克服了权重确定的主观性,提高了权重的可信性。

5.6　基于 Petri 网的可靠性分析

Petri 网是一种网状信息流模型,包括条件和事件两类节点。在条件和事件为节点的有向二分图的基础上表示状态信息的托肯(token)分布,并按一定的引发规则使事件驱动状态演变,从而反映系统的动态运行过程[42]。

5.6.1　Petri 网基本概念

在通常情况下,用小矩形表示事件节点,称为变迁;用小圆圈表示条件节点,称为库所。两个变迁节点之间和两个库所节点之间不能用有向弧相连,而变迁节点和库所节点之间可以用有向弧连接,由此构成的有向二分图称为网。网的某些库所节点中标上若干个黑点表示托肯,从而构成 Petri 网。其形式化描述如下。

定义 5.4　满足下列条件的三元式 $N=(P,T;F)$ 称为有向网。

① $P\cup T\neq\Phi, P\cap T=\Phi$。

② $F\subseteq(P\times T)\cup(T\times P)$。

③ $\mathrm{dom}(F)\cup\mathrm{cod}(F)=P\cup T$。

其中,$\mathrm{dom}(F)=\{x|\exists y:(x,y)\in F\}$ 和 $\mathrm{cod}(F)=\{y|\exists x:(x,y)\in F\}$ 分别为 F 的定义域和值域;P 和 T 分别为网 N 的库所(place)集和变迁(transition)集;F 为流关系(flow relation)。

定义 5.5　设 $x\in P\cup T$ 为 N 的任一元素,令 $^*x=\{y|(y\in P\cup T)\wedge((y,x)\in F)\}$ 和 $x^*=\{y|,(y\in P\cup T)\wedge((x,y)\in F)\}$,称 $^*x$ 和 x^* 分别为 x 的前置集和后置集。

定义 5.6　满足下列条件的四元式 $PN=(P,T;F,M_0)$ 称为 Petri 网。

① $N=(P,T;F)$ 是一个网。

② $M:P\rightarrow Z$(非负整数集)为标识(也称状态)函数,M_0 是初始标识。

③ 引发规则如下。

第一,变迁 $t\in T$,当 $\forall p\in{}^*t:M(p)\geqslant 1$ 时,称变迁 t 是使能的,记作 $M[t>$。

第二,在 M 下使能的变迁 t 可以引发,引发后得到后继标识 M',则

$$M'(p) = \begin{cases} M(p)+1, & p \in t^* - {}^*t \\ M(p)-1, & p \in t^* + {}^*t \\ M(p), & 其他 \end{cases} \tag{5-70}$$

PN 的标识 M 可以用一个非负整数的 m 维向量表示，记作 M。式中 $M(i)=M(p_i)$，$i=1,2,\cdots,m$。

定义 5.7　设 Petri 网 $PN=(P,T;F,M_0)$，M 是 PN 的一个标识，若 $\exists t_1,t_2 \in T$，使得 $M[t_1> \wedge M[t_2>$，则当

① $M[t_1>M_1 \to M_1[t_2> \wedge M[t_2>M_2 \to M_2[t_1>$ 时，称 t_1 和 t_2 在 M 下并发。

② $M[t_1>M_1 \to \neg M_1[t_2> \wedge M[t_2>M_2 \to \neg M_2[t_1>$ 时，称 t_1 和 t_2 在 M 下冲突。

定义 5.8　设 Petri 网 $PN=(P,T;F,M_0)$，若 $\exists M_1,M_1,\cdots,M_k$，使得 $\forall 1 \leqslant i \leqslant k$，$\exists t_i \in T: M_i > M_{i+1}$，则称变迁序列 $\sigma=t_1 t_2 \cdots t_k$ 在 M_1 下是使能，M_{k+1} 从 M_1 是可达，记作 $M_1[\sigma>M_{k+1}$。

定义 5.9　设 Petri 网 $PN=(P,T;F,M_0)$，令 $R(M_0)$ 是满足下列条件的最小集合。

① $M_0 \in R(M_0)$。

② 若 $M \in R(M_0)$，且 $t \in T$ 使得 $M[t>M'$，则 $M' \in R(M_0)$，称 $R(M_0)$ 为 Petri 网 PN 的可达标识结合。

5.6.2　Petri 网的图形表示

Petri 网是一种图形化和形式化的建模工具，为了便于理解，在此给出形式化定义的图形表示。设有如图 5-24 所示的简单 Petri 网，则初始标识 $M_0=[1\ 1\ 0\ 0\ 0]^{\mathrm{T}}$；

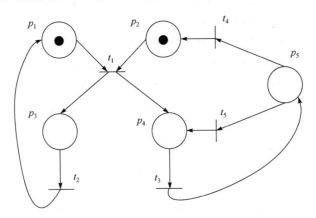

图 5-24　一个简单的 Petri 网

$^*t_1=\{p_1,p_2\}$，$p_4^*=\{t_3\}$ 等；$\forall\,p\in{}^*t_1:M_0(p)\geqslant1$，则 $M_0[t_1>$，记作 $M_0[t_1>M_1$，其中 $M_1=[0\,0\,1\,1\,0]^T$，变迁 t_2 和 t_3 在标识 $M_1=[0\,0\,1\,1\,0]^T$ 处于并发关系，而变迁 t_4 和 t_5，在标识 $M_3=[0\,0\,1\,0\,1]^T$ 处于冲突关系；该 Petri 网状态可达图如图 5-25 标识集合为 $R(M_0)=\{[1\,1\,0\,0\,0]^T,[0\,0\,1\,1\,0]^T,[1\,0\,0\,1\,0]^T,[0\,0\,1\,0\,1]^T,[1\,0\,0\,0\,1]^T,[0\,1\,1\,0\,0]^T\}$。

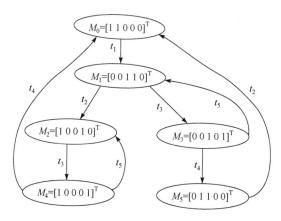

图 5-25　状态可达图

5.6.3　典型系统可靠性的 Petri 网模型

Petri 网有动态性质和结构性质。动态性质依赖于网的初始状态，而结构性质与网的初始状态无关，仅取决于网的拓扑或结构。Petri 网的性质主要有可达性、有界性、安全性、可覆盖性、可逆性和守恒性等。系统的可靠性分析主要利用 Petri 网的动态性质进行系统的动态行为分析，利用 Petri 网的可达性可以确定在给定的初始状态下，系统是否可能运行到指定状态；利用 Petri 网的活性分析可以确定系统中是否存在死锁问题。从可靠性的角度出发，死锁也是一种故障。

目前，可靠性分析应用较多的是利用 Petri 网的逻辑描述能力代替故障树进行系统的可靠性分析建模。常用的逻辑关系"与、或、非"的 Petri 网表示如图 5-26 所示，从而可以方便地将故障树模型转换为相应的 Petri 网模型。故障树的与门

图 5-26　逻辑"与、或、非"的 Petri 网表示

采用多输入变迁代替,或门采用多个变迁代替,如此可以很方便地将故障树转变为基本 Petri 网。根据得到的 Petri 网,可以写出关联矩阵,通过关联矩阵,可以快速得到故障树的最小割集。

随机 Petri 网变迁的串联模型由顺序的变迁串联而成,如图 5-27 所示。

图 5-27　随机 Petri 网变迁的串联模型

随机 Petri 网的变迁并联模型如图 5-28 所示,表示 n 个变迁从瞬时变迁 t_{start} 处开始并行执行,到瞬时变迁 t_{end} 同步后结束。

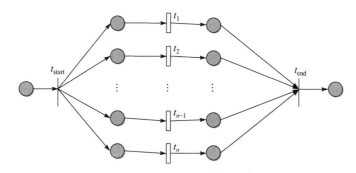

图 5-28　随机 Petri 网的变迁并联模型

（1）不可修冷贮备系统的可靠性 Petri 网模型

冷贮备系统由 n 个部件组成。在初始时刻,一个部件工作,其余 $n-1$ 个部件作冷贮备。当工作部件发生故障时,贮备部件逐个去替换,直到所有部件都失效时,系统才失效。在贮备系统中,贮备部件不失效也不劣化,贮备期的长短对之后使用时的部件工作寿命没有影响。

以两部件系统为例,其中一个部件处于工作状态,另一个部件处于冷贮备状态,不考虑转换开关失效和考虑转换开关失效的 Petri 网模型如图 5-29 所示。在图 5-29(a)中,p_1 表示部件 1 工作,p_2 表示部件 2 工作,p_f 表示系统失效。开始时,部件 1 处于工作状态,经过 t_{1f} 时间间隔后,部件 1 失效,换上部件 2 工作,再经过 t_{1f} 时间间隔后系统失效。系统寿命等于两个部件的寿命之和。在图 5-29(b)中,考虑转换开关的失效行为,增加 p_w 表示转换开关正常,p_{wf} 表示转换开关失效,p_{1f} 表示部件 1 失效,p_{sf} 表示系统失效。当部件 1 失效后,若转换开关正常,则部件 2 投入工作状态;若转换开关失效,部件 2 切换不上,则系统直接失效。

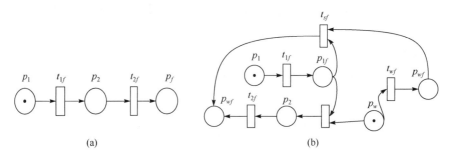

图 5-29　不可修冷贮备系统可靠性 Petri 网模型

（2）不可修表决系统的可靠性 Petri 网模型

如果系统由 n 个部件组成，而系统完成任务只需要其中的 k 个部件正常工作，则称这样的系统为 k/n 表决系统。

以 2/3 系统为例，即系统中有三个部件，只要其中有两个部件正常，则系统就能工作，当系统中出现 $n-k+1$，即两个部件失效时，系统就失效，如图 5-30 所示。

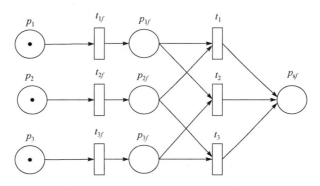

图 5-30　2/3 不可修系统可靠性 PN 模型

（3）可修表决系统可靠性的 Petri 网模型

仍然以 2/3 系统为例，假设每个部件均配有一个维修设备，则此可修系统的可靠性分析 Petri 网模型如图 5-31 所示，其中，p_1，p_2，p_3 分别表示三个部件处于好状态，这三个库所中只要有两个库所中有托肯，即两个部件处于好状态，系统就可以工作，用 p_x 中有托肯表示系统处于好状态；p_{1f}，p_{2f}，p_{3f} 分别表示三个部件处于维修状态，同样这三个库所只要有两个库所中有托肯，则表示系统处于失效状态，用 p_{sf} 中有托肯表示系统失效；变迁 t_{1f}，t_{2f}，t_{3f} 分别表示三个部件的失效过程，具有时间特性，因此用矩形框表示；同理，变迁 t_{1r}，t_{2r}，t_{3r} 分别表示三个部件的维修过程；其他 6 个变迁均为立即变迁，表示只要变迁的输入库所中有托肯，并且抑制弧所对应的输入库中没有托肯，则表示变迁立即引发。

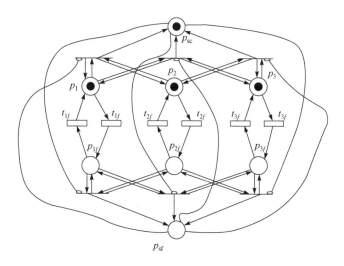

图 5-31　2/3 可修系统可靠性 PN 模型

　　当三个部件共用一个维修设备时,维修设备为共享资源,此时的系统可靠性分析 Petri 网模型如图 5-32 所示。与图 5-31 相比增加了一个库所 p_r 表示维修资源,相应的三个维修变迁 t_{1r}, t_{2r}, t_{3r} 的使能条件变为部件失效且维修资源可用。

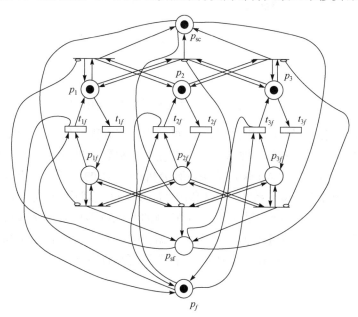

图 5-32　2/3 可修系统共享维修资源可靠性 PN 模型

(4) 可修冷贮备系统可靠性的 Petri 网模型

可修冷贮备系统是由 n 个部件和一个修理设备组成。当 n 个部件均正常时,则一个部件工作,其余 $n-1$ 个部件作为冷贮备。工作部件发生故障时,贮备部件之一立即转为工作状态,修理设备则对故障部件进行修理。修理好的部件,或进入冷贮备,即此时某个部件正在工作;或进入工作状态,即此时其他所有部件都已有故障。

以 n 个同型部件和一个维修设备组成的可修冷贮备系统为例,此系统的可靠性 Petri 网模型如图 5-33 所示,其中 p_c 表示系统中所有处于好状态的部件库所,中间的黑点个数为部件个数,p_r 表示维修资源库所,中间一个黑点表示只有一个维修设备,p_{1f} 表示系统中失效部件库所,当 p_c 库所中没有黑点(即托肯)时,系统失效。

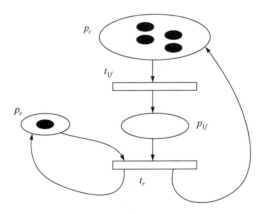

图 5-33　可修冷贮备系统可靠性 Petri 网模型

在建立系统的可靠性分析模型后,即可利用状态方程得到系统的状态可达图,从而得到系统的状态空间,当系统中所有变迁率为常数,即时间变迁的时间分布服从指数分布时,可以利用 Markov 方法进行分析;当系统的变迁中含有非指数分布时,此时系统为非 Markov 系统,可以利用 Markov 再生理论,补充变量或者仿真方法进行系统可靠性分析。尽管基于 Petri 网的系统可靠性研究工作已经取得了一定的进展,但对于复杂系统具有的实施数据获取困难、环境可变、结构不确定等问题有待进一步研究。本节仅对 Petri 网在系统可靠性分析中的应用作一些简单介绍。

第 6 章　关联系统可靠性原理

本章主要讨论单调关联系统,系统关联主要涉及系统状态,首先介绍多状态系统的基本概念,然后介绍单调关联系统的相关理论。单调关联系统主要基于每个零部件或多或少地对系统可靠性有一定作用这样一个共识。在系统中,每个单元都有其固定的功能,从而其重要性也有所不同,本章也会介绍单元的结构重要性评估及常用方法。通常研究系统可靠性,首先要了解和熟悉系统的失效模式,这里简单介绍一些共因失效、相关失效、相依失效等问题。

6.1　多状态系统

在工程领域,许多机械系统及其元部件具有多种功能,并呈现从理想工作状态到完全失效状态之间的多种工作状态(不同失效程度)。例如,系统可以在一部分功能丧失的情况下进行工作;系统性能不同程度的退化;系统多种形式的重构和降级工作;系统经维修、保障维修引起的状态变化等。例如,二极管具有开路状态、短路状态和正常工作状态,大型机床系统具有系统一切工作正常(完美状态),系统处在退化了的工作状态,系统完全故障,系统处在因计划内维修而非工作状态等。

产品或系统具有若干个离散的状态,用状态变化简易图可以较清晰展示系统的状态变化,如图 6-1 所示。设有 n 个状态,$M=0$ 表示完全失效状态,$M=n$ 表示完美工作状态。

图 6-1　多状态系统状态划分转移示意图

在对多态系统分析时,一般又将其分为具有多状态元件的两态系统和具有多状态元件的多态系统两类。前一类型的分析方法已经比较成熟,将在下面对其作一介绍。对元件而言,主要讨论三态模式的情况,因此多态系统是指构成系统的元件是三态的,而系统仍然是两态的。关于系统具有多态的情况相当复杂,理论及实践都尚待进一步发展,不再详述,下面仅介绍三态系统可靠性。

6.1.1　三态系统

1. 串联三态系统

一些特殊元件,例如半导体二极管或流体阀门的失效模式有开路失效和短路失效两种。也就是,元件有正常运行、开路失效、短路失效三种状态,它们发生的概率分别为记为 p_n, q_o, q_s,且 $p_n + q_o + q_s = 1$。如果系统有 n 个三态元件,则元件的状态组合总数有 3^n 个。

(1) 相同三态元件的串联系统

对两元件串联而言,如果两个元件同时正常,或一个元件正常,一个元件短路,系统都是正常可靠的。两相同元件串联系统,共有 3 种状态,表达式为

$$(p_n + q_o + q_s)^2 = p_n^2 + q_o^2 + q_s^2 + 2p_n q_o + 2p_n q_s + 2q_o q_s \tag{6-1}$$

从而,系统的可靠度为

$$R_s = p_n^2 + 2p_n q_s \tag{6-2}$$

系统的开路失效概率为

$$Q_o = q_o^2 + 2p_n q_o + 2q_o q_s = 1 - (1 - q_o)^2 \tag{6-3}$$

短路失效概率为

$$Q_s = q_s^2 \tag{6-4}$$

若系统由 n 个相同的三态元件串联而成,则系统的可靠度为

$$R_s = (1 - q_o)^n - q_s^n \tag{6-5}$$

开路失效概率为

$$Q_o = 1 - (1 - q_o)^n \tag{6-6}$$

短路失效概率为

$$Q_s = q_s^n \tag{6-7}$$

(2) 不同三态元件的串联系统

如果系统由 n 个不同的三态元件串联,则系统的可靠度为

$$R_s = \prod_{i=1}^{n} (1 - q_{oi}) - \prod_{i=1}^{n} q_{si} \tag{6-8}$$

开路失效概率为

$$Q_O = 1 - \prod_{i=1}^{n} (1 - q_{oi}) \tag{6-9}$$

短路失效概率为

$$Q_s = \prod_{i=1}^{n} q_{si} \tag{6-10}$$

2. 并联三态系统

（1）两个相同三态元件的并联系统

对两元件并联而言，如果不发生两个元件同时开路，也不发生任何一个元件短路，则系统是正常可靠的。若系统由两个相同元件并联构成，根据式（6-1），则系统的可靠度为

$$R_s = p_n^2 + 2p_n q_o = (1 - q_s)^2 - q_o^2 \tag{6-11}$$

系统的开路失效概率为

$$Q_o = q_o^2 \tag{6-12}$$

短路的失效概率为

$$Q_s = q_s^2 + 2p_n q_s + 2q_o q_s = 1 - (1 - q_s)^2 \tag{6-13}$$

若将三态元件看作两态元件，令其失效率 $q = q_0 + q_s$，则可靠度为

$$R_S' = 1 - q^2 = 1 - (q_o + q_s)^2 \tag{6-14}$$

两态模式下考虑的系统可靠度要高于多态模式下系统可靠度，因为

$$\begin{aligned} R_S' - R_s &= 1 - (q_o + q_s)^2 - [(1 - q_s)^2 - q_o^2] \\ &= 2q_s - 2q_s^2 - 2q_o q_s \\ &= 2q_s(1 - 2q_s - 2q_o) \\ &= 2q_s(1 - q) > 0 \end{aligned} \tag{6-15}$$

系统按照三态模式得到的可靠度更符合实际情况。

（2）n 个相同三态元件的并联系统

如果系统由 n 个相同的三态元件并联，则系统可靠度为

$$R_s = (1 - q_s)^n - q_o^n \tag{6-16}$$

开路失效概率为

$$Q_o = q_o^n \tag{6-17}$$

短路失效概率为

$$Q_s = 1 - (1-q_s)^n \tag{6-18}$$

(3) n 个不相同三态元件的并联系统

如果系统由 n 个不相同的三态元件并联,则系统可靠性为

$$R_s = \prod_{i=1}^{n}(1-q_{si}) - \prod_{i=1}^{n}q_{oi} \tag{6-19}$$

开路失效概率为

$$Q_O = \prod_{i=1}^{n}q_{oi} \tag{6-20}$$

短路失效概率为

$$Q_s = 1 - \prod_{i=1}^{n}(1-q_{si}) \tag{6-21}$$

3. 三态单元混联系统

对于混联系统,可以简化为串联或并联形式结构。下面介绍串-并和并-串联结构形式的可靠性问题。

(1) 三态元件的串-并联系统

如果系统由 n 个相同的三态子系统串联组成,每个子系统由 m 个不同三态元件并联组成,那么对每一个子系统而言,根据式(6-20)和式(6-21),有

$$Q_0 = \prod_{i=1}^{m}q_{0i}, \quad Q_s = 1 - \prod_{i=1}^{m}(1-q_{si})$$

类似于式(6-5),该串-并系统的可靠性可以表示为

$$R_s = (1-Q_o)^n - Q_s^n = \left(1 - \prod_{i=1}^{m}q_{oi}\right)^n - \left[1 - \prod_{i=1}^{m}(1-q_{si})\right]^n \tag{6-22}$$

(2) 三态元件的并-串联系统

若系统由 m 个相同的三态子系统并联组成,每一个分系统由 n 个不同三态元件串联组成,则对每一个分系统而言,根据式(6-9)和式(6-10),有

$$Q_0 = 1 - \prod_{i=1}^{m}(1-q_{0i}), \quad Q_s = \prod_{i=1}^{m}q_{si}$$

类似于式(6-16),该并-串联系统的可靠性可以表示为

$$R_s = (1-Q_s)^m - Q_o^n = \left(1 - \prod_{i=1}^n q_{si}\right)^m - \left[1 - \prod_{i=1}^n (1-q_{oi})\right]^m \quad (6\text{-}23)$$

例题 6.1 由三个相同二极管组成的系统如图 6-2 所示,设二极管正常工作、开路和短路失效的概率分别为 p_n、q_o 和 q_s,计算系统的可靠度。

图 6-2 二极管串-并联系统

解 首先分析二极管 2 和 3 组成的分系统,显然该分系统的正常工作、开路、短路失效的概率分别为

$$R_s^{(23)} = p_n^2 + 2q_o p_n, \quad Q_o^{(23)} = q_o^2, \quad Q_s^{(23)} = 2q_s - q_s^2$$

分析二极管 1 与分系统的串联情况,则有

$$R_s = (1-q_o)(1-q_o^2) - q_s(2q_s - q_s^2) = 1 - q_o - q_o^2 + q_o^3 - 2q_s^2 + q_s^3$$

6.1.2 一般多态系统

常见的多状态可靠性分析方法主要有结构函数法、生成函数法、Markov 模型法、Bayes 网络分析法、Petri 网分析法、故障树分析法等[43~45]。下面简单介绍几种针对多态系统的分析方法。

若系统由 M 个相互独立的元件构成,任意元件 l 具有 k_l 个性能状态,则集合形式为

$$g_l = \{g_{(l,1)}, g_{(l,2)}, \cdots, g_{(l,k_l)}\}$$

其中,$g_{(l,i)}(i \in \{1,2,\cdots,k_l\})$ 表示元件 l 在状态 i 的性能。

元件的性能状态变化过程可以表示为关于时间 t 的随机过程 $G_l(t)$,在任意时刻 t 的取值为集合 g_l 中的某个值,即 $G_l(t) \in g_l$。图 6-3 所示为元件 l 状态变化随机过程的一条样本。

元件 l 在任意时刻 t 的状态概率分布可记为

$$p_l(t) = \{p_{(l,1)}(t), p_{(l,2)}(t), \cdots, p_{(l,k_l)}(t)\}$$

其中,$p_{l,t}(t)$ 表示 $\Pr\{G_l(t) = g_{(l,i)}\}$,满足条件 $\sum_{i=1}^{k_l} p_{(l,i)}(t) = 1$。

若多状态系统存在 K_s 个性能状态,可以表示为

$$g_s = \{g_{s1}, g_{s2}, \cdots, g_{sK_s}\}$$

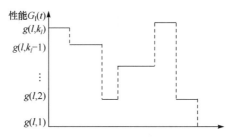

图 6-3　元件性能随机变化过程

多状态系统的性能状态变化过程也可以表示为关于时间 t 的随机过程,记为 $G_s(t)$,在任意时刻 t 的取值满足 $G_s(t) \in g_s$,并且与其组成元件的随机性能存在如下关系,即

$$G_s(t) = \phi(G_1(t), G_2(t), \cdots, G_M(t))$$

其中,$\phi(\cdot)$ 表示系统结构函数,代表元件的性能与系统性能的函数映射关系,由系统结构及所有元件状态属性共同决定。

系统在任意时刻 t 的状态概率分布可以记为

$$p_s(t) = \{p_{s1}(t), p_{s2}(t), \cdots, p_{sK_s}(t)\}$$

其中,$p_{(si)}(t)$ 表示 $\Pr\{G_s(t) = g_{si}\}$。

下面介绍应用 Markov 模型分析一般多态系统可靠性。

马尔可夫模型被广泛应用在多状态系统或元件的随机衰退过程建模中。系统或元件的性能状态被表示成马尔可夫模型的离散状态,若用随机过程 $\{X(t) | t \geqslant 0\}$ 表示系统或元件的瞬时状态,则其条件概率分布函数(probability mass function, PMF)存在以下关系,分布

$$\Pr\{X(t_n) = x_n | X(t_{n-1}) = x_{n-1}, X(t_{n-2}) = x_{n-2}, \cdots, X(t_2) = x_2, X(t_1) = x_1\}$$
$$= \Pr\{X(t_n) = x_n | X(t_{n-1}) = x_{n-1}\}$$

其中,$0 \leqslant t_1 < t_2 < \cdots < t_{n-2} < t_{n-1} < t_n$;$X(t_i) = x_i$ 表示系统或元件在 t_i 时刻的状态为 x_i。

条件概率分布函数体现了马尔可夫模型的无后效性(memoryless)(或称马尔可夫性),即系统或元件在 $t(t > t_{n-1})$ 时刻的状态与其在 t_{n-1} 时刻之前的状态无关。

令系统或元件在 t 时刻的状态为 i,则 Δt 时刻以后其状态为 j 的概率表示为

$$\Pr\{X(t + \Delta t) = j | X(t) = i\} = p_{(i,j)}(t, \Delta t)$$

该概率也被称为状态转移概率。若该概率不随时间 t 变化而变化,则该马尔可夫

模型称为齐次（Homogenous）（连续时间）马尔可夫模型。

令 $i=j$，则有 $\Pr\{X(t+\Delta t)=i\,|\,X(t)=i\}=p_{(i,i)}(t,\Delta t)$，表示系统或元件在 Δt 时刻并未发生状态转移的概率，且有

$$p_{(i,i)}(t,\Delta t)+\sum_{j(j\neq i)}p_{(i,j)}(t,\Delta t)=1$$

由此可定义

$$\lambda_{(i,i)}(t)=\lim_{\Delta t\to 0}\frac{p_{(i,i)}(t,0)-p_{(i,i)}(t,\Delta t)}{\Delta t}=\lim_{\Delta t\to 0}\frac{1-p_{(i,i)}(t,\Delta t)}{\Delta t}$$

$$\lambda_{(i,j)}(t)=\lim_{\Delta t\to 0}\frac{p_{(i,j)}(t,0)-p_{(i,j)}(t,\Delta t)}{-\Delta t}=\lim_{\Delta t\to 0}\frac{p_{(i,j)}(t,\Delta t)}{\Delta t}$$

分别表示系统或元件在 t 时刻离开状态 i 转移到状态 j 的转移率。若为齐次马尔可夫过程，则 $\lambda_{(i,i)}(t)$ 和 $\lambda_{(i,j)}(t)$ 退化为与时间无关的常数，即可表示为 $\lambda_{(i,i)}$ 和 $\lambda_{(i,j)}$。

假设可修多状态元件 l 具有 k_l 个性能状态，齐次马尔可夫模型如图 6-4 所示。其中，k_l 为元件性能最高状态，状态 1 为性能最低状态，$\lambda^l_{(i,j)}$ 表示元件 l 从性能高状态 i 转移到性能低状态 j 的转移率；$u^l_{(i,j)}$ 表示元件 l 由性能低状态 i 恢复到性能高状态 j 的转移率。

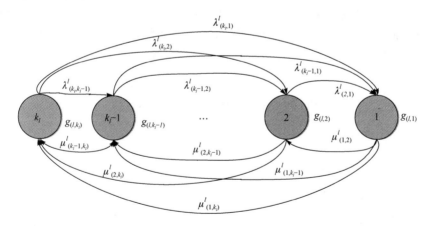

图 6-4　多状态系统齐次马尔可夫状态转移图

元件的整个状态转移过程可用状态转移率矩阵 Λ^l 表示，即

$$\Lambda^{l} = \begin{bmatrix} \text{State} & k_l & k_{l-1} & \cdots & 2 & 1 \\ k_l & \lambda^l_{(k_l,k_l)} & \lambda^l_{(k_l,k_{l-1})} & \cdots & \lambda^l_{(k_l,2)} & \lambda^l_{(k_l,1)} \\ k_{l-1} & \mu^l_{(k_{l-1},k_l)} & \lambda^l_{(k_{l-1},k_{l-1})} & \cdots & \lambda^l_{(k_{l-1,2})} & \lambda^l_{(k_{l-1},1)} \\ \vdots & \vdots & \vdots & \vdots & \vdots & \vdots \\ 2 & \mu^l_{(2,k_l)} & \mu^l_{(2,k_{l-1})} & \cdots & \lambda^l_{(2,2)} & \lambda^l_{(2,1)} \\ 1 & \mu^l_{(1,k_l)} & \mu^l_{(1,k_{l-1})} & \cdots & \lambda^l_{(1,2)} & \lambda^l_{(1,1)} \end{bmatrix}$$

其中,$\lambda^l_{(i,j)} = -\left(\sum\limits_{j=1}^{i-1} \lambda^l_{(i,j)} + \sum\limits_{j=i+1}^{k_i} \mu^l_{(i,j)} \right)$。

在任意时刻 t,元件在各个状态的概率分布可通过 Kolmogorov 微分方程组得到,即

$$\frac{\mathrm{d}p_l(t)}{\mathrm{d}t} = p_l(t)\Lambda^l$$

其中,$p_l(t) = \{ p_{(l,1)}(t), p_{(l,2)}(t), \cdots, p_{(l,k_l)}(t) \}$。

方程组的初始条件可以根据元件在最初使用时的状态概率确定。若时间 t 趋于无穷时,元件 l 各状态的稳态概率分布可通过以下线性方程得到,即

$$p_l\Lambda^l = 0$$

其中,$p_l = \{ p_{(l,1)}, p_{(l,2)}, \cdots, p_{(l,k_l)} \}$ 表示元件 l 的各状态的稳态概率分布。

另一种常用分析多状态系统可靠性的方法是通用生成函数(universal generating function,UGF)法。为了详细阐述通用生成函数的基本原理,假设存在两个离散随机变量 X_1 和 X_2,其分别对应的概率分布函数记为

$$\Pr\{X_1 = x_{(1,i)}\} = p_{(1,i)}, \quad 1 \leqslant i \leqslant k_1$$
$$\Pr\{X_2 = x_{(2,j)}\} = p_{(2,j)}, \quad 1 \leqslant j \leqslant k_2$$

对应的通用生成函数为

$$u_1(z) = \sum_{i=1}^{k_1} p_{(1,i)} z^{x_{(1,1)}} + p_{(1,2)} z^{x_{(1,2)}} + \cdots + p_{(1,k_1)} z^{x_{(1,k_1)}}$$
$$u_2(z) = \sum_{j=1}^{k_2} p_{(2,j)} z^{x_{(2,j)}} = p_{(2,1)} z^{x_{(2,1)}} + p_{(2,2)} z^{x_{(2,2)}} + \cdots + p_{(2,k_2)} z^{x_{(2,k_2)}}$$

其中,z 的指数代表随机变量的取值,而 z 本身并无其实质的意义和取值,其主要功能是用于区别随机变量的取值及概率。

由于人们习惯于使用符号"z",因此该多项式也称为 z 变换多项式。

若两个离散随机变量相互独立,则它们的任何函数运算结果都是离散随机变量,并且可通过通用生成函数的组合运算得到。例如,$X_1 + X_2$ 运算对应的随机变

量 X_3 可以表示为通用生成函数形式,即

$$
\begin{aligned}
u_3(z) &= \bigotimes (u_1(z), u_2(z)) \\
&= \sum \sum p_{(1,i)} p_{(2,j)} z^{x_{(1,i)} + x_{(2,j)}} \\
&= p_{(3,1)} z^{x_{(3,1)}} + \cdots + p_{(3,k_3)} z^{x_{(3,k3)}}
\end{aligned}
$$

其中,$x_{(3,i)}$ 和 $p_{(3,i)}$ 分别表示离散随机变量 X_3 的可能取值及对应概率,且有 $\sum p_{(3,i)} = 1.0$。

该组合运算实质上是计算两个离散随机变量所有可能取值情况之和对应的值及其概率。例如,X_1 的可能取值为 $\{x_{(1,1)} = 1; x_{(1,2)} = 5\}$,对应概率为 $\{p_{(1,1)} = 0.4; p_{(1,2)} = 0.6\}$;$X_2$ 的可能取值为 $\{x_{(2,1)} = 0; x_{(2,2)} = 2; x_{(2,3)} = 4\}$,对应概率为 $\{p_{(2,1)} = 0.2; p_{(2,2)} = 0.4; p_{(2,3)} = 0.4\}$,则离散随机变量 $X_3 = X_1 + X_2$ 为

$$
\begin{aligned}
u_3(z) &= \bigotimes (u_1(z), u_2(z)) \\
&= \sum_{i=1}^{2} \sum_{j=1}^{3} p_{(1,i)} p_{(2,j)} z^{x_{(1,i)} + x_{(2,j)}} \\
&= p_{(1,1)} p_{(2,1)} z^{x_{(1,1)} + x_{(2,1)}} + p_{(1,1)} p_{(2,2)} z^{x_{(1,1)} + x_{(2,2)}} + p_{(1,1)} p_{(2,3)} z^{x_{(1,1)} + x_{(2,3)}} \\
&\quad \bullet\, p_{(1,2)} p_{(2,1)} z^{x_{(1,2)} + x_{(2,1)}} + p_{(1,2)} p_{(2,2)} z^{x_{(1,2)} + x_{(2,2)}} + p_{(1,2)} p_{(2,3)} z^{x_{(1,2)} + x_{(2,3)}} \\
&= 0.08z^1 + 0.16z^3 + 0.16z^5 + 0.12z^5 + 0.24z^7 + 0.24z^9
\end{aligned}
$$

通过合并多项式中具有相同指数的项,则随机变量 X_3 的通用生成函数可以表示为

$$
u_3(z) = 0.08z^1 + 0.16z^3 + 0.28z^5 + 0.24z^7 + 0.24z^9
$$

当存在多个离散随机变量运算时,上述通用函数法亦成立。根据上述原理,通用生成函数法可应用在计算多状态系统的性能状态概率分布中。类似地,对于具有 k_l 个性能状态的多状态元件 l 在 t 时刻的瞬时状态 $G_i(t)$ 为一个离散随机变量,其概率分布函数为

$$
\Pr\{G_i(t) = g_{(l,i)}\} = p_{(l,i)}(t), \quad 1 \leqslant i \leqslant k_l
$$

该元件 t 时刻的瞬时状态概率分布可以表示为通用生成函数,即

$$
\begin{aligned}
u_l(z,t) &= \sum_{i=1}^{k_l} p_{(1,i)}(t) z^{g_{(l,j)}} \\
&= p_{(l,1)}(t) z^{g_{(l,1)}} + p_{(l,2)}(t) z^{g_{(l,2)}} + \cdots + p_{(l,k_l)}(t) z^{g_{(l,k_l)}}
\end{aligned}
$$

同理,若系统存在 K_s 个可能的性能状态,在 t 时刻的瞬时状态 $G_s(t)$ 亦为一个离散随机变量其概率分布函数为

$$
\Pr\{G_s(t) = g_{si}\} = p_{si}(t), \quad 1 \leqslant i \leqslant K_s
$$

则系统的瞬时状态概率分布可以记为

$$U_s(z,t) = \sum_{i=1}^{K_s} p_{si}(t) z^{g_{si}} = p_{s1} z^{g_{s1}} + p_{s2} z^{g_{s2}} + \cdots + p_{sK_s} z^{g_s K_s}$$

若系统包含 M 个元件,并且各元件瞬时状态概率均相互独立,则上式通用生成函数可由元件的通用生成函数经组合算子 $\otimes$ 递归运算得到,即

$$U_s(z,t) = \otimes \{u_1(z,t), \cdots, u_M(z,t)\}$$
$$= \otimes \left\{ \sum_{i_1=1}^{k_1} p_{(1,i_1)}(t) z^{g_{(1,i_1)}}, \cdots, \sum_{i_M=1}^{k_M} p_{(M,i_M)}(t) z^{g_{(M,i_M)}} \right\}$$
$$= \sum_{i_1=1}^{k_1} \cdots \sum_{i_M=1}^{k_M} \left(\prod_{j=1}^{M} p_{(j,i_j)}(t) z^{\phi(g_{(1,i_1)},\cdots,g_{(M,j_M)})} \right)$$
$$= \sum_{i=1}^{K_s} p_{si}(t) z^{g_{si}}$$

其中,$\phi(\cdot)$ 为系统结构函数,表示系统状态性能由系统结构及所有元件属性共同决定。

例如,在流量传输型系统中,若系统由两个串联的元件构成,其系统结构函数可以表示为

$$\phi(G_1(t), G_2(t)) = \min\{G_1(t), G_2(t)\}$$

若系统由两个元件以并联模型构成,其系统结构函数将表示为

$$\phi(G_1(t), G_2(t)) = G_1(t) + G_2(t)$$

利用元件随机模型与通用生成函数相结合的方法,即采用随机模型(如马尔可夫模型,蒙特卡罗仿真等)先得到元件的状态概率分布,再运用通用生成函数计算得到系统的状态概率分布,能克服直接对系统整体建立随机模型时出现的"状态维数爆炸"问题,大大降低问题的复杂度。

6.2 单调关联系统

常见的系统有串联、并联、$k/n(G)$ 系统等,它们都有如下共同特点:部件或系统都只有正常或失效两种状态;系统正常与否,完全由其结构及部件的状态决定。此外,系统中任意一个部件的失效不会使系统可靠性得到改善。从可靠性研究的角度来讲,系统中不存在对其可靠性不起作用的部件。下面首先介绍单调关联系统的一些定义与性质。

6.2.1　单调关联系统定义

对于系统的每一个元件,元件关联在工程上存在以下意义。

① 每一个元件在系统中是起作用的。

② 任一元件的状态变化都对系统的状态产生影响。

③ 元件的状态变化方向和系统状态的变化方向是一致的,当元件和系统的状态为其工作性能时,其工程意义为"元件性能的改善不会使系统性能恶化"。

把上述几点抽象出来,将给出单调关联系统的定义。

假定系统由 n 个部件组成。用 x_i 表示部件 i 的状态,$x_i=1$ 表示部件 i 正常,$x_i=0$ 表示部件 i 失效。记部件的下标集为 $N=\{1,2,\cdots,n\}$,再记所有分量都只取 0,1 值的向量 $\boldsymbol{x}=(x_1,x_2,\cdots,x_n)$ 为部件的状态向量,以及

$$(1_i,x)=(x_1,\cdots,x_{i-1},1,x_{i+1},\cdots,x_n)$$
$$(0_i,x)=(x_1,\cdots,x_{i-1},0,x_{i+1},\cdots,x_n)$$
$$(\cdot_i,x)=(x_1,\cdots,x_{i-1},\cdot,x_{i+1},\cdots,x_n)$$

假定系统只有正常和失效两种状态,分别用 1 和 0 表示。下面用二值变量(函数)来指取 0,1 二值的变量(函数),再设系统的状态完全由部件的状态决定。对给定的状态向量 x,用 $\phi(\boldsymbol{x})$ 记系统的状态,它是 $\{0,1\}^n \rightarrow \{0,1\}$ 上的一个函数,称作系统的结构函数。

对任意两个 n 维向量 $\boldsymbol{x},\boldsymbol{y}$,$\boldsymbol{x}\leqslant \boldsymbol{y}$ 表示 $x_i\leqslant y_i, i=1,2,\cdots,n$。$\boldsymbol{x}<\boldsymbol{y}$ 表示 $x_i\leqslant y_i, i=1,2,\cdots,n$,且存在下标 j 使 $x_j<y_j$。

定义 6.1　设 ϕ 是系统的结构函数,若对任意的 $\boldsymbol{x}\leqslant \boldsymbol{y}$ 有

$$\phi(\boldsymbol{x})\leqslant\phi(\boldsymbol{y}) \tag{6-24}$$

则称 ϕ 是单调结构函数,或单调系统,记作 $\phi\in\{MS\}$。

在单调结构函数的定义中,式(6-24)反映了部件可靠性的改善不会使系统性能变坏。

定义 6.2　若对任意 $i\in N$,存在 $\boldsymbol{x}$ 使

$$\phi(0_i,\boldsymbol{x})=0, \quad \phi(1_i,\boldsymbol{x})=1 \tag{6-25}$$

则称部件 i 与系统有关。

上述性质称作部件与系统的关联性,反映了任一部件都是系统的一个不可少的有机部分,其正常或失效对系统的状态是有影响的。因为若对某个 $i\in N$,式(6-25)不成立,此时表明对任意的 x 都有下式,即

$$\phi(0_i,\boldsymbol{x})=\phi(1_i,\boldsymbol{x})$$

即不管部件 i 取什么状态（0 或 1），都不影响系统的状态，即在系统中部件 i 的性能对其可靠性而言是没有影响的。为了简单起见，研究的系统不包括与系统状态无关的部件。

定义 6.3 若系统具有单调结构函数 ϕ，且任一部件 i 都与系统有关，则称系统为单调关联系统，记作 $\phi \in \{CS\}$。

例如，n 个部件的串联系统是单调关联系统，有结构函数为

$$\phi(x) = \min_i x_i = \prod_{i=1}^{n} x_i \tag{6-26}$$

类似地，并联系统有结构函数为

$$\phi(x) = \max_i x_i = 1 - \prod_{i=1}^{n}(1 - x_i) \tag{6-27}$$

为方便起见，对任意的 $0 \leqslant p_i \leqslant l, i = 1, 2, \cdots, n$，记

$$\coprod_{i=1}^{n} p_i = 1 - \prod_{i=1}^{n}(1 - p_i) \tag{6-28}$$

则并联系统的结构函数亦可表示为

$$\phi(x) = \coprod_{i=1}^{n} x_i \tag{6-29}$$

对 $k/n(G)$ 系统，有

$$\phi(\boldsymbol{x}) = \begin{cases} 1, & \sum_{i=1}^{n} x_i \geqslant k \\ 0, & \text{其他} \end{cases} \tag{6-30}$$

显然，由 n 条弧组成的两状态网络是一个单调关联系统（自然假定每条弧是与系统有关联的）。

6.2.2 基本性质

定义 6.4 设 $\phi \in \{MS\}$，称

$$\phi^D(\boldsymbol{x}) = 1 - \phi(1 - \boldsymbol{x}) \tag{6-31}$$

为它的对偶结构函数，相应于 ϕ^D 的系统为对偶系统，这里 $1 - \boldsymbol{x} = (1 - x_1, \cdots, 1 - x_n)$。

定理 6.1 设 $\phi \in \{CS\}$，则 $\phi^D \in \{CS\}$。

证明 $\phi^D \in \{CS\}$ 是显然的。设 $i \in N$，由于 i 与系统有关，因此存在 $(\cdot_i, \boldsymbol{x})$，使

$$\phi(0_i,\boldsymbol{x})=0,\quad \phi(1_i,\boldsymbol{x})=1$$

对$(\cdot_i,1-\boldsymbol{x})$,有

$$\phi^D(0_i,1-\boldsymbol{x})=1-\phi(1_i,\boldsymbol{x})=0$$

$$\phi^D(1_i,1-\boldsymbol{x})=1-\phi(0_i,\boldsymbol{x})=1$$

因此,部件i与对偶系统亦是有关的,$\phi^D\in\{CS\}$。证毕。

定理 6.2

$$[\phi^D(\boldsymbol{x})]^D=\phi(\boldsymbol{x}) \tag{6-32}$$

例如,对结构函数ϕ,由式(6-26)给出的串联系统,其对偶为

$$\phi^D(\boldsymbol{x})=1-\prod_{i=1}^n(1-x_i)=\coprod_{i=1}^n x_i$$

因此,串联系统的对偶即并联;反之亦然。

对$k/n(G)$系统,ϕ由式(6-30)给出,而

$$\phi^D(x)=\begin{cases}1,&\displaystyle\sum_{i=1}^n x_i\geqslant n-k+1\\0,&\text{其他}\end{cases}$$

因此,其对偶即为$(n-k+1)/n(G)$系统,即$k/n(F)$系统。

先注意如下简单事实。设x_i是只取 0 和 1 的状态向量,则

$$\coprod_{i=1}^n x_i=\max_i x_i=1-\prod_{i=1}^n(1-x_i) \tag{6-33}$$

$$\prod_{i=1}^n x_i=\min_i x_i \tag{6-34}$$

定理 6.3　若$\phi\in\{CS\}$。

① $\phi(\boldsymbol{0})=0,\phi(\boldsymbol{1})=1$,并且对任意状态的向量$\boldsymbol{x}$,有

$$\prod_{i=1}^n x_i\leqslant\phi(\boldsymbol{x})\leqslant\coprod_{i=1}^n x_i \tag{6-35}$$

② 对任意状态向量$\boldsymbol{x}$和$\boldsymbol{y}$,有

$$\phi(\boldsymbol{x}\coprod\boldsymbol{y})\geqslant\phi(\boldsymbol{x})\coprod\phi(\boldsymbol{y}) \tag{6-36}$$

$$\phi(\boldsymbol{x}\cdot\boldsymbol{y})\leqslant\phi(\boldsymbol{x})\phi(\boldsymbol{y}) \tag{6-37}$$

其中,$\boldsymbol{0}$和$\boldsymbol{1}$分别表示分量全为 0 或 1 的状态向量,即

$$x \coprod y = (x_1 \coprod y_1, \cdots, x_n \coprod y_n)$$

$$x \cdot y = (x_1 y_1, \cdots, x_n y_n)$$

证明　①若 $\phi(\mathbf{0}) = 1$,则对任意的 $(\cdot_i, x)$,由单调性必有

$$1 = \phi(0_i, x) = \phi(1_j, x)$$

这与任一部件 i 与系统有关矛盾。因此,必有 $\phi(\mathbf{0}) = 0$。同理, $\phi(\mathbf{1}) = 1$。

对任一状态向量 x,记

$$\beta = \coprod_{i=1}^{n} x_i, \quad \alpha = \prod_{i=1}^{n} x_i$$

则有 $\alpha \mathbf{1} \leqslant x \leqslant \beta \mathbf{1}$。由于 α 和 β 只可能取 0 和 1,因此必有

$$\phi(\alpha \mathbf{1}) = \alpha, \phi(\beta \mathbf{1}) = \beta$$

再由 ϕ 的单调性,有

$$\alpha = \phi(\alpha \mathbf{1}) \leqslant \phi(x) \leqslant \phi(\beta \mathbf{1}) = \beta$$

即式(6-35)。

② 为证式(6-36),只要注意到 $x \coprod y \geqslant x, x \coprod y \geqslant y$,并由 ϕ 的单调性得

$$\phi(x \coprod y) \geqslant \max\{\phi(x), \phi(y)\} = \phi(x) \coprod \phi(y)$$

式(6-37)可相仿证明。证毕。

式(6-36)的含义是在部件一级的并联备份比系统一级的并联备份更有效。

定理 6.4　$\phi \in \{CS\}$,则对任意状态向量 x 和 y,有

$$\phi(x \coprod y) = \phi(x) \coprod \phi(y), \text{当且仅当 } \phi(x) = \coprod_{i=1}^{n} x_i \qquad (6\text{-}38)$$

$$\phi(x \cdot y) = \phi(x)\phi(y), \text{当且仅当 } \phi(x) = \prod_{i=1}^{n} x_i \qquad (6\text{-}39)$$

证明　充分性显然。下面证明式(6-38)的必要性,式(6-39)的必要性由对偶得。

由 $\phi \in \{CS\}$,故对任意 $i \in N$,存在 x,使

$$0 = \phi(0_i, x) < \phi(1_i, x) = 1 \qquad (6\text{-}40)$$

由必要性的条件,有

$$\phi(1_i, x) = \max\{\phi(1_i, 0), \phi(0_i, x)\}$$

$$\phi(0_i, x) = \max\{\phi(0_i, 0), \phi(0_i, x)\}$$

因此，由式(6-40)必有 $\phi(0_i,\boldsymbol{0})<\phi(1_i,\boldsymbol{0})$，$i\in N$，即得 $\phi(1_i,\boldsymbol{0})=1$。因此，对任意的 $i\in N$，有 $\phi((x_i)_i,\boldsymbol{0})=x_i$。于是对于任意向量 $\boldsymbol{x}$，有

$$\phi(x)=\prod_{i=1}^{n}\phi((x_i)_i,\boldsymbol{0})=\prod_{i=1}^{n}x_i$$

证毕。

定理 6.5　设 $\phi\in\{\mathrm{CS}\}$，对任意的 $i\in N$ 及 $\boldsymbol{x}$，有

$$\phi(\boldsymbol{x})=x_i\phi(1_i,\boldsymbol{x})+(1-x_i)\phi(0_i,\boldsymbol{x}) \tag{6-41}$$

称作 ϕ 的分解公式。

证明　因为

$$\phi(x)=\begin{cases}\phi(1_i,\boldsymbol{x}),&x_i=1\\\phi(0_i,\boldsymbol{x}),&x_i=0\end{cases}$$

证毕。

事实上，式(6-41)对 $\phi\in\{\mathrm{MS}\}$ 成立。式(6-41)表明，n 阶的结构函数可以用 $n-1$ 阶的来表示。重复应用式(6-41)，可得

$$\phi(\boldsymbol{x})=\sum_{y}\prod_{j=1}^{n}x_j^{y_j}(1-x_j)^{1-y_j}\phi(\boldsymbol{y}) \tag{6-42}$$

其中，$y=(y_1,y_2,\cdots,y_n)$ 求过所有 n 维的二值向量。

例题 6.2　对两部件并联系统，由(6-26)

$$\phi(x_1,x_2)=x_1+x_2-x_1x_2$$

由式(6-42)可得

$$\begin{aligned}\phi(x_1,x_2)=&x_1(1-x_1)^0x_2(1-x_2)^0\cdot\boldsymbol{1}\\&+x_1(1-x_1)^0x_2^0(1-x_2)^0\cdot\boldsymbol{1}\\&+x_1^0(1-x_1)x_2(1-x_2)^0\cdot\boldsymbol{1}\\&+x_1^0(1-x_1)x_2^0(1-x_2)\cdot\boldsymbol{0}\end{aligned}$$

6.2.3　单调关联系统的数学描述

在描述网络或故障树时，最小路和最小割的概念是基本的。本节把它们推广到单调关联系统，给出单调关联系统的最小路和最小割表示，这里假定 $\phi\in\{\mathrm{CS}\}$。

1. 最小路与最小割

设 $\boldsymbol{x}=\{x_1,x_2,\cdots,x_n\}$ 为状态向量，记为

$$c_0(\boldsymbol{x}) = \{i : x_i = 0\}, \quad c_1(\boldsymbol{x}) = \{i : x_i = 1\} \tag{6-43}$$

定义 6.5　若 $\phi(\boldsymbol{x}) = 1$，则称 $\boldsymbol{x}$ 为 ϕ 的一个路向量 $c_1(\boldsymbol{x})$ 叫做 $\boldsymbol{x}$ 的路集。若 $\boldsymbol{x}$ 是路向量，又对任意的 $\boldsymbol{y} < \boldsymbol{x}$，有 $\phi(\boldsymbol{y}) = 0$，则称 $\boldsymbol{x}$ 是一个最小路向量，相应的 $c_1(\boldsymbol{x})$ 为 $\boldsymbol{x}$ 的最小路集。$c_1(\boldsymbol{x})$ 中元素的个数称作最小路的阶或长度。

从工程上讲，一个最小路集是部件的最小集合，这些部件正常时系统就正常。相仿，可以定义割向量与割集，最小割向量与最小割集。

定义 6.6　若 $\phi(\boldsymbol{x}) = 0$，则称 $\boldsymbol{x}$ 为 ϕ 的一个割向量，$c_0(\boldsymbol{x})$ 叫做 $\boldsymbol{x}$ 的割集。若 $\boldsymbol{x}$ 是割向量，又对任意的 $\boldsymbol{y} > \boldsymbol{x}$ 有 $\phi(\boldsymbol{y}) = 1$，则称 $\boldsymbol{x}$ 是一个最小割向量，相应的 $c_0(\boldsymbol{x})$ 为 $\boldsymbol{x}$ 的最小割集，$c_0(\boldsymbol{x})$ 中元素的个数称作最小割的阶。

显然，从工程上讲，一个最小割集是部件的最小集合，这些部件失效时系统就失效。

为叙述简便起见，最小路就指最小路向量，其余相仿理解。

对于最小路与割之间的关系，有如下命题。

定理 6.6　① $\boldsymbol{x}$ 是 ϕ 的路，当且仅当 $1 - \boldsymbol{x}$ 是 ϕ^D 的割，即 $c_1(\boldsymbol{x})$ 是 ϕ 的路集，当且仅当 $c_1(\boldsymbol{x})$ 是 ϕ^D 的割集。

② $\boldsymbol{x}$ 是 ϕ 的最小路，当且仅当 $1 - \boldsymbol{x}$ 是 ϕ^D 的最小割，即 $c_1(\boldsymbol{x})$ 是 ϕ 的最小路集，当且仅当 $c_1(\boldsymbol{x})$ 是 ϕ^D 的最小割集。

证明由定义易得。

2. 单调关联系统的最小路与最小割表示

假定单调关联系统的所有最小路集为 $P_1, P_2, \cdots, P_m$，所有最小割集为 K_1，$K_2, \cdots, K_l$。对任意状态向量 $\boldsymbol{x}$，记

$$\rho_j(\boldsymbol{x}) = \min_{i \in P_j} x_i = \prod_{i \in P_j} x_i, \quad j = 1, 2, \cdots, m \tag{6-44}$$

显然，当第 j 个最小路集中的部件都正常时，有 $\rho_j(\boldsymbol{x}) = 1$。$\phi(\boldsymbol{x}) = 1$，当且仅当至少有一个最小路集中的部件都正常。因此，$\phi(\boldsymbol{x})$ 可以表示为

$$\phi(\boldsymbol{x}) = \max_j \rho_j(\boldsymbol{x}) = \coprod_{j=1}^{m} \rho_j(\boldsymbol{x}) = 1 - \prod_{j=1}^{m} \{1 - \rho_j(\boldsymbol{x})\} \tag{6-45}$$

相仿，记

$$k_j(\boldsymbol{x}) = \max_{i \in K_j} x_i = \coprod_{i \in K_j} x_i \tag{6-46}$$

当第 j 个最小割集中的部件都失效时，$k_j(\boldsymbol{x}) = 0$。因为 $\phi(\boldsymbol{x}) = 0$，当且仅当至少有一个最小割集失效（即其中元素都失效），因此有

$$\phi(\boldsymbol{x}) = \min_j k_j(\boldsymbol{x}) = \prod_{j=1}^{l} k_j(\boldsymbol{x}) \tag{6-47}$$

若把 ϕ 的最小路集、最小割集中的部件看成一个"组件"，则结构 ϕ 是 m 个最小路集 $\rho_1(\boldsymbol{x}), \rho_2(\boldsymbol{x}), \cdots, \rho_m(\boldsymbol{x})$ 的广义并联结构，或是 l 个最小割集 $k_1(\boldsymbol{x}), k_2(\boldsymbol{x}), \cdots, k_l(\boldsymbol{x})$ 的广义串联结构(图 6-5)。注意，这些"组件"中的元素可能在不止一个最小路集或最小割集中出现。

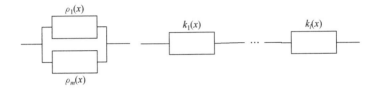

图 6-5　单调关联系统最小路集和割集表示

对于顶端事件为 T 的故障树，若其所有最小割集为 $C_1, C_2, \cdots, C_l$，所有最小路集为 $P_1, P_2, \cdots, P_m$，仍用相同的字母表示最小割集或最小路集，则故障树的结构函数 $\phi(\boldsymbol{x})$ 可以表示为

$$\phi(\boldsymbol{x}) = \coprod_{j=1}^{l} \prod_{i \in C_j} x_i \tag{6-48}$$

或

$$\phi(\boldsymbol{x}) = \prod_{j=1}^{m} \coprod_{i \in P_j} x_i \tag{6-49}$$

例题 6.3　桥型网络系统如图 6-6 所示。

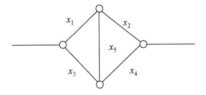

图 6-6　桥型网络系统

最小路集为 $P_1 = \{1,2\}, P_2 = \{3,4\}, P_3 = \{1,4,5\}, P_4 = \{2,3,5\}$，因此

$$\rho_1(\boldsymbol{x}) = x_1 x_2, \quad \rho_2(\boldsymbol{x}) = x_3 x_4$$
$$\rho_3(\boldsymbol{x}) = x_1 x_4 x_5, \quad \rho_4(\boldsymbol{x}) = x_2 x_3 x_5$$

于是

$$\phi(\pmb{x})=1-(1-x_1x_2)(1-x_3x_4)(1-x_1x_4x_5)(1-x_2x_3x_5) \tag{6-50}$$

最小割集为

$$K_1=\{1,3\}, \quad K_2=\{2,4\}, \quad K_3=\{1,4,5\}, \quad K_4=\{2,3,5\}$$

因此，ϕ 可以表示为

$$\phi(\pmb{x}) = \prod_{i=1}^{4} k_i(\pmb{x}) \tag{6-51}$$

其中

$$k_1(\pmb{x})=1-(1-x_1)(1-x_3)$$
$$k_2(\pmb{x})=1-(1-x_2)(1-x_4)$$
$$k_3(\pmb{x})=1-(1-x_1)(1-x_4)(1-x_5)$$
$$k_4(\pmb{x})=1-(1-x_2)(1-x_3)(1-x_5)$$

考虑桥型网络的对偶。按定理 6.6，ϕ^D 的最小割集为 $P_1,P_2,\cdots,P_4$，最小路集为 $K_1,K_2,\cdots,K_4$。ϕ^D 可以表示为

$$\phi^D(\pmb{x})=1-(1-x_1x_3)(1-x_2x_4)(1-x_1x_4x_5)(1-x_2x_3x_5) \tag{6-52}$$

或

$$\phi^D(\pmb{x}) = \prod_{j=1}^{4} \rho_j^D(\pmb{x}) \tag{6-53}$$

其中

$$\rho_1(\pmb{x})=1-(1-x_1)(1-x_2)$$
$$\rho_2(\pmb{x})=1-(1-x_3)(1-x_4)$$
$$\rho_3(\pmb{x})=1-(1-x_1)(1-x_4)(1-x_5)$$
$$\rho_4(\pmb{x})=1-(1-x_2)(1-x_3)(1-x_5)$$

$\phi^D(\pmb{x})$ 相应的图形仍是桥型网络，只是部件的配置发生了变化，如图 6-7 所示。

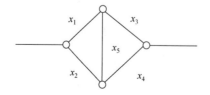

图 6-7　桥型网络的对偶

6.2.4　单调关联系统可靠度计算

本节讨论由 n 个独立部件组成的单调关联系统的可靠度计算。

设部件 i 的状态 x_i 是二值随机变量 X_i，则

$$P\{X_i = 1\} = p_i, \quad (p_i + q_i) = 1 \tag{6-54}$$

即 p_i 为部件 i 正常的概率（可靠度），记

$$\boldsymbol{X} = (X_1, X_2, \cdots, X_n)$$

于是系统正常的概率（可靠度）为

$$P\{\phi(\boldsymbol{X}) = 1\} = E_\phi(\boldsymbol{X}) \tag{6-55}$$

其中，E 为数学期望。

为此，需要给定部件可靠度向量 $\boldsymbol{p} = (p_1, p_2, \cdots, p_n)$，求系统的可靠度 $E_\phi(\boldsymbol{X})$。显然，由于 n 个部件相互独立，即

$$
\begin{aligned}
E_\phi(\boldsymbol{X}) &= \sum_{\boldsymbol{x}} \phi(\boldsymbol{x}) P\{\boldsymbol{X} = \boldsymbol{x}\} \\
&= \sum_{\boldsymbol{x}} \phi(\boldsymbol{x}) \prod_{i=1}^{n} P\{X_i = x_i\} \\
&= \sum_{\boldsymbol{x}} \phi(\boldsymbol{x}) \prod_{i=1}^{n} p_i^{x_i} q_i^{1-x_i}
\end{aligned}
\tag{6-56}
$$

其中，$\sum$ 为所有状态向量 $\boldsymbol{x}$ 的所有 2^n 个可能情形。

因此，系统可靠度只是部件可靠度的函数，式(6-55) 可以表示为

$$E_\phi(\boldsymbol{X}) = h(\boldsymbol{p}) = h(p_1, p_2, \cdots, p_n) \tag{6-57}$$

$h(\boldsymbol{p})$ 称作结构 ϕ 的可靠度函数。特别，当部件同型时，即 $p_i = p, I = 1, 2, \cdots, n$，此时 $h(\boldsymbol{p})$ 简记为 $h(p)$。

因此，从理论上讲，求系统可靠度的问题就是求 $h(\boldsymbol{p})$。这对简单的系统容易做到。

例题 6.4　n 部件系统。

$$EX_i = p_i \quad p_i + q_i = 1, \quad i = 1, 2, \cdots, n$$

① 串联系统有

$$h(\boldsymbol{p}) = \prod_{i=1}^{n} p_i \tag{6-58}$$

② 并联系统有

$$h(\boldsymbol{p}) = 1 - \prod_{i=1}^{n} q_i \tag{6-59}$$

③ $k/n(G)$ 系统,若 $p_i = p, i = 1, 2, \cdots, n, p+q=1$,则有

$$h(\boldsymbol{p}) = P\{\phi(\boldsymbol{X}) = 1\}$$

$$= P\{\sum_{i=1}^{n} X_i \geqslant k\}$$

$$= \sum_{i=k}^{n} \binom{n}{i} p^i q^{n-i} \tag{6-60}$$

对结构复杂的系统,$h(\boldsymbol{p})$ 的表达式就不显然了。下面讨论 $h(\boldsymbol{p})$ 的性质。

定理 6.7 $h(\boldsymbol{p})$ 有分解公式,即

$$h(\boldsymbol{p}) = p_i h(1_i, \boldsymbol{p}) + q_i h(0_i, \boldsymbol{p}), \quad i = 1, 2, \cdots, n \tag{6-61}$$

证明 由分解式(6-41),有

$$\phi(\boldsymbol{X}) = \boldsymbol{X}_i \phi(1_i, \boldsymbol{X}) + (1 - X_i) \phi(0_i, \boldsymbol{X})$$

再由部件的独立性即得。证毕。

定理 6.8 $h(\boldsymbol{p})$ 作为 p 的函数是一个增函数,且在 $\hat{P} = \{\boldsymbol{p} : 0 < p_i < 1, i = 1, 2, \cdots, n\}$ 上严格递增。

定理 6.9 h 是单调关联系统的可靠度函数,则对所有 $\boldsymbol{p}, \tilde{\boldsymbol{p}} \in \hat{P}$。

① $h(\boldsymbol{p} \coprod \tilde{\boldsymbol{p}}) \geqslant h(\boldsymbol{p}) \coprod h(\tilde{\boldsymbol{p}})$,等号成立当且仅当是并联系统。

② $h(\boldsymbol{p} \cdot \tilde{\boldsymbol{p}}) \leqslant h(\boldsymbol{p}) h(\tilde{\boldsymbol{p}})$,等号成立当且仅当是串联系统。

上述结果相应于定理 6.3,表明在部件一级并联备份的系统,其可靠度函数比在系统一级并联备份的要大。

例题 6.5 给定一个同型独立部件组成的系统,以及在系统一级与部件一级并联备份的系统,如图 6-8 所示。

① 相应的可靠度函数为

$$h(p) = p(1 - q^2), \quad (p + q = 1)$$

② 系统一级并联备份

$$h(p) \coprod h(q) = 1 - [1 - p(1 - q^2)]^2$$

③ 部件一级并联备份

$$h(p \coprod q) = (1 - q^2)(1 - q^4)$$

(a) 原系统　　　(b) 系统一级并联备份

(c) 部件一级并联备份

图 6-8　系统

由定理 6.9 可知下式,即

$$(1-q^2)(1-q^4) \geqslant 1-\left[1-p(1-q^2)\right]^2$$

对单调关联系统可靠度的求法,设单调关联系统的所有最小路集与最小割集分别为 $p_1, p_2, \cdots, p_m$ 及 $K_1, K_2, \cdots, K_l$,则结构函数 ϕ 可以表示为

$$\phi(\boldsymbol{x}) = \coprod_{j=1}^{m} \prod_{i \in P_j} x_i = 1 - \prod_{j=1}^{m} \left\{1 - \prod_{i \in P_j} x_i\right\} \tag{6-62}$$

$$\phi(\boldsymbol{x}) = \prod_{j=1}^{l} \coprod_{i \in K_j} x_i = \prod_{j=1}^{l} \left\{1 - \prod_{i \in K_j}(1 - x_i)\right\} \tag{6-63}$$

因此

$$h(\boldsymbol{p}) = E\left\{\coprod_{j=1}^{n} \prod_{i \in P_i} x_i\right\} \tag{6-64}$$

或

$$h(\boldsymbol{p}) = E\left\{\prod_{j=1}^{l} \coprod_{i \in K_j} x_i\right\} \tag{6-65}$$

由于一个部件可以同时出现在不同的最小路或者最小割中,最小路之间或最小割之间一般不独立,因此数学期望 E 不能与乘积号交换。可知,式(6-64)和式(6-65)并不实用。

若能把式(6-62)和式(6-63)的右端展开,注意到下式,即

$$x^2 = x \tag{6-66}$$

(只对 0,1 二值变量成立)并进行简化,这样容易求出 $h(\boldsymbol{p})$。

例题 6.6 桥型网络(图 6-7)。

由桥型网络结构函数形式知

$$\phi(\boldsymbol{x}) = 1 - (1 - x_1 x_2)(1 - x_3 x_4)(1 - x_1 x_4 x_5)(1 - x_2 x_3 x_5)$$
$$= x_1 x_2 + x_3 x_4 + x_1 x_4 x_5 + x_2 x_3 x_5 - x_1 x_2 x_3 (x_4 + x_5)$$
$$- (x_1 + x_2) x_3 x_4 x_5 - x_1 x_2 (1 - 2x_3) x_4 x_5 \tag{6-67}$$

于是由独立性,只要在上式用 p_i 代替 x_i,即可得 $h(\boldsymbol{p})$。

若已知结构函数 $\phi(\boldsymbol{x})$,则由式(6-56),可得

$$h(\boldsymbol{p}) = \sum_{\boldsymbol{x}} \phi(\boldsymbol{x}) \prod p_i^{x_i} q_i^{1-x_i} \tag{6-68}$$

上式求 $h(\boldsymbol{p})$ 亦不方便,因为随 n 增大,项数急剧增加。事实上,式(6-68)相当于网络系统求可靠度的穷举法。

如果仍用 P_j 表示第 j 个最小路中的部件都正常这一事件,K_j 表示第 j 个最小割中的部件都失效,则

$$h(\boldsymbol{p}) = P\left\{ \bigcup_{j=1}^{m} P_j \right\} \tag{6-69}$$

或

$$1 - h(\boldsymbol{p}) = P\left\{ \bigcup_{j=1}^{l} K_j \right\} \tag{6-70}$$

因此,从计算的角度来讲,问题归结为求一些事件并的概率。

6.3 单元的结构重要性

由实际经验知,系统中的部件并非同等重要的。例如,有的部件一旦失效就引起系统失效,有的则不然。因此,对系统设计人员、使用维修人员和可靠性工作者来讲,若能对系统中每个重要部件的重要性程度给予定量的描述,这对设计和失效分析都是很有价值的。对由于独立部件组成的单调关联系统,本节将给出几种部件重要度的概念。以下假定独立部件组成的单调关联系统的结构函数为 ϕ,可靠度函数为 $h(\boldsymbol{p})$。

6.3.1 结构重要度

设 j 是系统中任一部件,若对某个 $(\cdot_j, \boldsymbol{x})$ 有

$$\phi(1_j, \boldsymbol{x}) - \phi(0_j, \boldsymbol{x}) = 1 \tag{6-71}$$

则表示 j 在 $(\cdot_j, \boldsymbol{x})$ 这种情形下是一个关键部件,此时等价于

$$\phi(0_j, \boldsymbol{x}) = 0, \quad \phi(1_j, \boldsymbol{x}) = 1 \tag{6-72}$$

表明部件 j 正常时系统就正常，j 失效时系统也失效。称 $(1_j, \boldsymbol{x})$ 为 j 的一个关键路向量。记

$$n_\phi(j) = \sum{}' \{\phi(1_j, \boldsymbol{x}) - \phi(0_j, \boldsymbol{x})\} \tag{6-73}$$

式中 $\sum{}'$ 对 $\{\boldsymbol{x} : x_j = 1\}$ 来求。显然，$n_\phi(j)$ 是 j 的关键路向量总数。因为当 $x_j = 1$ 时，状态向量 $(1_j, \boldsymbol{x})$ 总共还有 2^{n-1} 种不同的结果，因此定义

$$I_\phi(j) = \frac{1}{2^{n-1}} n_\phi(j) \tag{6-74}$$

为部件 j 的结构重要度，它表明 j 的关键路向量数目在所有 2^{n-1} 种可能情形中占的比例。因此，对任意的结构 ϕ，部件可按其结构重要度排序。

例题 6.7 桥型网络(图 6-7)。

$n_\phi(1) = 6$，这是因为部件 1 的关键路向量有 6 条(用 5 位的二进制数表示)，即

$$\{(10011), (11100), (11010), (11001), (11000)\}$$

同理

$$n_\phi(2) = n_\phi(3) = n_\phi(4) = 6, n_\phi(5) = 2$$

因此

$$I_\phi(1) = I_\phi(2) = I_\phi(3) = I_\phi(4) = \frac{3}{8}, I_\phi(5) = \frac{1}{8}$$

从结构重要度看，桥型网络中的桥的作用与其他部件比较起来要小得多。

6.3.2 概率重要度

从可靠性的角度看，部件在系统中的重要性不仅依赖于其结构，还依赖于部件本身的可靠度。下面给出部件的概率重要度。

定义 6.7 称

$$I_h(j) = \frac{\partial h(\boldsymbol{p})}{\partial p_j}, \quad j = 1, 2, \cdots, n \tag{6-75}$$

为部件 j 的**概率重要度**。

式(6-61)和式(6-75)等价于

$$I_h(j) = h(1_j, \boldsymbol{p}) - h(0_j, \boldsymbol{p}) = E\{\phi(1_j, \boldsymbol{X}) - \phi(0_j, \boldsymbol{X})\} \tag{6-76}$$

部件的概率重要度在系统分析中很有用,据此可以确定哪些部件的改善会对系统的改善带来最大的好处。与结构重要度的定义比较,易见若 $p_i = 1/2(i \neq j)$,则 $I_\phi(j) = I_h(j)$,因此当 $p_i = 1/2, i = 1, 2, \cdots, n$ 时,所有部件的概率重要度与结构重要度相等。

利用部件的概率重要度,可以计算一个部件可靠度的改善对系统可靠度的影响。显然,有

$$\Delta h \approx \sum_{j=1}^{n} \frac{\partial h(\boldsymbol{p})}{p_j} \Delta p_j = \sum_{j=1}^{n} I_h(j) \Delta p_j \tag{6-77}$$

其中,Δh 为当部件 j 的可靠度改变 Δp_j 时$(j = 1, 2, \cdots, n)$,系统可靠度的改变。

因此,仅当部件 j 的可靠度增加 Δp 时,系统可靠度的增加为

$$\Delta h_j \approx I_h(j) \Delta p \tag{6-78}$$

所以,若不见 k 使 I_h 达最大,则表明在所有部件中改善 k 的可靠度会使系统可靠度得到最大改善。

6.3.3 B-P重要度

上面引进的结构重要度与概率重要度都是在部件的可靠度 $\boldsymbol{p}$ 已知情形下讨论的,然而在系统设计的早期阶段尚无部件可靠度信息。为此,不妨认为所有部件的可靠度都等于 p,然后再把 p"平均"掉。由此引入如下的部件重要度概念。

定义 6.8 部件 j 的 B-P 重要度定义为

$$I_{B-P}(j) = \int_0^1 [h(1_j, p) - h(0_j, p)] \mathrm{d}p \tag{6-79}$$

其中,$(1_j, p)$ 为第 j 个分量为 1,其余全为 p 的向量;$(0_j, p)$ 相仿理解。

例题 6.8 例题 6.1 桥型网络。

按式(6-79)不难算得

$$I_{B-P}(1) = I_{B-P}(2) = I_{B-P}(3) = I_{B-P}(4) = \frac{7}{30}$$

$$I_{B-P}(5) = \frac{1}{15}$$

此时,B-P 结构重要度的次序与结构重要度次序一致。

6.3.4 C重要度和P重要度

对于部件的重要性,也可以从它在最小割集和最小路集中的地位来考虑。自然,阶次小的最小割(或路)中的元件比在阶大的最小割(或路)中的元件重要。下

面介绍 C 重要度和 P 重要度的确切定义。

设单调关联系统的所有最小割集为 $K_1, K_2, \cdots, K_l$，用 $|K_j|$ 表示 K_j 的阶（即其中元素个数），对任意的 $i=1, 2, \cdots, n$，记

$$c_i = \min\{|K_i| : i \in K_j\} \tag{6-80}$$

$$d_i = |\{j : i \in K_j, |K_j| = c_i\}| \tag{6-81}$$

显然，c_i 为所有包含 i 的最小割集中的最小阶数，d_i 为所有包含 i 的最小阶的最小割集的个数。

定义 6.9 部件 i 的 C 重要度 $I_c(i)$ 由 c_i 和 d_i 来确定。对于任意的 i 和 j，当 $c_i < c_j$ 或 $c_i = c_j$ 时，$d_i > d_j$，则称 i 比 j 重要；当 $c_i = c_j, d_i = d_j$ 时，称 i 和 j 有相同的重要度。

因此，对于系统中的每一个部件可按 C 重要度来排序。

与上述相仿，可定义部件的 P 重要度，记所有最小路集为 $P_1, P_2, \cdots, p_m$，则

$$b_i = \min\{|P_j| : i \in P_j\} \tag{6-82}$$

$$e_i = |\{j : i \in P_j, |P_j| = b_i\}| \tag{6-83}$$

定义 6.10 部件 i 的 P 重要度 $I_p(i)$ 由 b_i 和 e_i 确定，对任意的 i 和 j，当 $b_i < b_j$ 或 $b_i = b_j$ 时，$e_i > e_j$，则称部件 i 比 j 重要；当 $b_i = b_j, e_i = e_j$ 时，则 i 和 j 有相同的 P 重要度。

6.4 失 效 相 关

对于一些实际工程机械系统的使用过程，经常出现共因失效与失效相关模式，这些失效模式在一些实际处理过程中常常被忽略，然而组成系统的部件之间互相独立的假定在实际中很难完全满足。例如，系统中一些部件的失效势必造成未失效部件的负荷加大，从而使它们更容易失效；系统的最小路和最小割集表示中，所有的最小路集和最小割集也不是独立的等，因此有必要考虑系统部件之间的某种相依关系情形。

6.4.1 相关失效模式

当系统中的一些单元失效时，它们并不是完全彼此独立的，可以把这些单元之间的关系分成正相关和负相关两类。如果一个单元的失效加速了另一个单元的失效进程，这两个单元之间的关系被称为正相关；反之，如果一个单元的失效减缓了另一个单元的失效进程，则称为负相关。具体地，下面从条件概率角度给出一个例子来分析相关性。

例题 6.9　考虑由 1 和 2 两个单元组成的系统,令 A_i 表示单元 i 失效的状态 $(i=1,2)$,则两个单元都失效的概率为

$$P_r(A_1 \bigcap A_2) = P_r(A_1 | A_2) \cdot P_r(A_2) = P_r(A_2 | A_1) \cdot P_r(A_1)$$

当 $P_r(A_1 | A_2) = P_r(A_1)$ 且 $P_r(A_2 | A_1) = P_r(A_2)$ 时,这些单元是独立的,此时有

$$P_r(A_1 \bigcap A_2) = P_r(A_1) \cdot P_r(A_2)$$

当 $P_r(A_1 | A_2) > P_r(A_1)$ 且 $P_r(A_2 | A_1) > P_r(A_2)$ 时,这些单元是正相关的,此时有

$$P_r(A_1 \bigcap A_2) > P_r(A_1) \cdot P_r(A_2)$$

当 $P_r(A_1 \bigcap A_2) < P_r(A_1)$ 且 $P_r(A_2 \bigcap A_1) < P_r(A_2)$ 时,这些单元是负相关的,此时有

$$P_r(A_1 \bigcap A_2) < P_r(A_1) \cdot P_r(A_2)$$

在可靠性应用中,正相关关系通常是出现最多的关系形式。然而,负相关关系也可能在实际中发生。

对于相关失效模式,在工程上主要有以下三种情况。

(1) 共因失效

在两个或者更多的单元同时失效的状态下,或者在一个短的时间间隔内,相关失效是这些原因一同引起的直接结果,而共因失效是指系统中的多个元件在同一个因素作用下以相同或不同的概率失效,该因素称为共同失效因素。系统元件具有共因失效模式也称元件具有相关失效模式,具有共因失效模式的元件实质上元件之间不是互相独立的,而是具有一定的相关关系。此外,由于共同的或根本的原因引起的多数单元失效形式称为失效的多样性。常见的造成共因失效因素可归纳如下。

① 设计或材料缺陷造成多个单元不能完成功能或者不能适应设计环境。

② 安装错误造成多个单元偏离方向或者功能缺失。

③ 维护错误造成多个单元偏离方向或者功能缺失。

④ 恶劣环境(如振动、辐射、潮湿、污染物)导致多单元的失效。

直观地,图 6-9 给出了两单元系统的独立失效与共因失效的关系。在由几个冗余单元组成的系统中,建立共因失效模型时,需要仔细区分共因失效因素。

① 由于共因相关关系,系统的一组单元同时失效的情况。如果单元之间的相关关系很好理解,则可在可靠性模型中明确地被识别且可当做单元处理。图 6-10 清楚的显示了一个并行系统的故障树。

图 6-9 独立与共因失效的关系

图 6-10 共因失效并联系统故障树

② 由于部分原因引起系统的一组单元同时失效,在系统的逻辑模型中不能明确表达的情况,这种情况有时叫做残留共因失效。

例题 6.10 发生在 1975 年 3 月 22 日的美国亚拉巴马州迪凯特布朗斯费利核能发电站的火灾是最著名的由共因失效引起的事故。在表 6-1 中介绍了应用分类法对共因失效根本原因进行分级,这个表格是根据爱德华和沃特森(1979)改编的。这个分类法有助于在可能的根本原因上做出准确判断。共因失效在系统可靠性中可能非常少,尤其是在高度冗余系统中,因此研究活动主要集中在这个问题。

表 6-1 共因失效原因分类

工程中				工作中			
设计中		生产中		程序上		环境上	
功能缺失	故障实现	制造	安装和试运转	维护和测试	工作中	常规	极端
无法察觉的危险	线路依赖	不合适的质量控制	不合适的质量控制	不完善的修理	操作者错误	温度压力	大火洪水
不适当的使用仪器	通用操作和保护成分	不合适的标准	不合适的标准	不完善的测试	不当的程序	湿度振动加速度应力	天气地震爆炸导弹

续表

工程中				工作中			
设计中		生产中		程序上		环境上	
不适当的控制	操作不当不适当的单元设计错误设计局限	不合适的检查不合适的测试	不合适的检查不合适的测试和试运转	不完善的标准不完善的程序不合适的管理	不合适的管理通信错误	侵蚀污染干涉辐射静载	电力放射物化学药品

源自爱德华和沃特森1979年原子能管理局许可的再生技术改编

(2) 连锁失效

当一些单元共同承担一个载荷时,一个单元的失效可能导致剩下单元载荷的增加,从而增大失效的可能性,这种由导致连锁反应或者骨牌效应的系统失效引起的多重失效称为连锁失效。连锁失效在电力分配系统中尤为重要,一个非常有名的例子是,在1996年8月10日,美国俄勒冈州的输电线失效引起的连锁失效殃及了美国西部和加拿大。通过内在的环境,单元也可能互相影响。例如,一个单元的故障可能通过增加压力、温度、湿度等导致其他的单元的工作环境更恶劣,从而连锁失效有时也称为传播失效。

(3) 负相关失效

若一个单元的失效减少其他单元失效可能性,这种类型的失效称为负相关失效。例如,某电路系统中保险丝熔断后,"下游的"线路被切断,在这个电路中,电力设备就不会再有载荷,因此它们失效的可能性就降低了;又如一个系统由于修理特殊的单元而被"切断",在停工期间其他单元经常失去载荷,它们的失效可能性因此而减少。

6.4.2　相依性与协方差

在统计上,通常由协方差或相关系数描述两个随机变量之间的相依性,从而可以把系统单元之间的寿命相依性转化为两个随机变量之间的相依性。对于一组随机变量之间的相关关系,首先需要给出下面定义。

定义 6.11　设 $T_1, T_2, \cdots, T_n$ 是 n 个随机变量,记 $\boldsymbol{T} = (T_1, T_2, \cdots, T_n)$,若对任意递增的 n 元函数 f, g 有协方差(假定存在)且 $\mathrm{Cov}(f(\boldsymbol{T}), g(\boldsymbol{T})) \geqslant 0$,则称随机变量 $T_1, T_2, \cdots, T_n$ 之间(或 $\boldsymbol{T}$)是相依的。

由该定义可知,若随机变量 X 和 Y 是相依的,则 X 和 Y 必正相关,即 $\mathrm{Cov}(X, Y) \geqslant 0$。而且在定义 6.11 中并未要求 $T_1, T_2, \cdots, T_n$ 是二值的随机变量。下面给出一个基于二值的相依性的等价定义。

定义 6.12 对任意递增的 n 元二值增函数 f,g 有协方差

$$\text{Cov}(f(\boldsymbol{T}),g(\boldsymbol{T}))\geqslant 0 \tag{6-84}$$

则称随机向量 $\boldsymbol{T}$ 是相依的。

由于系统部件之间的相依性是元件之间的一种失效模式,从而考虑相依性的系统可靠性,我们无法精确描述相依程度,只能是一种估计或寻找相依性的界。设单调关联系统是由相依的部件组成,其结构函数为 $\phi(\boldsymbol{X})=\phi(X_1,X_2,\cdots,X_n)$。

当部件相依且系统复杂时,往往难以求出其精确的可靠度。下面利用相依的概念给出相依性定理及可靠度的界。

定理 6.10 若 $\boldsymbol{X}=(X_1,X_2,\cdots,X_n)$ 是相依的二值随机变量,则

$$P\Big\{\prod_{i=1}^{n}X_i=1\Big\}\geqslant\prod_{i=1}^{n}P\{X_i=1\} \tag{6-85}$$

$$P\Big\{\coprod_{i=1}^{n}X_i=1\Big\}\leqslant\coprod_{i=1}^{n}P\{X_i=1\} \tag{6-86}$$

一般地,定理 6.10 可以推广到一般情形。

推论 6.1 若 $X_1,X_2,\cdots,X_n$ 是相依的随机变量,则有

$$P\{T_i>t_i,i=1,2,\cdots,n\}\geqslant\prod_{i=1}^{n}P\{T_i>t_i\} \tag{6-87}$$

$$P\{T_i\leqslant t_i,i=1,2,\cdots,n\}\geqslant\prod_{i=1}^{n}P\{T_i\leqslant t_i\} \tag{6-88}$$

定理 6.11 设 ϕ 是由相依部件 $X_1,X_2,\cdots,X_n$ 组成的单调关联系统的结构函数。若 $\text{E}X_i=p_i,i=1,2,\cdots,n$,则有

$$\prod_{i=1}^{n}p_i\leqslant E_\phi(\boldsymbol{X})\leqslant\coprod_{i=1}^{n}p_i \tag{6-89}$$

事实上,式(6-88)给出的可靠度的界限是相当保守的,上界由独立部件 $X_1,X_2,\cdots,X_n$ 组成的并联系统的可靠度,下界为对应部件组成的串联系统的可靠度。下面给出基于路集和割集的可靠度界限定理。

定理 6.12 设 ϕ 是由相依部件 $X_1,X_2,\cdots,X_n$ 组成的单调关联系统的结构函数,最小路串联与最小割并联结构函数分别为

$$\rho_i(\boldsymbol{X})=\prod_{j\in P_i}X_j,\quad i=1,2,\cdots,m,\quad \kappa_j(\boldsymbol{X})=\prod_{i\in P_j}X_i,\quad j=1,2,\cdots,l$$

则有

$$\prod_{j=1}^{l} P\{\kappa_j(\boldsymbol{X}) = 1\} \leqslant E_\phi(\boldsymbol{X}) \leqslant \prod_{i=1}^{m} P\{\rho_i(\boldsymbol{X}) = 1\} \tag{6-90}$$

同样,对于一般性结构的系统,根据定理6.12有下面的推论。

推论 6.2 设 ϕ 是由独立部件 $X_1, X_2, \cdots, X_n$ 组成的单调关联系统,且 $EX_i = p_i, i = 1, 2, \cdots, n$,则有

$$\prod_{j=1}^{l} \coprod_{i \in K_j} p_i \leqslant h(\boldsymbol{p}) \leqslant \prod_{j=1}^{m} \coprod_{i \in P_j} p_i \tag{6-91}$$

定理 6.13 对任意的单调关联系统 ϕ,有

$$\max_r P\left\{\prod_{i \in P_r} X_i = 1\right\} \leqslant E_\phi(\boldsymbol{X}) \leqslant \min_j P\left\{\coprod_{i \in K_j} X_i = 1\right\} \tag{6-92}$$

为可靠度的极小与极大界。

若部件是相依的,则有

$$\max_r \prod_{i \in P_r} EX_i \leqslant E_\phi(\boldsymbol{X}) \leqslant \min_j \coprod_{i \in K_j} EX_i \tag{6-93}$$

显然,部件相依与独立时满足不等式关系

$$\prod_{i=1}^{n} EX_i \leqslant \max_r \prod_{i \in P_r} EX_i \leqslant \min_j \coprod_{i \in K_j} EX_i \leqslant \coprod_{i=1}^{n} EX_i \tag{6-94}$$

根据式(6-91)与式(6-94),由独立部件组成的单调关联系统可靠度界不一定比相依时给出的界要好。

近来,许多学者用Copula函数来描述系统元件之间的寿命相依性,下面介绍相依性与Copula函数之间的关系及其结论。

6.4.3 相依性与 Copula 函数

同一环境中工作的子系统,接受相同的系统任务,若其一子系统发生故障而失效,势必影响其他子系统的寿命,即子系统工作寿命存在一定的相依性。随机向量的联合分布函数是刻画随机向量概率性质的重要工具,包含两方面信息:一是变量的边缘分布信息,即单个系统寿命分布信息;另一个是变量间相依关系的信息,数学上用Copula函数来描述这种复杂的统计相依特征,是将随机向量联合分布函数与其单个边缘分布函数连接在一起的桥梁[46~53]。

Copula函数理论研究最早可追溯到1959年Sklar提出的Sklar定理,下面给出Copula函数相关定义及结论。

定义 6.13 设 $C(\boldsymbol{u}) = C(u_1, u_2, \cdots, u_n)$ 是 n 维空间函数,$\boldsymbol{I}^n \rightarrow \boldsymbol{I}(\boldsymbol{I} = [0, 1])$,若满足以下条件。

① 对任意 $u_k \in \boldsymbol{I}(k=1,2,\cdots,n)$ 有 $C(u_1,\cdots,u_{k-1},0,u_{k+1},\cdots,u_n)=0$，$C(1,\cdots,$ $1,u_k,1,\cdots,1)=u_k$。

② $C(\boldsymbol{u})$ 为 n 维增函数，即对任意 $0 \leqslant a_k \leqslant b_k \leqslant 1(k=1,2,\cdots,n)$，有

$$\Delta_a^b C(u) \geqslant 0$$

其中，$\boldsymbol{a}=(a_1,a_2,\cdots a_n)^\mathrm{T}$；$\boldsymbol{b}=(b_1,b_2,\cdots,b_n)^\mathrm{T}$；$\Delta_a^b C(\boldsymbol{u})=\Delta_{a_n}^{b_n}\Delta_{a_{n-1}}^{b_{n-1}}\cdots\Delta_{a_2}^{b_2}\Delta_{a_1}^{b_1}C(\boldsymbol{u})$；$\Delta_{a_k}^{b_k}C(u)=C(u_1,\cdots,u_{k-1},b_k,u_{k+1},\cdots,u_n)-C(u_1,\cdots,u_{k-1},a_k,u_{k+1},\cdots,u_n)$。则称 $C(\boldsymbol{u})$ 为 n 维 Copula 函数。

定理 6.14（Sklar 定理） 设随机变量 X_i 的分布函数为 $F_i(x)(i=1,2,\cdots,n)$，记 $\boldsymbol{X}=(X_1,X_2,\cdots,X_n)$，$\boldsymbol{x}=(x_1,x_2,\cdots,x_n)$。

① 若 $\boldsymbol{X}$ 的联合分布函数为 $H(\boldsymbol{x})$，则存在 n 维 Copula 函数 $C(\boldsymbol{u})$，使得

$$H(x) \triangleq C(F_1(x_1),F_2(x_2),\cdots,F_n(x_n)), \quad -\infty < x_i < +\infty, \quad i=1,2,\cdots,n \tag{6-95}$$

当 $F_i(x)(i=1,2,\cdots,n)$ 为连续函数时，上述 Copula 函数唯一。

② 若 $C(\boldsymbol{u})$ 是一个 n 维 Copula 函数，记

$$H(x) \triangleq C(F_1(x_1),F_2(x_2),\cdots,F_n(x_n))$$

则 $H(\boldsymbol{x})$ 是随机向量 $\boldsymbol{X}$ 的一个联合分布函数，且一维边缘分布函数为 $F_i(x)(i=1,2,\cdots,n)$。

另外，Sklar 定理的重要性在于它提供了一条在不研究边缘分布的情况下能够分析多元分布函数相依结构的途径，下面给出一个求二维 Copula 函数的基本结论。

定理 6.15 设 H 是二维联合分布函数，边缘分布 F 和 G 分别是严格单调的连续函数，F^{-1} 和 G^{-1} 分别是 F 和 G 的反函数，则与 H 对应的 Copula 函数为

$$C(u,v)=H(F^{-1}(u),G^{-1}(u)), \quad (u,v) \in [0,1] \times [0,1] \tag{6-96}$$

该定理给出了一个由边缘分布求 Copula 函数的基本方法，下面给出一个演算实例。

例题 6.11 设某系统寿命服从二元联合分布 $H(x_1,x_2)=(1+\mathrm{e}^{x_1}+\mathrm{e}^{-x_2})^{-1}$，$(x_1,x_2) \in R^2$，求 Copula 函数。

解 根据联合分布函数 $H(x_1,x_2)$，其边缘分布函数分别为

$$F_1(x_1)=(1+\mathrm{e}^{-x_1})^{-1}, \quad F_2(x_2)=(1+\mathrm{e}^{-x_2})^{-1}$$

记 $u=F_1(x_1)$，$v=F_2(x_2)$，则

$$x_1=F_1^{-1}(u)=-\ln(u^{-1}-1), \quad x_2=F_2^{-1}(v)=-\ln(v^{-1}-1)$$

相应的 Copula 函数为

$$
\begin{aligned}
C(u,v) &= F(x_1, x_2) \\
&= F(F_1^{-1}(u), F_2^{-1}(v)) \\
&= \{1 + \exp[\ln(u^{-1}-1)] + \exp[\ln(v^{-1}-1)]\}^{-1} \\
&= (u^{-1} + v^{-1} - 1)^{-1}
\end{aligned}
$$

虽然在一些关于可靠性问题的研究中,常常假设元部件之间的寿命是相互独立的,但更为准确的假设是元部件之间是相依的。一般地,随着系统结构的不同,系统相依性可分为正相依与负相依两类。

定义 6.14 称随机变量 $X_1, X_2, \cdots, X_n$ 正相依,若满足

$$
P\{\bigcap_{i=1}^n (X_i \leqslant x_i)\} \geqslant \prod_{i=1}^n P\{X_i \leqslant x_i\}
$$

称随机变量 $X_1, X_2, \cdots, X_n$ 负相依,若满足

$$
P\{\bigcap_{i=1}^n (X_i \leqslant x_i)\} < \prod_{i=1}^n P\{X_i \leqslant x_i\}
$$

在工程机械系统中,由于各构件之间承受共同载荷冲击、共同的外部环境等原因,多表现为正相关性,即在一定应力作用下,一个构件的强度会随着另一构件强度的退化而衰减。

下面介绍两类重要的 Copula 函数。

(1) 阿基米德 Copula(Archimedean copula)

这是一类很重要的 Copula 函数族,这类函数族被广泛应用,主要是因为构造 Archimedean Copula 函数比较简单,而且有很多 Copula 函数均属于阿基米德 Copula 函数类,更重要的是这类函数具有很多较好的性质。

定义 6.15 设函数 φ 满足 $\sum_{i=1}^n \varphi(u_i) \leqslant \varphi(0)$, $\forall\, 0 \leqslant u_i \leqslant 1$, $i = 1, 2, \cdots, n$ 且 $\varphi(1) = 0$, $\varphi'(u) < 0$, $\varphi''(u) > 0$,则称

$$
C(u_1, u_2, \cdots, u_n) = \Phi^{-1}(\varphi(u_1) + \varphi(u_2) + \cdots + \varphi(u_n)) \tag{6-97}
$$

为阿基米德 Copula 函数,$\varphi(\,\bullet\,)$ 又称为阿基米德 Copula 函数的母函数。

由此可见,阿基米德 Copula 函数由它们的母函数唯一确定。特别地,下面给出二元阿基米德 Copula 函数定义及相关性质。

定义 6.16 设 $\varphi: [0,1] \to [0, \infty)$ 是连续的严格递减的凸函数,并且 $\varphi(1) = 0$,φ 的逆定义为

$$\varphi^{(-1)}(t) = \begin{cases} \varphi^{-1}(t), & 0 \leqslant t \leqslant \varphi(0) \\ 0, & \varphi(0) < t < \infty \end{cases}$$

Copula 函数为

$$C(u,v) = \varphi^{(-1)}(\varphi(u) + \varphi(v)) \tag{6-98}$$

被称为阿基米德 Copula 函数,函数 φ 为生成元。

定理 6.16 设 C 是一个阿基米德 Copula 函数,它的生成元为 φ,那么有

① $C(u,v) = C(v,u)$。

② $C(C(u,v),w) = C(u,C(v,w))$。

③ 若 $a > 0$,则 $a\varphi$ 也是 C 的一个生成元。

(2) FGM Copula

该 Copula 函数族是由 Morgenstern(1956),Farlie(1960),Gumbel(1961)首先提出的二维分布,之后被扩展为多维分布。FGM 族在系统可靠性及系统工程相关领域得到了广泛的应用,也是近年来研究比较热门的一类函数族。

定义 6.17 称 Copula 函数为 FGM Copula 函数,则

$$C(u_1, u_2, \cdots, u_n) = u_1 u_2 \cdots u_n \Big[1 + \sum_{k=2} \sum_{1 \leqslant i_1 \leqslant i_2 \leqslant \cdots \leqslant i_k \leqslant n} a_{i_1 i_2 \cdots i_k}$$
$$\times (1 - u_{i_1})(1 - u_{i_2}) \cdots (1 - u_{i_n}) \Big] \tag{6-99}$$

其中,$a_{i_1 i_2 \cdots i_n}$ 表示相依程度,$0 < a_{i_1 i_2 \cdots i_n} \leqslant 1$ 时表示系统寿命呈现正相依,$a_{i_1 i_2 \cdots i_n} = 0$ 时表示系统是独立的,$-1 \leqslant a_{i_1 i_2 \cdots i_n} < 0$ 时表示系统间呈现负相依。

本章节介绍的部件相依性,在处理多部件复杂系统时,需要尽量考虑误差对系统的可靠性影响程度,这在工程应用中具有较高的研究价值。